城市总体规划制度机制困惑与改革探索

——法律视角下的技术、政策和事权一体化

曹传新　张忠国　著

中国建筑工业出版社

图书在版编目（CIP）数据

城市总体规划制度机制困惑与改革探索——法律视角下
的技术、政策和事权一体化/曹传新，张忠国著.—北京：
中国建筑工业出版社，2014.6
ISBN 978-7-112-16744-9

Ⅰ.①城…　Ⅱ.①曹…②张…　Ⅲ.①城市规划-体制改
革-研究-中国　Ⅳ.①TU984.2

中国版本图书馆 CIP 数据核字（2014）第 074300 号

责任编辑：张　健　王　跃
责任设计：张　虹
责任校对：陈晶晶　赵　颖

城市总体规划制度机制困惑与改革探索
——法律视角下的技术、政策和事权一体化
曹传新　张忠国　著

＊

中国建筑工业出版社出版、发行（北京西郊百万庄）
各地新华书店、建筑书店经销
北京红光制版公司制版
北京云浩印刷有限责任公司印刷

＊

开本：787×960 毫米　1/16　印张：16½　字数：305 千字
2014 年 8 月第一版　　2014 年 8 月第一次印刷
定价：**45.00** 元
ISBN 978-7-112-16744-9
（25564）

序

《城市总体规划制度机制困惑与改革探索—法律视角下的技术、政策和事权一体化》一书是作者结合他们在国内外学习和工作的经历，结合他们在国内外从事城乡规划编制、城乡规划管理和城乡规划教育的实践经验和多项相关研究成果，对其进行修改完善的基础上完成的。

城市总体规划是我国城市规划编制体系的核心组成部分，也是我国当前编制制度层次建设最为完善和严格的核心管理内容。新中国成立以来，我国城市总体规划经历了建设主导、发展主导、政策主导的发展演变历程，其制度建设是一个从单一的技术层面逐步向综合性的政策层面发展完善的历程。本书作者从这一历史角度出发，重点抓住了城市总体规划制度机制建设的这一红线，全面诠释了我国城市总体规划在每一历史发展阶段上的合理性制度选择和可行性制度制定。为此，本书作者提出了现行城市总体规划制度可延续的若干方面，譬如法律地位、编制体系、分级审批、行政事权等基本内容仍需要在改革创新中加以延续，这极大增强了本书所提出的改革创新措施的可实施性，对未来我国城市总体规划制度建设将具有实际操作的指导意义。

城市总体规划是政府行为，目前已经在社会各界达成共识。作者认为，既然城市总体规划是政府行为，那城市总体规划也必是法律行为。根据这一线索，本书从法律机理全新的视角，首次探索了城市总体规划能成为法律制度的法理依据。从法理角度首次判读了城市总体规划距离真正意义法律制度体系的现实差距，为城市总体规划制度机制建设奠定了法律价值取向和法律规范范畴。在这一点上，本书出版对于城市总体规划制度机制演变具有较为深远的影响意义。

本书认真总结反思了现有城市总体规划制度建设的困惑根源，结合国外宏观层次规划制度建设经验和国内对城市总体规划的有益探索，针对我国现实国情和现行的国家执政理念变迁，敏锐地构建了未来近中期我国城市总体规划制度建设的战略框架。作者认为，整个城市规划体系建立"战略阶段、建设阶段、设计阶段"三阶段的规划技术类型体系，改变传统的"总规阶段、详细阶段"二阶段的规划技术类型体系。其中，城市总体规划建立"空间战略＋政策调控"的编制技术内容框架、以"空间管制政策＋强制性内容"为核心的可实施技术框架，逐步转变传统的"性质－规模－布局－基础设施－近期"的规划技术内容框架和"图纸＋文本"的实施技术框架。与此同时，应积极建立"三级层次"的实施责任事权体系架构：（1）上下级之间建立基于区域调控公共政策的实施责任事权体系；（2）部门之间建立基于协调合作的公共行政的实施责任事权体系；（3）政府与社会之间建立基于法律程序化公共管理的实施责任事权体系。这些改革创新思路将对我国城市总体规划制度机制体系建设具有重大的借鉴参考价值。

曹传新博士是我校 2004～2006 年间城市与环境学院的博士后科研工作人员，张忠国博士是我的 2004 级博士生，他们长期在城市规划设计一线工作，具有相当丰富的实践经验；他们在校期间也经常就城市总体规划技术问题与我沟通交流讨论，我从他们身上也获得了不少实践经验。我作为导师和朋友，对他们两个合著的《城市总体规划制度机制困惑与改革探索—法律视角下的技术、政策和事权一体化》一书先读为快，也欣然为之作序。本书从我国快速城镇化的特殊历史时期出发，以独特的制度分析为视角，分析目前我国城乡规划编制和实施保障机制方面存在的问题，同时，引进国外的先进经验和成功实践，从法律的视角下提出适合我国目前城乡发展特点的城市总体规划制度机制和改革措施，对于我国城市总体规划编制实施管理、提高城市政府城乡规划决策的整体效率具有积极意义，对于我国当前城乡规划理论及规划管理理论的研究具有重要的参考意义，对于促进城乡科学、和谐和可持续的发展具有重要的现实意义。另外，我也希望两位学生能够继续以制度的独特视角研究下去，能为我国城市总体规划制度机制建设继续贡献一份力量。

吕斌

2014 年 4 月 12 日

前　　言

　　城市总体规划是我国城市规划、建设和管理的纲领性文件和法定依据，在我国城市规划体系中占据核心地位。新中国成立以来，城市总体规划对我国各地城市、各级城市的建设发展起到了核心的控制和引导作用，有效地调控了城市健康、稳定和高效发展。然而，随着不同发展时期我国政府职能的变迁，城市总体规划的功能作用、法律地位、技术任务等都发生了较深刻的变化。回顾前三十年的计划经济时期，城市总体规划主要任务是落实各级政府制定的国民经济和社会发展五年计划，更多侧重于项目布局和选址安排，工程建设意义大于空间政策意义，城市总体规划制度更多的是一项技术工程制度。再回顾近三十年的市场经济时期，"城市规划是城市建设的龙头"这一理论提到了前所未有的高度，城市总体规划也随之从政府管理的尾闾地位跃迁到龙头地位，从落实近期项目选址布局转换为制定长远城市发展结构框架，空间发展意义远远大于工程项目选址布局意义，城市总体规划制度更多的是一项集工程、政策、空间、发展于一体的城市发展政策制度；这一制度一旦制定，就关系到城市的长远发展，也决定了未来城市发展的竞争力。

　　另一方面，城市总体规划对城市近期项目空间安排和长远发展结构的构想，其核心是对城市土地空间资源的优化配置。在计划经济时期，城市土地属于国有，城市总体规划主要对城市人民政府负责，服务对象相对比较单一。但是，在市场经济时期，城市土地所有权与使用权分离后，城市国有土地使用权出现了多元化结构，主要涉及政府、企业、个人等，由此导致城市总体规划不仅仅对城市人民政府负责，还要对其他的不同利益主体负责；城市总体规划对城市土地空间资源优化配置过程，不仅仅是城市土地空间资源高效利用的技术问题，而且也是城市土地空间资源利益格局调整的社会问题。尤其是2007年10月1日《中华人民共和国物权法》实施后，城市总体规划需要更加关注不同社会利益空间格局对城市土地空间资源优化配置的影响。其实，这一形势变化折射的是城市总体规划需要从单纯工程技术问题转换为具有制度框架和技术约束的公共政策问题。

　　城市总体规划制度机制研究是一个传统型的研究命题，又是一个非常关键的研究难题。从目前发展现状来看，我国城市规划自身的理论和实践发展已经取得了较大的成就，形成了一系列的现代城市规划的思想理念、指导原则和管理制度。但是，在城市总体规划编制、实施、管理过程中，这些理念、思想、原则和制度出现了落实"难"的困境，城市总体规划凸显出诸多制度性、机制性问题。规划编制和实施机制不健全、不灵活已经成为了当前城市总体规划编制和实施行为的制约瓶颈，譬如规划类型过细造成的规划编制成本过高、开发商经济利益驱使导致的规划价值的扭曲、法律行为的淡化导致的规划体系的脱节和规划技术与规划行政的脱节、规划内容的过于全面导致的规划编制的"无功"和规划管理的"真空"等，都急需理顺和解决。

当前城市总体规划编制和实施制度是政府行为，依法行政又是政府行为的基本要求，决定了城市总体规划编制和实施制度的法律行为本质。因此，城市总体规划编制和实施制度不是相互脱节的两个系统，而是一体化的两个系统，相辅相成。然而，这个法律行为一体化系统的纽带是法律制度，编制是制定制度，实施是执行制度。

审视目前我国的城市规划编制、法规和监督体系的各项制度，我国仍然是以"一书两证"为核心的审批管理制度系统。笔者认为，还未从根本上转换城市规划的角色去服务于城市发展的长远调控和引导。为此，从城市总体规划的法律机理研究入手，试图从法律制度视角重新审视城市总体规划技术、政策和事权之间的关联和特点，总结笔者多年从事城市规划研究的经验和教训，编著成书与同行同仁共同探讨！同时也为我国城市总体规划体制改革探索提供一些不成熟的见解和建议！

曹传新　张忠国
2014 年春

目　　录

第一章 绪 论

第一节 研究背景及问题提出

一、研究背景

1. 城市总体规划制度机制建设陷入"十字路口"的困惑

目前，我国城市总体规划正处于理论和实践建设的"十字"路口。从我国城市总体规划发展历史轨迹来看，新中国建国以前我国现代城市规划发展缓慢；建国以后，我国先后经历五次较大规模的城市总体规划编制（修编、修改）和实施过程。

第一次是 20 世纪 50 年代，当时主要是为国家重点建设项目落位，并且照搬苏联的模式；这次主要解决了我国城市总体规划编制和实施制度机制建设的"有无"问题。在这一阶段，出现了两个极端过程，一是在苏联规划模式下，"一五"时期有重点建设项目的城市顺利完成了新中国的第一轮现代城市总体规划编制，并在强有力的计划经济体制下得到了实施；二是由于受到当时"大跃进"的影响，"二五"时期规划师凸现出冒进的思维和脱离实际，从良好的开端骤然走向了规划行业解散撤销的局面。

第二次是 20 世纪 80 年代，当时主要是为城市建设服务，改革开放以后国家重点已经转移到经济建设上，同时也恢复了基础设施投资，需要规划提供支撑，这时西方规划理念开始逐步引入；这次主要解决了我国城市总体规划编制和实施制度机制建设的"内容架构"问题。20 世纪 80 年代后期，随着经济飞速发展，城市总体规划已经出现了难以适应的局面，由此产生了一些新的规划类型，向上开始出现了区域规划、国土规划，向下开始做城市详细规划。在此形势下，诞生了我国第一部城市规划法，确定了城市规划的法律地位。

第三次是 20 世纪 90 年代，当时主要是在新的规划法的推动下，掀起了新的一轮城市总体规划高潮。这次主要是对规划法所确定的内容进行一次有益的尝试，建立了较为完善的城市总体规划编制体系，而对城市总体规划实施制度机制建设凸显不足。

第四次是 21 世纪初期，2002 年以来全国各个省会城市纷纷提出对上一轮城市总体规划进行修编，掀起了我国第四次城市总体规划高潮。然而，这次城市总体规划修编的背景与前三次不同，共性问题是规划供给的城市发展空间不够。主要原因归纳如下：一是20世纪90年代中期以后中央提出的城市发展方针与土地控制政策和快速城市化发展阶段发生了矛盾；二是纳入国务院审批的108个城市，以及纳入国家发改委、国土部、建设部核实城市人口用地规模的其他城市，其城市总体规划审批期限过长，规划难以指导适应城市的快速发展。

第五次是2010年前后，第四次城市总体规划修编的城市陆续得到了上级政府审批机关的批复。由于审批时间周期较长，再加上"十一五"时期我国各地掀起了各类新区、实验区的建设高潮，导致批复后的城市总体规划早已突破，未批之前各级政府就着手调整和修改了，这次突破不仅仅是空间规划的供给不够，而且还有重大基础设施建设的不适应。另外，我国原来的《城市规划法》于2008年修订为《城乡规划法》，对城市总体规划提出了修改的法律程序。为此，我国城市总体规划进入到第五次修改高潮期。

按照我国城市规划法律，城市总体规划期限一般为15～20年。因此，第四、五次城市总体规划修编、修改浪潮给我国规划师提出了一个基本命题：城市总体规划编制与实施为什么出现了不协调局面？为什么会出现城市总体规划的"寿命"如此之短？这也至少给规划师提出了三个基本面的思考：一是我国规划法自身的问题，包括对规划内容的规定、规划时限的规定、规划审批的规定、规划调整修编的规定等；二是我国规划理念、规划技术的问题，规划师采用的规划理论与方法落后，预知不够，规划抗风险能力较弱；三是我国规划事权问题，规划实施困难，更改规划屡见不鲜。

面对我国城市总体规划编制与实施制度机制不协调问题，今后的城市总体规划还能不能沿着原来的模式走下去？应该如何继承和创新？应该运用什么理论来指导？这是急需厘清的核心问题之一。

2. 城市总体规划制度机制建设新探索和新尝试的推动

当前，我国对规划编制类型进行了新的探索和尝试，譬如战略规划、概念规划、极限规划、城乡一体化规划、市域总体规划、都市区规划、近期建设规划等。这些规划编制类型的探索和尝试不是偶然的，而是对上轮的城市总体规划编制和实施反思的产物。主要原因是通过上轮城市总体规划的实施，并没有像规划师所描绘的城市蓝图那样，形成一个环境优美、建设有序、功能完善、经济发展的城市。在市场经济制度环境中，地方政府就对城市区域地位、产业发展定位、空间发展布局、生态建设、基础设施建设等重大问题，显示出茫然和困惑，急需科学正确回答，使经济、社会、生态建设进入可持续发展轨道。因此，新的规划类型应运而生。

由于通过城市总体规划正常的法律程序的审批周期太长，所付出的时间成本太大，因此地方政府对城市空间发展的重大问题开展战略研究等规划工作，就显得尤为重要。地方政府对这些规划的市场需求，诞生于上轮城市总体规划发生问题的时期，本质上是对原来城市总体规划编制与实施内容的反思。

既然有市场需求，那么，这些新的探索和尝试的规划类型和原来的城市总体规划是什么关系？在编制实施制度机制建设上应该如何处理？这些都是摆在目前规划界的重大课题。从趋势看，规划编制和实施的探索及尝试是对我国城市总体规划体制的一次革命，本质上是对城市总体规划的一次"减肥"革命。城市总体规划的宏观内容和微观内容出现分裂，相应的审批也会出现"减肥"，有利于城市总体规划的滚动编制和实施制度机制建设。然而，这次革命将会把我国城市总体规划体制改革引向何方，是值得关注和回答的问题。

3. 城市总体规划制度机制建设的历史责任

城市总体规划的走向决定着我国城市规划的发展方向，也决定了城市总体规划自身有责任和义务做好"领头羊"的作用。

国外发达国家的近代城市规划主要发起于"城市病"的治理。譬如英国的公共卫生和城市美化运动，美国的生态环境污染治理，法国的郊区化控制等。主要是因为城市发展到一定规模以后，一些空气污染、噪声污染、住房紧张、地价昂贵、交通堵塞、环境质量下降等问题开始显现。这些问题需要从总体战略、宏观层面加以解决，由此诞生了规划编制系列和实施系列。然而，我国城市规划却不然，历史上看规划演变的法律线索，从规划编制办法到规划编制条例再到规划法，城市总体规划发展做出了巨大的贡献，在一定程度上起到了决定作用。

新中国城市规划诞生于城市总体规划，由重大建设项目安排引起，当时我国城市都处于发展初期，上述城市病还未凸现，我国城市规划自一开始就为社会经济建设服务。这一要求对于我国经济建设肯定是必要的，在当时的背景下尤为重要，现在也不能松懈。无论是从编制还是实施，我国目前城市总体规划深深印上了为经济发展服务的烙印，为行政服务的烙印，社会、生态相对要弱化很多。从编制和实施重点来看，也是把经济规划布局内容放到核心位置，譬如城市性质、规模、产业布局、土地利用尤其是工业用地、居住用地等，而生态、社会用地相对弱很多。

目前，中央提出可持续发展、五个统筹、科学发展观、新型城镇化等，这无疑是对我国城市总体规划各个层面上的革新，尤其是编制和实施环节。这次城市总体规划的革新，能不能影响整个规划的走向，关键要看城市总体规划的编制和实施的体制、机制的创新革命。否则，很难做好整个规划的"领头羊"地位。

4. 城市总体规划制度机制建设任务艰巨

为什么会出现城市总体规划实施时效性较差？为什么城市总体规划的抗风险能力较差？目前，地方政府把规划推向龙头地位，但是，若按照国家法律程序进行城市总体规划编制和实施，就会表现出"城市总体规划恐惧综合症"，主要症状是编制难、审批难、实施难、监督难等。目前，许多学者认为是城市总体规划自身的毛病，甚至要让城市总体规划退出历史舞台，进而凸现出学术心理障碍。

在市场经济社会，时间是社会经济发展的重要要素。然而，作为规划师，却很少把规划编制与实施作为一种效益、成本加以考虑，主要包括政府编制成本、审批成本、实施成本、监督成本等。譬如新的技术理念，落实到城市总体规划的时间跨度太长（审批周期长，增大政府交易成本），等到落实又落后了。规划类型过细造成的规划编制成本过高、开发商经济利益驱使导致的规划价值的扭曲、法律行为的淡化导致的规划体系的脱节和规划技术与规划行政的脱节、规划内容的过于全面导致的规划编制的"无功"和规划管理的"真空"等，都急需理顺和解决。所以，城市总体规划急需新体制来降低所有层次的可能发生的成本。

二、问题提出

在社会主义市场经济发展过程中，面对当前城市总体规划编制与实施制度机制存在的问题，新时期的城市总体规划修编、修改应该解决规划编制和实施的体制、机制、理念以及与之相适应的实践技术和管理操作支撑系统的问题，使城市总体规划制度机制价值的合理性、技术制定的可能性、管理实践的可行性和社会公众参与的必要性等达到高度和谐统一。

城市总体规划制度机制研究是一个传统型的研究命题，又是一个非常关键的、富有新内涵的研究难题。因此，从机制层面上，重点研究我国城市总体规划编制和实施系统运动过程的枢纽性的规律和特征，旨在建立适应我国国情的社会主义市场经济体制的城市总体规划制度机制建设理论和实践的初步架构。

三、研究范围解释

在1989年的《城市规划法》和2008年的《城乡规划法》中，对城市总体规划的内容规定略有不同。原来法律规定城市总体规划的概念范围是国家按行政建制设立的直辖市、市、镇的城市总体规划。2008年颁布实施的法律建立了新的城市规划编制体系，即城镇体系规划、城市规划、镇规划、集镇和村庄规划等，城市总体规划的概念范围是指国家按行政建制设立的直辖市和市的城市总体规划。本书论述的城市总体规划是新法律规定的内涵。

现代城市的概念可以从人口、产业与行政管辖关系等层面来阐述。

从人口与产业的层面看，有一定人口规模，并以非农业人口为主的居民集居的聚落（settlement）形态都可以称之为城市。❶

从行政管辖的层面看，在我国，各级城镇是按一定的人口规模、国民经济产值并经过一定的审批手续而加以界定的。新中国建国以来市镇标准经过多次变化，各次变动又没有很好的衔接，使得标准日趋复杂化，特别是引入了产值指标和在地域上整县设市、整乡设镇，使中国的城乡划分同其他国家明显不同。

我国的《城市规划基本术语标准》对城市（城镇）、市、市域、镇等相关概念进行了明确的定义：

城市（城镇）是一定地区的经济、政治和文化中心。

城市的行政概念，在我国是指按国家行政建制设立的直辖市、市和建制镇。国家要求县人民政府所在地的县城均设建制镇。

在我国的行政区划中，市是经国家批准建制的行政地域，是中央直辖市、省直辖市和地辖市的统称。市按人口规模又分为大城市、中等城市和小城市。

在我国现行行政区划中，实行市领导县（又称市带县）的市，其市域包含所领导县的全部行政管辖范围。实行县改市的市，其市含原县的全部行政管辖范围。

在我国的行政区划中，镇是建制镇的简称。我国的镇是包括县人民政府所在地的建制镇和县以下的建制镇。

卫星城镇是城市发展过程中的一种城市类型。兴建卫星城镇的目的在于防止大城市市区人口规模的过度膨胀，旨在吸引大城市市区人口前往居住，并吸引从外地准备进入大城市市区的人口。❷

第二节　研究技术路线和目标意义

一、研究方法

1. 方法哲学论

（1）"科学研究纲领模式"的理论解释

拉卡托斯从科学史研究出发，既注意吸收库恩的合理观点以克服波谱的错误，又注意吸收波谱的合理思想以克服库恩的片面性。他创立了"科学研

---

❶ 许学强等. 城市地理学［M］. 北京：高等教育出版社，1997.
❷ 中华人民共和国建设部.《城市规划基本术语标准》条文说明，1998.

5

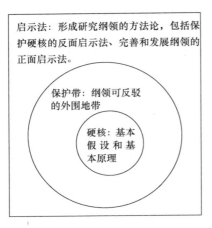

图 1-1　科学研究纲领模式分析图

究纲领"模式，以解释科学理论发展的规律。他认为，任何时代的科学理论体系实质上都是一套科学研究纲领，它是一个有组织的、具有严格的内在结构的科学理论系列，由相互联系的"硬核"、"保护带"和"启示法"所组成（见图1-1）。

他认为，每个时代、每门学科并非仅有一种纲领存在，而是有不同的研究纲领的竞争。科学的发展是进化的研究纲领通过竞争取代退化的研究纲领的过程，它本质上是优胜劣汰的社会选择过程。[1]

（2）城市规划研究的应用解释

城市规划学科的"科学研究纲领"模式，包括基本原理和基本假设、可反驳的外围弹性地带、形成研究纲领的方法论。本书对城市总体规划的基本原理和基本假设的"硬核"不予讨论和研究，即城市总体规划的编制和实施的基本原理和基本假设是坚韧的，不容反驳和否定的；重点是对城市总体规划的保护带、启示法范畴进行研究，核心是从制度、体制角度积极提出、修改或调整辅助假设的"保护带"，以消除反常，保护"硬核"，发展城市总体规划的研究纲领规则。

因此，本书不是研究城市总体规划编制和实施制度机制理论内核，而是重点研究影响城市总体规划编制和实施理论内核发展的"保护带"、"启示法"，研究角度是制度、机制、体制。具体来说：

城市总体规划编制和实施都是政府行为，依法行政又是政府行为的基本要求，进而决定了城市总体规划编制和实施的法律行为本质。城市总体规划编制和实施不是相互脱节的两个系统，而是一体化的两个系统，相辅相成。这个法律行为一体化系统的纽带就是法律制度，编制是制定制度，实施是执行制度。

另外，从思路上科学研究纲领哲学方法论还体现在：

一是，本研究坚持了历史动态的观点，从历史评估——现状诊断——未来预测的时序分析角度，从城市总体规划的历史演变进程中总结历史经验教训，正确评判城市总体规划研究纲领的进化、退化阶段，较好体现城市总体规划发展中的进化和革命、量变与质变的统一。

二是，本研究充分肯定了城市总体规划研究纲领之间更替的先后连续性和继承性，重点探讨了传统城市总体规划体制的问题及延续的生长点，而不是重新建立新的研究纲领模式。

三是，本研究认为未来城市总体规划的研究纲领存在突变的可能性，当前竞争性的影响因素是未来城市总体规划体制突变的主要原因。

2. 分析方法论

（1）系统方法论

机制是系统科学研究的重点范畴，研究机制也必须置于系统中。系统科学方法种类很多，譬如系统分析法、信息方法、反馈控制方法、动态规划法、综合评判法、分解协调法、黑箱方法、功能模拟法等。本研究主要采用了系统分析法，即为确定系统的组成、结构、功能、效用而对系统各种要素、过程和关系进行考察的方法。

本研究引入了系统分析方法论。既然机制研究诞生于系统论，那么通过系统论思维，可能会更好理顺规划编制、实施、监督之间的环节、关系。城市总体规划编制和实施制度机制是一个大系统，主要有环境系统、制度系统、编制系统、实施系统、目标考评系统等。

环境系统主要是指影响规划编制和实施的外界因素，包括规划以外的法律制度、中央文件、通知、命令、指示等，也包括外界形势因素，譬如经济全球化、区域经济集团化、生态环境等。这些都对规划编制和实施产生重要影响。

制度系统主要包括编制制度，譬如规划法、编制办法、细则等；包括行政制度，实施制度，譬如开发区规划管理办法、风景园林区管理办法、绿线管理办法、紫线管理办法等。

编制系统主要包括编制管理、编制技术、编制过程、编制期限、编制人员等。

实施系统主要包括执行执法系统，也包括社会监督系统。

目标系统主要包括社会、经济、生态、行政等目标，主要是考核编制、实施工作的客观指标系统。

本研究项目的内容框架主要是从上述五个系统来组织安排的。

（2）分析综合法

分析综合法是科学思维的逻辑方法，是思维主体对认识对象按照一定目标进行的这样或那样的分解和组合。从现实研究——可能方案预测的实证分析技术路线，从现象透视——特征概括——规律总结的认识论技术路线，分析综合法贯穿本研究的全过程。譬如，本研究把城市总体规划现状体制分解为制度、要素、结构、环节等加以认识和剖析，最后又综合形成对城市总体规划存在问题的总体认识。

（3）实证主义

实证主义是关于人类认识活动的一套规则或评价标准，是西方哲学的一种传统和特定哲学态度，至今仍然具有重大的方法论意义。在具体分析城市总体规划编制和实施问题时，本研究采用了实证主义思维方式，从定性归纳——案例演绎的逻辑分析技术路线，论证城市总体规划制度机制的建设改革。譬如，城市总体规划编制类型的探索，采用了大量的实证案例分析。

二、研究技术路线

1. 研究逻辑的切入点

从项目研究任务的切入点分析，城市总体规划主要以法律制度为表现形式，并且这些法律制度的集合又是在一定的时间尺度和特定的空间区域上，这就决定了城市总体规划必须具有可操作性。因此，项目研究始终贯穿了一条内容逻辑上的红线，即从法律制度入手，经过现代城市总体规划的技术分析，又回到法律制度上来。

2. 研究结构框架

从上述的研究方法和技术路线分析，笔者认为，城市总体规划制度机制研究的结构框架如图 1-2 所示。

三、研究重点、目标和意义

1. 研究重点

（1）重点反思和评估城市总体规划编制与实施制度建设的经验教训

虽然每一次城市总体规划编制与实施都对应着特定的历史阶段与背景，对当时的历史发展阶段都起到较大的推动作用。城市总体规划工作对象载体是城市空间，随着城市空间资源配置机制的变化，相应的城市总体规划编制与实施制度机制必将革新，以适应城市空间布局机制的变化。但是，由于社会经济制度存在的相对稳定性与规划技术理念、实施理念的超前性的不协调，必将导致规划上的滞后和重大问题的出现。每一次规划编制与实施机制的更替的交错时期，就是规划存在问题较突出的时期，也是规划经验教训凸现的高峰时期。因此，从不同的角度，深入重点反思和评估历次城市总体规划编制与实施制度机制建设的经验教训，对于构建未来的城市总体规划编制与实施机制具有重大的借鉴意义和启发价值。

（2）影响城市总体规划制度机制建设的因素

当前城市总体规划编制和实施难，存在问题很多，是不是只有规划自身的问题，是不是还有其他的问题？目前，有些学者过分责怪规划自身，主要针对规划内容、技术、人员等问题。但是，若这些都解决了，能不能带来规划编制和实施的有序发展，尚值得研究。譬如城镇体系规划、城市总体规划

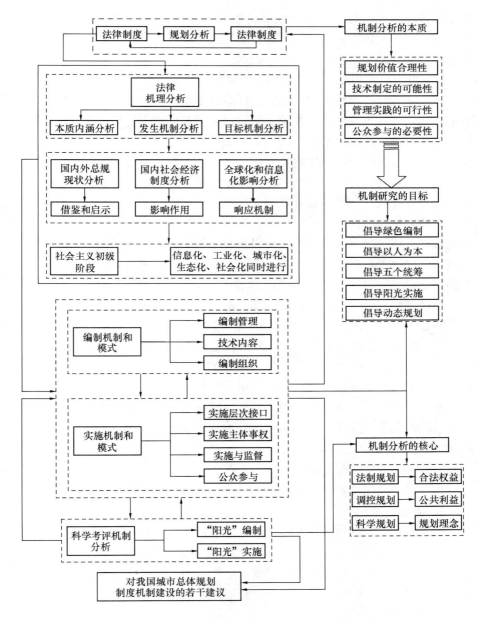

图 1-2　城市总体规划制度机制研究技术路线框架示意图

等，若不解决行政管理权力结构问题，规划就很难落实。所以，规划编制和
实施的机制问题日益凸现。

　　分析影响我国城市总体规划编制和实施的制度因素，主要是使城市总体

规划能够融入到政府的依法行政制度系列，做到与其他行政制度的有机关联。本质上，我国国家结构、行政权力结构等深层次制度因素是影响我国城市总体规划编制和实施机制的根本原因。

（3）城市总体规划编制与实施事权结构与机制的构建

我国城市总体规划编制和实施到底应该走怎样的机制、模式。本研究没有重点谈规划技术问题，而是重点研究探讨了规划编制管理的权力权限机制问题，技术内容的归属层次管理问题，编制组织管理层次问题，科学成果如何转化为可操作的法律制度机制问题；在实施上，也是从机制理顺上，重点探讨实施层次、接口，实施主体、权力配置机制、监督、公众参与、制裁机制等，重点是从行政法律要素层面来探讨实施机制问题。

本研究重点关注了城市总体规划编制与实施接口机制问题。城市总体规划成果转化成为法律之后，有的可以直接实施，譬如重大行政区划调整、水源地空间确定等；有的还需要下一个层次规划的继续深入，然而，在这一点上存在法律"空白"。因此，这就需要为各层次规划留出"接口"，（纵向规划、横向规划）作为实施监督的法律依据。目前，城市总体规划的接口机制很不健全。

（4）城市总体规划考核评价和公众参与制度建设

目前，在这个问题上，学术界已经有了一些探讨。但是，大多是从规划理念、规划内容上进行考核，经验评定多一些。从法律规定角度，只是从规划编制内容上进行界定，对规划的外部性影响没有涉及或考虑较少。城市总体规划编制和实施追求了好的用地布局方案，实现了好的经济利益，其他的问题怎么办，产生了外部性负效应，谁来负责？目前，国内许多城市都是有规划的，大部分城市都是按照规划进行控制的，为什么还出现了污染失控、房地产失控、交通管理失控等诸多发达国家曾经走过的弯路？

2. 研究目标

基于上述研究背景、重点和方法技术路线，城市总体规划制度机制研究的目标是旨在建立适应我国国情的城市总体规划编制和实施机制，倡导以人为本、公众参与、过程规划和状态规划相协调的"滚动式"、"阳光式"城市总体规划编制和实施制度机制体系。

3. 研究意义

城市总体规划制度机制的研究，从理论上来说，主要是为了架构新的形势下（譬如经济全球化、工业化与信息化同时并进、社会主义市场经济等）我国城市总体规划编制和实施制度机制的理论体系，这将推动我国城市规划科学的发展，具有重要的理论意义。从实践上来说，主要有如下目的意义：一是推动政府的科学决策，并为其提供技术支撑；二是为政府依法执政提供科学化、民主化的法律法规，提高政府的规划建设管理的诚信度；三是提升政府在社会主义市场经济中对城市空间资源的综合调控能力；四是为我国城市规划编制单位的科学编制提供实践理论支撑；五是有力推进我国城市规划编制与国际社会的顺利接轨；六是有力推进我国城市规划编制和实施的公众参与、社会监督的进程。

第二章 国内外研究进展及概念诠释

第一节 国内外研究进展评述

一、国外理论实践发展成就

1. 主要理论发展成就

纵观城市规划发展历程，城市总体规划理论发展建设伴随着城市问题而产生，理论方法伴随着学科融合而完善。从世纪尺度透视城市总体规划理论发展，笔者认为，城市总体规划理论发展经历了社会物质空间规划理论、空间功能主义理论、区域人文主义理论三大演变升华阶段。

（1）社会物质空间规划理论

经过 18 世纪的工业革命，城镇化得到了前所未有的快速发展，与此同时城市问题也日益尖锐，尤其是诸如住房、医疗、教育等社会矛盾和危机日益突出。为此，以圣西门、傅立叶和欧文为代表，提出了"乌托邦、太阳城、新协和村"等空想社会主义理论，旨在解决日益尖锐的城市社会问题，强调社会主义福利、合作和资源共享。虽然空想社会主义因过于理想化，严重脱离社会现实而以失败告终，在当时西方世界并未产生实际的影响。但作为进步思想的空想社会主义仍是人类财富，具有深远的意义，对后来的城市规划思想、理论发展都产生了重要的作用。[1][2]

到 18 世纪末期，工业革命发展迅速的城市由于长期不重视环境污染、瘟疫蔓延等潜在危机，导致了无序发展的工业城市没有宜居安全感。工业城市社会不平等问题原本就很突出，这又增加了环境污染、瘟疫蔓延等生态环境威胁，然而这种生态环境威胁是没有贫富贵贱之分的。为此，西方城市政府开始重视城市规划建设，并把城市作为整体进行规划建设，以控制环境污染、瘟疫蔓延。在 18 世纪、19 世纪的世纪之交，诞生了以霍华德田园城市理论、勒·柯布西耶明日城市理论为代表的社会物质空间规划理论。在城市空间布局方面，霍华德"田园城市"理论强调分散主义取向，勒·柯布西耶"明日城市"理论强调集中主义取向，这两大理论派系一直是城市总体规划编制和实施的主要理论基础。城市分散主义源自社会改革家对城市未来发展的认识，认为大城市拥挤、污染、贫困等问题都是由于人口过度集中而造成的，解决问题的关键在于通过疏散产业与人口缓解城市发展压力。[3]霍华德的"田园城市"与赖特的"广亩城市"思想是极端分散主义的代表。然而，勒·柯布西耶始终认为大城市是发展的主体，应该运用先进的科学技术改造大城市本身物质要素的布局，使其适应未来的发展需要。勒·柯布西耶是城市集中主义规划思想的倡导与推行者，他的观点和理论学说对于西方建筑与城市规划中的"机械美学"思想体系和"功能主义"思想体系的形成具有重要作用。[4]

另外，1893年芝加哥博览会会场设计的成功直接导致了城市美化运动的兴起。"城市美化运动"的目的是希望通过创造一种新的物质空间形象和秩序，恢复城市的视觉美与和谐生活，改进城市的生存环境。其重要贡献在于传递了一种信念，即只要经过有意识的和有组织的规划和设计，就可以创造一种更优越的城市环境。[5]从此，以城市总体规划为主的规划形式和方法得以形成。

西方早期的城市规划思想和理论主要是从病理学或美学等角度探索和研究城市（P·Hall），其共同点在于崇尚美学观念和物质形体设计，希望通过对城市物质空间的规划和建设解决工业革命所带来的城市问题。从历史线索分析可知，城市总体规划理论基因缘于空想社会主义，理论体系发展于物质空间主义，核心是解决工业革命后城市面临的社会问题。

勒·柯布西耶的集中主义思想

集中主义发展的思想认为，集聚给城市带来生命力和多样性。人们常常将柯布西耶设想的城市模式统称为"集中主义城市"，体现了高度功能理性，具备以下几个特点：①城市是必须集中的，只有集中的城市才有生命力。②城市中心地区对各种事物均有较大的聚合作用。传统的城市需要通过技术改造以完善市中心地区的集聚功能。③拥挤的问题可以通过提高密度来解决。④集中主义城市并不是要求处处高度集聚发展，而主张应该通过用地分区来实现城市内部的密度分布，使人流、车流合理地分布于整个城市。⑤高密度发展的城市，必然需要一个新型的、高效率的、立体化的城市交通系统来支撑。❶

（2）空间功能主义规划理论

经过半个世纪的摸索和实践，城市总体规划在控制公共卫生等城市社会问题方面发挥了积极作用，但在城市环境质量、城市空间效能方面还存在问

❶ 张京祥. 西方城市规划思想史纲 [M]. 南京：东南大学出版社，2005.

13

题。1933年国际现代建筑会议（CIAM）第一次总结了半个世纪的城市规划理论实践发展，发表了倡导空间功能主义的《雅典宪章》。这是一部通过功能分区提升城市环境质量、体现城市空间效能的城市规划理论，实际上更多偏重于城市总体规划的理论总结。

《雅典宪章》的通过与发表，成为这一时期及此后相当长时期内的城市规划设计和实践的原则，并促使现代城市规划沿着理性功能主义的方向发展，成为20世纪60年代之前城市规划发展和城市建设的主要思想。从理论建设的角度讲，《雅典宪章》认为城市规划是描绘城市未来的终极蓝图，通过一系列的城市建设活动对物质空间进行有效控制，可以形成良好的环境和理想的空间形态，从而城市中的社会、经济、政治等问题也能迎刃而解，进而促进城市的发展和进步。[6]这是现代城市规划思想受到建筑学思维方式和方法的深刻影响的直接体现，是《雅典宪章》所提出的功能分区和机械联系的思想基础。

《雅典宪章》的功能分区：

《雅典宪章》中城市的"功能分区"思想指出，城市中的诸多活动可以被划分为居住、工作、游憩和交通四大基本类型——这是城市规划研究和分析的"最基本分类"，并提出城市规划的四个主要功能要求各自都有其最适宜发展的条件。城市规划的基本任务就是制定规划方案，内容都是关于各功能分区的"平衡状态"和建立"最合适的关系"。其实践在昌迪加尔规划和巴西利亚规划中得到体现。❶

（3）区域人文主义规划理论

随着城市问题的复杂化、综合化和全球化，《雅典宪章》并没有有效解决现代城市的种种问题，其根源在于对于理性主义思想的过分强调。到了20世纪60年代末越来越多的学者开始怀疑和批判《雅典宪章》的主题思想，并导致《马丘比丘宪章》的产生。主要代表理论有人文主义、系统主义、后现代主义、可持续发展、新城市主义等。从目前发展现状来看，《雅典宪章》的理论思想仍对当前城市总体规划产生深远影响；但上述各种发展理论对城市总体规划实践产生了重大影响。

人文主义理论主要包括20世纪初期一批以社会学家为主的学者关于城市人文生态学研究的理论以及社区邻里单位建设思想等。系统主义理论是从

❶ 张庭伟. 20世纪规划理论指导下的21世纪城市建设——关于"第三代规划理论"的讨论[J]. 城市规划学刊，2011，（3）：1-7.

系统论的视角出发，认为城市是一个复杂的整体，城市规划的实质是进行系统的分析和系统的控制。[7]如格迪斯指出城市规划师要把城市现状和地方经济、环境发展迁移与限制条件联系在一起进行系统研究等体现了系统规划思想。从20世纪60年代开始，城市规划理论界对于社会学问题的关注尤胜于以往的任何一个时期。以1961年简·雅各布斯发表《美国大城市的死与生》为标志，城市规划师开始关注环境保护、社会人文关怀，呼唤以人性文化、多元价值观等为特征的反理性、开放性创作思维，西方城市规划理念进入后现代主义时期。[8]

在后现代主义思潮盛行的背景下，1977年国际现代建筑会议（CIAM）制定了著名的《马丘比丘宪章》，这是一个以新的思想方法体系指导城市规划的纲领性文件。宪章声明《雅典宪章》仍是指导现代城市规划的重要纲领，但是随着时代的进步，需要对《雅典宪章》中一些指导思想进行修正、补充和发展。《马丘比丘宪章》以社会文化论为基础融合了系统规划理论、过程规划理论、区域规划理论和人本主义等思想，宣扬一种系统的、多元综合的规划思维方式，强调城市规划的过程性、动态性和综合性，强调了人与人之间的相互关系对于城市和城市规划的重要性，认为理解和贯彻这一关系才是城市规划的基本任务[9]。

因此，《马丘比丘宪章》的制定宣告了西方城市规划思想的又一次变革，从此，西方城市规划摒弃了功能主义的思想基石，向区域化、综合化、动态化、公众化发展，成为城市规划的第二次里程碑，核心是解决生态环境问题、社会人文问题。[10][11]在继《马丘比丘宪章》之后，针对宏观尺度城市区域问题的日益尖锐，20世纪80年代可持续发展理论得到了全球各国的认可和快速发展，使之成为城市总体规划制度建设的重要指导思想；另外针对微观尺度过于重视物质环境建设而忽视人文环境建设的问题，20世纪90年代新城市主义发展理论得到了城市规划学者的普遍接受，使之成为城市总体规划制度建设的重要技术原则。[12]在这一发展时期，城市总体规划主要以区域人文为理论发展的核心线索，从机械的功能主义转向以人为本，突出城市发展的人性化功能需求。

新城市主义：

20世纪90年代以来，由于松散、无序的郊区化蔓延、土地浪费以及私人小轿车的大量使用等原因，引发了大气污染、交通阻塞、城市庞大无度、社会人与人之间关系冷漠等环境和社会问题，城市规划学者开始寻求更合理的城市发展模式。在这种背景下，新城市主义成为主流思想之一。

新城市主义是指20世纪80年代晚期美国在社区发展和旧城改造兴起的

一个新运动。面对城市无序蔓延、低密度发展所产生的城市问题，新城市主义强调以现代需求改造传统旧的市中心，倡导"以人为本"的设计思想，改善城区居住环境，使其衍生出符合当代人需求的新功能，吸引大量居民回城居住，从而建立起新邻里关系，重塑具有多元化、人性化、社区感的城市生活空间。后来进一步发展到探讨郊区城镇的开发模式，提倡采取一种有节制的、公交导向的"紧凑开发"模式来组织郊区蔓延。1990 年，欧共体委员会（CEC）发布的《城市环境绿皮书》中提出"紧凑城市"（Compact City）理念，之后被认为是城市可持续发展的理性选择。新城市主义规划思想提出的城市空间发展模式中，以 Andres Duany 和 Elizabeth Zyberk 提出的"传统邻里发展模式"（Traditional Neighborhood Development，TND）和 PerterCalthorpe 提出的"公交主导发展模式"（Transit Oriented Development，TOD）最为典型，分别从微观和宏观层面诠释了新城市主义理念下规划设计的基本特点。❶

2. 主要规划实践成就

理论与实践密不可分，理论总是在实践经验的基础上加以升华，进而应用到新的实践中，经实践的检验而不断自我修正和发展。城市规划的理论正是伴随着实践不断发展和创新。

（1）编制实践

西方国家城市总体规划编制实践主要有华盛顿、科恩、芝加哥等城市，规划编制主要表现在城市宏观层面。1791 年法国工程师朗方（Pierre Charles L'Enfant）为美国首都华盛顿所做的城市总体规划，重点考虑了城市的空间形态和政治因素之间的联系，将立法机构和行政机构远远拉开，并为城市未来扩张留有余地。[13] 1880 年科恩组织的扩展规划设计竞赛中，优胜者约瑟夫·施都本（Josepph Stubben）等人的方案将规划范围扩展到整个城市，提出了城市环路的设计理念，后被广泛应用。1913 年沙里宁基于有机疏散理论而进行的大赫尔辛基规划，对后来城市总体规划技术发展产生了深刻影响。

为了把芝加哥市中心建成一个现代的公共中心和商业中心，振兴城市经济，1909 年芝加哥进行总体规划，真正的城市规划工作开始了。它真正奠定了伯纳姆的美国城市规划之父地位。该规划共包括 9 个方面的内容：规划编制的背景和必要性，分析罗马、巴黎、维也纳、伦敦、华盛顿、克里夫兰、马尼拉等 10 多个名城的总体规划评述，芝加哥成长为中西部大都会的历史回顾和区域性交通网络设想，园林绿地系统规划，综合交通体系规划，城市街道系统规划，中央商务区规划实施步骤和可行性规划实施的法律问题和对策[3]。该规划提出的绿地系统奠定了园林绿地建设的发展框架，城市综合交通设计的理念得到了延续，作为芝加哥历史上的第一个城市总体规划，该规划主张将城市放在区域中进行考虑，对城市的综合功能进行统一设计。《芝加哥规划》还建立了广泛参与的组织编制制度，它不仅得到了有实力的工商业界的支持还有着广泛的公众参与基础，特别是争取到了绿化、街道、城际公路、铁路等主管部门或运营公司的全程参与，这为规划能成功实施奠定了基础。[14]

　　二战后，柯布西耶1950年为印度吕迪加尔所做的城市规划方案是《雅典宪章》功能分区机械联系的直接案例。吕迪加尔是现代城市规划运动中完全按照图纸付诸实施的第一个城市，同时它也被批评为规划方案无视具体地点、人文背景，是现代功能理性主义、形式理性主义城市规划的失败例子。[15]

　　柯布西耶的吕迪加尔市城市总体规划：

　　吕迪加尔市城市总体规划方案构思充分表达了形式理性主义色彩：各个功能分区明确，U象征人体的生物形态构成城市总图基本特征。主脑为行政中心，设在城市顶端山麓下；商业中心位于全城中央，象征城市心脏；博物馆、图书馆等是神经中枢，位于主脑附近的风景区，大学区位于城市北侧，宛如右手；工业区位于东南侧，宛如左手；水电等市政系统似血管神经一样遍布全城；道路系统构成骨架，象征人的骨骼；城市内各种建筑像肌肉贴附，在城市中心留出大量的绿化间隙空地，似人的肺部用于呼吸。规划反映了《雅典宪章》的基本原则，各个区域与街道名称全部用字母或数字命名，体现了一个高度理性化的城市特征。❶

　　（2）管理实践

　　城市总体规划管理实践相对早于编制实践。早在18世纪末期德国（普鲁士）制定法律为城市扩展作准备。例如，1794年普鲁士颁布的《领土法令通则》（Allgemeine Landrecht）认可了土地私有制，同时保留了在集体利益下征用土地的权利；1874年普鲁士的《征用法》和1875年的《建筑线法》都强化了市政府在进行扩展现行规划的权力和职责。

　　美国法律的重点在住房政策上，1867年住房改良的运动催生了《纽约

---

❶　张京祥. 西方现代城市思想史纲［M］. 南京：东南大学出版社，2005：118-119.

州经济住房法》（New York State Tenement House Law），对车厢式公寓的建造进行开发控制，也是美国城市用地法规的雏形。美国"旧法"（Old Law）是由该法案进一步深化形成（1879 年）；1901 年颁布的同名法案，也称"新法"（New Law）成为住房改良的里程碑。

在公共卫生运动的推动下，英国在 1848 年、1872 年和 1875 年分别制定了公共卫生法，其中 1875 年的《公共卫生法案》（Public Health Act，1875），经过不断完善和修改已经逐渐趋于成熟，规定了地方政府在给排水、道路、环卫等方面的权利和职责，并有权制定规划实施细则和管理新建设施，为城市规划法规的形成打下坚实基础。在系统理论盛行的背景下，1968 年，英国通过新的《城乡规划法》，提出结构规划和地方规划两种类型规划形式。其中结构规划主要处理有关城市发展战略重要性的事务，执行具有战略意义的政策和计划。地方规划则包括地方区域和总体规划、行动区规划和专项规划。[16]

（3）建设实践

城市建设实践开始较早且比较著名的是英国空想社会主义者罗伯特·欧文于 1800～1810 年间在苏格兰的新拉纳克自发建设的新协和村，目的是为产业工人建设一个舒适、卫生、安全的居住环境。另外，影响较大的还有 1852 年奥斯曼（Haussmann）受拿破仑三世之命主持的巴黎改建规划。改建方案的重点是增进城市东西和南北交流及对城市旧区的大面积重建。因此，在交通系统和市政系统方面做了较多的工作，例如新修了林荫大道，在街道地下修建的上下水系统，更新升级了煤气管网，开辟了新的城市公园等。奥斯曼首创的市政工程计划具有现代规划的性质，使其成为现代城市规划的先驱，对 1901 年的芝加哥规划有较大影响。但由于没有一个全面的总体规划，未形成系统综合的方法论。[17]

霍华德为了推广田园城市理论思想，1899 年成立了英国田园城市协会，之后集资先后在北哈德福郡和韦林指导建设了莱特沃斯（Letchworth，1903）和韦林（Welwyn，1920）两个田园城市。其中莱奇沃斯由建筑师昂温和帕克（Barry Parker）规划设计，在充分考虑当地条件的情况下，按照霍华德提出的原型进行基本要素的布局设计，但总体形态方面改变了几何对称模型，这与田园城市的原型有较大区别。由田园城市发展而来的"田园式郊区"美学思想，指导了英国郊区的建设。著名的有昂温设计的汉曾斯特德田园郊区（1906）等。[18]另外霍华德的田园城市思想在欧洲其他国家、北美、澳大利亚和日本得到迅速传播和实践。在德国、法国、美国分别成立了田园城市协会。建设的实例如美国的福斯特山花园（1910～1913），瑞士建筑师伯诺利（Bernoulli）在海尔布鲁纳（Hizbrunner）地区兴建的田园郊区等。

综上所述，西方国家城市总体规划实践既有个人行为的规划编制、城镇建设实践，也有政府引导的规划编制、实施和管理实践。其中，个人行为的规划实践对城市总体规划技术理论建设发挥了重大作用，譬如霍华德依据其田园理论而建设的第一座田园城市——莱特沃斯等；政府行为的规划实践对城市总体规划管理理论发展起到了决定性影响，体现国家在土地和空间领域有关政策的关键步骤，譬如美国受城市美化运动思想的影响而进行的芝加哥规划、沙里宁基于有机疏散理论而进行的大赫尔辛基规划、英国的《城乡规划法》等。

二、国内研究实践进展

1. 规划编制研究进展

（1）关于编制方法的研究

从方法手段看，城市规划编制方法由过去简单定性描述逐渐向定性、定量、定位相结合研究转变，并且逐步将系统论、地理信息系统、遥感技术等多种方法引入规划编制，更多地借鉴建筑学、地理学、环境学、经济学、社会学、计算机科学等多学科的分析方法进行科学编制。多种方法技术的应用丰富了城市规划编制的方法论。20世纪70年代，英国掀起了"职业主义"，企图通过严密的定量分析技术保护城市规划职业，但尚未成功。陈秉钊教授曾想把系统工程学的定量技术引入到城市规划中来，企图使规划像结构工程学那样，成为工程科学或者自然科学，但也未成功[19]。20世纪90年代初期，城市规划利用多相时和航天遥感影像获取基础数据，借助GIS进行城市规划的信息处理和综合分析[20]。GIS在城市规划中的应用由过去简单的信息收集逐步向空间分析转变，并且对城市规划的编制、审批提供了技术支撑。

从技术体系来看，1980年代之前城市总体规划编制的技术路线为建成区用地＋综合交通网络＋绿地、市政、公共服务等设施专项规划；到1990年代前后城市总体规划的技术路线演变为市域城镇体系规划＋中心城区规划的框架；到2000年代之后城市总体规划的技术路线演变为市域城镇体系规划＋规划区城乡统筹规划＋中心城区规划的框架。其中规划区是城市总体规划制度建设的核心。2000年之后是我国城市总体规划编制技术探索最为活跃的十年，曾经尝试了市域总体规划、都市区总体规划、战略规划＋总体规划等编制技术路线，并对城市总体规划制度改革提供了有益借鉴。

从编制组织来看，2006年新《办法》和2008年《城乡规划法》明确了新的城市规划编制原则，即政府组织、专家领衔、部门合作、公众参与、科学决策。2004年北京城市总体规划修编提出了"政府组织、专家领衔、部门合作、公众参与、科学决策"的规划编制组织的基本原则,且在全国得到了较好的推广。在2006年新《办法》中,把这一原则作为法规条文规定下来,以推动我国城市规划编制工作向科学化、公共政策等方向发展。其中,公众参与是做好城市总体规划的重要编制方法,其研究成果相对较多,重点关注在公众参与模式、法律性、构成、制度、机制等方面。编制环节重点在征求部门、市民和专家意见方面研究;审批环节重点在编制成果审批前需要公示并附有意见处理方面的研究;监督环节重点在市民、人大等各类监督主体对城市总体规划执行情况方面的研究。

(2)关于改进编制内容方法的研究

从建设部❶1991年颁布的《城市规划编制办法》、2002年《国务院关于加强城乡监督管理的通知》、《近期建设规划工作暂行办法》、《城市规划强制性内容暂行规定》到2006年颁布的新的《城市规划编制办法》、2008年颁布的《城乡规划法》的历史脉络中,可以分析判断我国城市规划编制内容变化的基本线索,同时也能够反映国内学术界对城市总体规划编制内容框架的研究历程。

从法律线索来看,1989年的《城市规划法》第十九条规定城市总体规划应当包括:城市的性质、发展目标和发展规模,城市主要建设标准和定额指标,城市建设用地布局、功能分区和各项建设的总体部署,城市综合交通体系和河湖、绿地系统,各项专业规划,近期建设规划。设市城市和县级人民政府所在地镇的总体规划,应当包括市或者县的行政区域的城镇体系规划。2008年的《城乡规划法》第十七条规定城市总体规划、镇总体规划的内容应当包括:城市、镇的发展布局,功能分区,用地布局,综合交通体系,禁止、限制和适宜建设的地域范围,各类专项规划等。规划区范围、规划区内建设用地规模、基础设施和公共服务设施用地、水源地和水系、基本农田和绿化用地、环境保护、自然与历史文化遗产保护以及防灾减灾等内容,应当作为城市总体规划、镇总体规划的强制性内容。城市总体规划、镇总体规划的规划期限一般为二十年。城市总体规划还应当对城市更长远的发展作出预测性安排。一方面,城市总体规划编制内容侧重点转向用地布局和

---

❶ 1979年3月12日,国务院发出通知,中共中央批准成立"国家城市建设总局",直属国务院,由国家基本建设委员会代管。1982年5月4日,"国家城市建设总局"、"国家建筑工程总局"、"国家测绘总局"、"国家基本建设委员会"的部分机构和"国务院环境保护领导小组办公室"合并,成立城乡建设环境保护部。1988年5月,第七届全国人民代表大会第七次会议通过《关于国务院机构改革方案的决定》,撤销"城乡建设环境保护部",设立"建设部";并把国家计委主管的基本建设方面的勘察设计、建筑施工、标准定额工作及其机构划归"建设部"。2008年3月15日,根据十一届全国人大一次会议通过的国务院机构改革方案,"建设部"改为"住房和城乡建设部"。

基础设施，淡化了城市性质职能和目标规模内容；另一方面，强化了城市总体规划规划区强制性内容的重要性，重点突出公共政策导向。

建设部颁布的《城市规划编制办法》（以下简称《办法》）已于2006年4月1日起正式实施，建设部1991年9月颁布的旧《办法》已同时废止。就新《办法》与旧《办法》主要有以下几个方面的不同：[21][22][23]

1）突出强调了总体规划的战略性地位，体现了政府职能的转变

旧《办法》重点强调城市总体规划的最终审批上报成果，即图纸与文本等。新《办法》突出了城市总体规划的纲要性地位，充分体现了中央政府或上级政府对城市总体规划编制内容与审批调控事权的衔接，体现了政府职能的转变，同时也表明了城市总体规划内容的趋向。[24]

2）强化了近期建设规划编制

在旧《办法》中，对近期建设规划编制只用一个条款来表述，即"近期建设规划是总体规划的一个组成部分，应当对城市近期的发展布局和主要建设项目作出安排。近期建设规划期限一般为五年。"2002年8月，建设部印发了《近期建设规划工作暂行办法》和《城市规划强制性内容暂行规定》。在此之前有学者对关于编制近期建设规划的方法和编制内容进行了思考[25]，并且指出近期建设规划是应对快速变化与多种冲突有限的规划应变[26]，是从完备理性走向有限理性，并且能够带来规划理念与方法上的转变[27]。在近期建设规划推行的几年中，也有学者对此提出反思，认为城市规划建设"失控"现象的根源，部分来自于近期建设规划工作，解决问题的办法不能仅以规划某种强势推出来解决，否则会使规划陷入更被动的局面[28]。

新《办法》中，对近期建设规划扩大为一章节，把近期建设规划作为一个相对独立的编制类型来进行法规规定，对编制依据、编制组织、编制要求、编制成果等都有明确的规定，体现了规划编制的"远近兼顾"性以及实施性；另外，对于近期建设规划的编制内容也有明确的要求规定，譬如对近期人口和建设用地规模，确定近期建设用地范围和布局，近期交通发展策略，确定主要对外交通设施和主要道路交通设施布局，确定各项基础设施、公共服务和公益设施的建设规模和选址等都有明确规定。

3）增加强制性内容，强调空间管制，突出了公共政策的属性

旧《办法》没有强制性内容的规定，而新《办法》增加了规划编制的强制性内容，第十九条对强制性内容的原则性规定：编制城市规划，对涉及城市发展长期保障的资源利用和环境保护、基础设施、公共服务设施、区域协调发展、风景名胜资源管理、自然与文化遗产保护、公共安全和公众利益等方面的内容，应当确定为必须严格执行的强制性内容。

新《办法》强制性内容规定主要在城市总体规划和近期建设规划编制阶

段。其中，城市总体规划的强制性内容包括市域城镇体系规划、中心城区规划的强制性内容规定。

对于强制性内容的探讨，学术界更多的是将强制性内容进行图则化。陈谦[29]认为，城市详细规划编制方法等于强制性内容图则加控制性详细规划加详细城市设计。

新《办法》中，在市域城镇体系中确定生态环境、土地和水资源、能源、自然和历史文化遗产等方面的保护与利用的综合目标和要求，提出空间管制原则和措施；在中心城区规划中划定禁建区、限建区、适建区和已建区，并制定空间管制措施。而且规定了蓝线、绿线、紫线、黄线等四线内容；空间管制编制内容是新时期我国城市规划界探索的重要成果。

新《办法》中，重点突出了公共政策属性，尤其是关注弱势群体的空间资源配置，体现了未来城市规划的功能导向。

4）对市域城镇体系规划、专项规划等作了相应的修订调整

新《办法》改变传统"一化三结构一网络❶"的市域城镇体系规划编制技术体系，提出基于区域统筹协调的城乡发展空间战略、生态环境保护、基础设施建设、区域策略、空间管制等编制技术内容体系。

新《办法》明确了各类专项规划与城市总体规划的关系。这次修订就城市总体规划与专项规划留了一个接口，主要强调两点：第一，城市总体规划必须要规定专项规划的原则要求；第二，各类单独编制的专项规划必须依据总体规划。

城市总体规划编制技术内容已经出现了相应的渐变趋势，政府已经深入到城市总体规划编制内容的核心层次。

（3）关于编制审批机制的研究

国内学者对城市规划审批机制的研究主要关注以下几个方面：

对规划审批时间过长带来的行政效率低下的研究。加强城市规划审批的时限规定，提高城市规划效率，必须缩短规划审批时限，从法律上保障城市规划的动态性、连续性，并可从时间因素上强化各级领导决策层的规划意识[30]。

对审批制度建设的研究，主要是从法制化和公共参与两个方面展开的。梁江[31]认为，我国规划审批必须实现法制化，但是还面临着技术、文化和体制方面的问题。其中，技术问题是相对容易解决的，在不远的将来有可能实现，而文化意识和体制问题，则不是规划管理机制自身改革所能解决的。

---

❶ "一化三结构一网络"是指城镇化、空间结构、规模结构、职能结构、重大基础设施网络布局。

在审批的管理形式上，众多学者认为应该引入公众参与机制，使得审批更具有透明性。

关于审批技术手段的发展研究。针对城市规划审批的特殊要求，探索如何在现有条件下，通过对航空影像与地形图的处理，完成对目标城区规划的三维建模工作，并以此为基础完成规划方案的辅助审批与分析[32]。GIS、RS 为支撑的分析手段主要应用于城市详细规划方案的审批。

另外，在政府审批操作层面，在总结原来审批体制基础上，建设部也做了相应的调整和实践，譬如强化对专家意见的反馈，城市总体规划纲要需达到"准成果"深度等。

2. 实施机制研究进展

（1）关于规划师角色定位的研究

《国务院关于加强城乡规划监督管理的通知》（国发〔2002〕13 号）指出"城市规划是由城市人民政府统一组织实施"。城市规划是政府的一项重要职责，市长是城市规划的组织者、决策者。而依法从事城市规划设计、科研、管理和咨询工作的城市规划师，则是城市发展的思想者、空间利用的设计师、人居环境的园艺家、历史文化的弘扬派、各项建设的指路人和规划管理执法官，必须承担应负的历史和社会责任[33]。

陈秉钊教授认为，规划师应学会换位思考，努力建构规划师与政治家们的合作平台日显重要。规划师不是反对党而是"参政党"，这是一个重要的定位抉择。[34]何丹认为[35]，在市民社会（civil society）发展的历史背景中，中国蓬勃发展的 NGOs 和社区组织给城市规划师一个重新定位的契机。规划师与市民、非政府组织的合作，是寻求与政治精英和经济精英在城市发展决策过程中能够形成制衡，也是使决策民主化、科学化的必由之路。规划师参与社区建设主要有三种不同但是相关的角色存在：理论工作者主要参与分析和咨询；直接参与规划设计工作；以及直接参与社区建设❶。

陈有川从社会学交涉分化入手，分析我国规划师角色分化的主要原因，指出规划师角色分化的三种可能方向：政府规划师、执业规划师和社区规划师。政府规划师受聘于城市规划主管部门或其他行政部门（如城市发展战略决策委员会），作为政府公务员外的研究型人员，是政府智囊机构的主要成员，也是规划师的主体。执业规划师是指就职于勘察设计单位，以市场需求为导向的提供设计、咨询服务的技术型规划人员。社区规划师是致力于社区管理、社区更新和社区复兴等事项的管理型人员[36]。

在从计划经济体制向市场经济体制转轨的过程中，规划的职责、使命和

---

❶　这主要指兼有专业知识和居民身份的规划师直接参与到市民活动中。

任务都在发生变化。在市场经济条件下，规划师应该更加注重空间背后的利益协调，从形体空间专业技术的应用转向更注重对多学科参与的组织引导和协调，从静态蓝图式制定转向更注重实现规划目标实施过程中的政策引导和法规确立，这些是规划师角色定位的基础[37]。

（2）关于公众参与机制的研究

20世纪90年代以来，公共参与被引入我国城市规划学界，城市规划"公众参与"的呼声也越来越高。随着"以人为本、福利经济、民主参与"等现代规划理念逐步融入我国城市规划体系，对种种参与的理解也基本形成一个共识，即公众参与是人本主义与民主化的体现[38]。

公众参与是公众不通过国家代表机关直接参与处理社会公共事务。公众参与城市规划，实际上是指公众参与规划的全部过程和不同领域，其本质是要通过公众对规划制定和实施全过程的主动参与，更好地保证规划行为的公平、公正和公开性，使规划能切实体现公众的利益要求，确保规划工作的成功实施[39]。

国内学者针对目前公众参与机制的不完善，提出了一系列构建公众参与程序制度的学术观点，即确定支配公众参与行为和社会关系的新规则。制度的设计和安排的合法性、合理性取决于既定的制度能否为社会成员提供新的参与机制，并且使公众获得更多的制度收益，如听证制度、公示制度、监督制度[40]、法定图则制度、政务公开制度。公众参与城市规划主要有以下三种形式：召开公开会议，召开专业性代表会，民众参与[41]。罗小龙提出在不改变我国现行行政体系及不增加机构的前提下，构建非官方、具有体制保障的公众参与组织——城市规划公众参与委员会，它是处于规划管理局和建委等城建市政部门之外的一种非官方、有体制保障的独立机构[42]（见图2-1）。

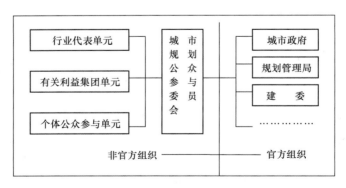

图2-1　城市规划公众参与委员会组织形式

目前，建设部新《办法》更强调了公众参与城市规划编制的权利。旧《办法》中规定，城市规划编制由政府组织专家编制，编制完成后向社会、向公众公布。也就是说，公众只有知情权。而新《办法》则要求在城市规划编制过程中必须有公众参与，譬如第 16 条规定，在规划编制中就应该采取公示、征询等方式，听取公众意见，并对有关意见采纳情况公布。[43]

其次，新《办法》更加以人为本，更加关注低收入群体的利益。新《办法》在第一章《总则》中明确提出，编制城市规划应该考虑人民群众需求，改善人居环境，方便群众生活。充分关注中低收入人群，扶助弱势群体。在后面的章节中，对维护公众利益也有很多具体要求，如对建筑密度、建筑高度、容积率、绿地率、基础设施和公共服务设施配套等，均有明确要求。甚至对建筑的日照分析、交通分析等，也有明确规定。[44]

学术界对于公众参与的研究从借鉴国外的经验到制定具有中国特色的公众参与制度，从简单被动的公众参与到主动的过程参与，此外，还将公众参与逐步法制化。

（3）关于规划公共行政机制的研究

公共行政不同于私人企业的管理和一般社会组织的管理，也不同于国家的政治管理，公共行政可界定为国家公共行政组织依法对国家和社会公共事务进行有效管理的过程[45]。就城市规划而言，其本质属性就是公共政策，而城市规划政策的制定与实施取决于规划公共行政机制。对于规划公共行政机制的研究，国内主要集中在规划的法律地位、规划行政程序、规划实施手段等三个方面。

首先，对于规划的法律地位，在《城市规划法》颁布之前，主要集中在该法法律地位、内容组成和体例[46]，《城市规划法》颁布之后的研究主要集中在城市规划法的理想价值的实践[47]。其次，规划行政程序的研究主要不仅涉及从行政管理、行政实施、行政监督、行政救济等整个行政程序的设计，而且还涉及其中单个环节的行政程序设计的研究，如城市规划行政救济制度[48]。第三，对规划实施行政手段的研究主要从实施策略[49]、实施机制[50]、实施评价的理论和方法[51]等方面进行探讨，在总结规划行政体系的编制、审批和运作的实施基础上，重点对近期规划、项目规划和政策规划进行思索和反思。

（4）关于规划事权研究

在我国纷繁复杂的城市规划管理体制中，制约城市规划实施有效性的最主要症结是城市规划权力体系的构建与分解。政府事权是指政府对经济事务管理权责。尹强认为政府事权与城市总体规划之间的矛盾主要存在三个方面：1）总体规划虽然技术性问题较多，但深层次的问题是规划体制与政府先行的管理事权严重脱节，无法实现总体规划的供给与政府规划实施需求之间的平衡；2）各级政府在规划与管理事权上的越位与缺位表现的非常突出；3）各级政府在规划实施与管理事权上的混乱，一方面是行政体制上的缺陷所引起的，另一方面反映出总体规划相关法律法规之间的矛盾。针对上述矛盾，提出了以政府事权为导向改革总体规划，包括从面向技术到面向管理实施，以及按照各级政府经济社会事务管理权责构架城市总体规划；以调整总体规划审查内容作为城市规划改革的突破口；然后分三个规划层面明确事权的划分，进行规划管理[52]（见图 2-2）。

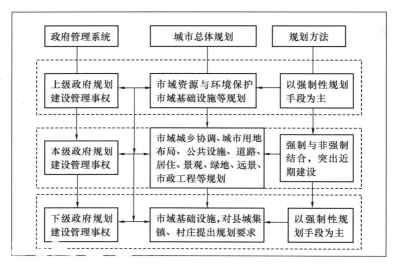

图 2-2 市域总体规划内容三层次结构

（二）关于规划监督机制研究

保证城乡建设合理有序地进行，仅有科学的规划是不够的，必须加强规划的管理，严格规划的实施，其中，监督是关键。目前研究学者对规划监督机制研究可以归纳为以下四点：1）城市规划的法律法规不健全，监督管理无法可依；2）城乡规划监督渠道不畅，监督职能缺位，事前、事中监督薄弱；3）规划决策封闭性，公众参与度不高，增加了外部监督的难度；4）缺乏有效的城乡规划行政责任追究制度，内部监督不够。

马伟胜规划学者认为，监督机制的完善主要通过实施监督的法律法规制度，强化法规监督；加强和改进城乡规划编制，充实规划内容，强化规划实施的主体监督；健全监督网络，完善监督机制，强化内部和外部的程序监督[53]。

杨戌标认为，应该从健全行政监督机制，对规划行政过程建立"就地监督、内部监督和上级监督”的完整体系，各有侧重，互相配合，避免规划行政机构集规划编制、审批、实施和监督于一体，监督应当独立于地方政府机构，并对其上级政府或本级人大负责。《国务院关于加强城乡规划监督管理的通知》（国发［2002］13号文）要求地方人大每年审议城市规划，实行就地监督。此外，还要进行以公众参与为主体的社会监督机制，进一步提高监督的反馈机制[54]。

还有研究学者认为，委托第三部门对自由裁量权进行监督是一个最终选择。目前我国的规划学会、协会作为行业组织，还处于发展阶段，注册规划师制度刚开始实行，但以行业组织、学术机构为基础建立仲裁机构应是规划监督发展的一个重要目标。今后，大量的案件在行政复议之后，交由仲裁机构进行仲裁，只有少数案件最终上诉至法院，甚至某些案件可以以仲裁取代行政复议[55]。

政府行政观点认为，在《2005年全国建设工作会议报告》上提出加强城乡规划实施的监督管理。总结、推广省级规划管理委员会制度、派驻城市规划检察员制度和城乡规划动态检测试点经验，建立规划实施的有效协调监督机制，加强对规划编制的监管，查处违规行为。

另外，政府界推行了规划效能监察制度。根据《建设部、监察部关于开展城乡规划效能监察的通知》要求，建设部、监察部决定成立城乡规划效能监察领导小组办公室，办公室设在建设部城乡规划司，主要负责城乡规划效能监察的日常组织实施、综合协调。

三、国内外研究现状的简要评价

从19世纪末期开始，城市规划编制和实施才逐步被欧美发达国家政府所重视。经过一个多世纪的努力，城市规划编制和实施已经成为欧美发达国家进行宏观调控的重要手段，并形成了与各自社会经济制度相适应的较为完善的城市规划编制和实施体系。就城市总体规划编制和实施来说，不同国家有不同的称呼和理解，但是有一点是相同的，即都属于宏观空间尺度的规划编制和实施。在这一层面上，欧美发达国家已经有了较成熟的理论和实践体系，并且已经进入到了自我调整、自我完善、自我协调的良性的编制和实施进程中。

然而，对于广大的发展中国家，城市总体规划编制和实施仍然处于起步、探索和研究阶段，这与各国特定的历史阶段是相适应的。我国城市总体规划编制和实施也不例外。经过半个多世纪的发展过程，我国城市总体规划编制和实施已经取得了较大的进展。建国以前，许多城市建设发展没有规划控制；建国以后，我国先后经历了四次大规模的城市总体规划编制、修编（修改）。那么，在21世纪10年代的第五次城市总体规划修改及2030年修编，应该解决什么，突破什么。笔者认为，从理论实践研究发展历程来看，目前我国城市总体规划理论实践研究主要有如下特点或问题：重实践轻理论；重编制轻研究；重经验轻规律；重计划轻市场；重长远轻近期；重实施轻监督；重行政轻法律；重经济轻生态；重开发利益轻社会公众利益等。在社会主义市场经济发展过程中，新世纪城市总体规划应该重点关注规划体制、机制、理念以及与之相适应的实践技术和管理操作支撑系统方面的研究。

第二节　城市总体规划制度机制概念认识

一、制度机制的概念认识

1. 制度的概念

制度（Institution），或称为建制，既是社会科学概念，又是管理科学概念。用社会科学的角度理解，制度泛指以规则或运作模式，规范个体行动的一种社会结构。这些规则蕴含着社会的价值，其运行彰显着一个社会的秩序。建制的概念被广泛应用到社会学、政治学及经济学的范畴之中。用管理科学的角度理解，诺斯认为"制度是个社会的游戏规则，更规范地讲，它们是为人们的相互关系而人为设定的一些制约"，他将制度分为三种类型即正式规则、非正式规则和这些规则的执行机制。制度一词有广义的解释与狭义的解释。就广义而言，在一定条件下形成的政治、经济、文化等方面的体系是制度（或叫体制），如政治制度、经济制度等。就狭义来讲，是指一个系统或单位制定的要求下属全体成员共同遵守的办事规程或行动准则，如工作制度、财务制度等。❶

制度功能可以具体概括为以下几个方面：（1）制度的社会协调和整合作用。作为社会规范的一种重要而有力的手段，制度对于社会秩序是至关重要的。（2）制度界定权力边界和行为空间。由于人类行为的复杂特征，不同制度指向需要对各种可能的具有负的外部性的机会主义行为提供约束，从而降低交易中的不确定性和不可预见性。（3）制度具有促进经济效率和实现资源分配的作用。制度的产生和形成本身是社会环境引发的竞争压力的产物，因此，如果一项制度无法改善人们的经济条件和资源收益，那么它就不会被人们认可。（4）制度提供的物质资源和精神价值的保障。前者如生命安全、财产安全等，后者则指自由、平等、民主和权利以及尊严等个人价值和社会价

---

❶　资料来源于 http：//baike. baidu. com/link? url＝Fh9KuSoyn2NR9jmCDwJlqLZaiqM－r8Z5Q43y6V1naq3nttMIPwbCB7MJQFCx5XdF.

值。（5）从制度对于认知和信息的作用来看，制度会给定特定的信息空间，有利于人们在存在不确定性和风险的环境下，形成稳定的预期和特定的认知模式，从而有利于指导个人和组织行为。（6）制度应当具有一种激励作用。制度设置支配着所有社会成员的行为，规范着他们行为方式的选择，影响着他们的利益分配、社会各种资源配置的效率和人力资源的发展。因此制度的激励作用在不同领域的表现都应当符合社会价值的公共导向。（7）从系统论的角度看，制度是社会系统的基本架构。它必须在开放性和封闭性之间找到适度的平衡。在封闭性空间上，它应当有利于促进共同体内部知识增长和认知的提升，并为共同体的存续和发展提供必要的凝聚力；从开放性角度看，即使一个封闭的制度系统也无法避免来自系统外部的竞争压力（制度竞争）。因此，制度系统必须保持开放性来降低系统熵值，以防止内部的低水平自我复制，并从外部吸收能促进增长和进化的动力。所以，制度是以执行力为保障的，制度是交易协调保障机制，制度指导交易中主体间利益分配和交易费用分摊。❶

2. 机制的认识

机制的概念来自于工业经济时代，机制（mechanism），本意是指机器的结构或构造（the arrangement and action which parts have in a whole），后来学术界引申为生物的功能、自然现象的规律等。

从概念本质来说，机制与结构、功能、规律不是等同的概念，而是存在内在本质逻辑关联的概念综合体。其实，某种客观事物或现象都是在特定的内部结构关系，通过某种特定的机理、运作方式下发生、发展变化的，从而对外部环境产生一定功能作用，表现出特定的运动规律。所以，机制是客观事物或现象发生、发展变化最本质的推动力，特定机制对应特定的结构，特定的结构发挥特定的功能，结构、机制和功能的综合集成就是规律。要素、结构相同，但是机制不同，功能效益也会差异很大。

简言之，机制是对客观事物或现象发生、发展变化的枢纽有核心影响的法则，是客观事物或现象运行的基本的机理、原理、制式。从系统论的角度来认识，机制是把组成客观事物或现象的若干具有特定属性的要素组合成为具有特定结构和特定功能的有机整体的联系法则、整合法则，这个法则是系统各要素之间的特定关系。用系统来解释机制，会更加清楚。

但是，机制范畴的研究是近代系统论诞生之后各个学科领域都涉及的内容，也是以前各个学科研究所忽视的环节。目前，城市规划对所研究的具体

---

❶ 资料来源于 http://wiki.mbalib.com/wiki/制度 #.E5.88.B6.E5.BA.A6.E7.9A.84.E6.9C.AC.E8.B4.A8.

对象运行的机制研究较多；但是，对于整个城市规划编制、实施机制等研究相对较少一些。要素、结构、功能、机制、内容、形式、过程、状态、趋势等都是系统论研究的基本范畴，机制只是系统中的一个方面。既然机制是系统论的一个基本概念，那么，城市总体规划编制和实施机制研究，也应该从系统论角度入手，把城市总体规划编制和实施看成一个大的系统，来探讨编制和实施系统各要素之间的相互作用的关系，即机制。

二、城市总体规划制度机制概念认识

1. 城市总体规划概念

（1）国外城市宏观层次规划概念

英国《大不列颠百科全书》的定义："城市规划与改建的目的，不仅仅在于安排好城市形体——城市中的建筑、街道、公园、公用设施及其他的各种要求，而且，最重要的在于实现社会与经济目标。城市规划的实现要靠政府的运筹，并需运用调查、分析、预测和设计等专门技术，在英国，把城市规划看成是一种社会运动、政府职能，更是一项专门职业。"[56]

在20世纪30年代，美国人托马斯·亚当斯将城市规划定义为"一种科学、一种艺术、一种政策活动，它设计并指导空间的和谐发展，以满足社会与经济的需要"。[57]

德国人G·阿尔伯特认为，"城市规划是和睦共处的空间秩序。规划是一种专门的事业，即从事将来环境变化的设计。规划的实施还依赖于政治决策以及法律和管理程序。"[58]

长期实行计划经济体制的前苏联认为，城市规划是经济社会发展计划的继续和具体化，是从更大空间的经济社会发展计划层次讨论确定城市的功能性质和发展规模。

国外宏观层次规划主要指战略性发展规划，它是制定城市的中长期战略目标，以及土地利用、交通管理、环境保护和基础设施等方面的发展准则和空间策略，为城市各个分区和各个系统的实施性规划提供指导性框架，但不足以成为开发控制的直接依据。英国结构规划、美国综合规划、德国土地利用规划、日本地域区划、新加坡概念规划，香港全港/次区域发展策略等都是宏观层次规划。[59]

（2）国内城市规划概念认识

当前，我国城市规划师执业资格考试教材定义，城市规划是这样一个过程，它通过对城市未来发展目标的确定，制定实现这些目标的途径、步骤和行动纲领，并通过对社会实践的引导和控制来干预城市的发展。城市规划作用的发挥主要是通过对城市空间尤其是土地使用的分配和安排来实现。城市规划编制的目的是为了实施，即把预定的计划变为现实。城市规划的实施是一个综合性的概念，它既是指政府的工作，也涉及公民、法人和社会团体的行为。[60]

我国《城市规划基本术语标准》GB/T 50280—98 的概念界定（3.0.2）：城市规划（urban planning）是对一定时期内城市的经济和社会发展、土地利用、空间布局以及各项建设的综合部署、具体安排和实施管理。

城市规划的实施是一个动态的过程，是城市政府通过行政、财政、法律、经济、社会等各种手段，依据已编制好的各项规划，合理配置城市空间资源，以保障城市经济、社会活动及建设活动能够高效、有序、持续地进行的动态过程。[61]

2006 年 4 月 1 日建设部颁布实施的《城市规划编制办法》中的城市规划概念：城市规划是政府调控城市空间资源、指导城乡发展与建设、维护社会公平、保障公共安全和公众利益的重要公共政策之一。

（3）城市总体规划概念定义

城市总体规划是我国城市规划体系中一种极为重要的规划类型。

根据《城乡规划法》、《城市规划编制办法》的有关条款，城市总体规划是指城市人民政府依据国民经济和社会发展规划以及当地的自然环境、资源条件、历史情况、现状特点，统筹兼顾、综合部署，为确定城市的规模和发展方向，实现城市的经济和社会发展目标，合理利用城市土地，协调城市空间布局等所作的一定期限内的综合部署和具体安排。城市总体规划是城市规划编制工作的第一阶段，也是城市建设和管理的依据。

我国《城市规划基本术语标准》GB/T 50280—98 的概念界定是：城市总体规划是对一定时期内城市性质、发展目标、发展规模、土地利用、空间布局以及各项建设的综合部署和实施措施。2004 年基本术语修订方案界定为："城市总体规划是政府确定城镇未来发展目标，改善城镇人居环境，调控非农业经济、社会、文化、游憩活动高度聚集地域内人口规模、土地使用、资源节约、环境保护和各项开发与建设行为，以及对城镇发展进行的综合协调和具体安排；依法确定的城市规划是维护公共利益、实现经济、社会和环境协调发展的公共政策。"❶

城市总体规划期限一般为 20 年，同时可以对城市远景发展的空间布局提出设想。近期建设规划是总体规划的一个组成部分，应当对城市近期的发展布局和主要建设项目做出安排。近期建设规划期限一般为 5 年。❷

城市总体规划是城市分区规划、详细规划的基本依据；为其他经济社会发展战略、计划及规划提供依据和建议；对城市土地与建设量进行阶段性总

---

❶ 中华人民共和国建设部．《城市规划基本术语标准》条文说明，2004 年修订．

❷ 中华人民共和国建设部．城市规划编制办法，2006 年．

量控制和空间安排；协调城市各组成要素之间的相互关系，对城市建设提出年度的、跨年度的和长期的指导政策[62]。

当前我国规划界对城市总体规划的认识

"城市总体规划的重要性不容置疑。它是城市发展客观规律在空间上的反映，规划基本反映了客观规律，就能够很好地发挥作用；否则，规划的作用就会受到影响"。（中国城市规划设计研究院　孙明成）

"总体规划是在纲要规划基础上进行的，它是通过进一步调查研究，对城市用地布局、各项专业规划提出有一定深度的规划方案，以指导建设"。（武汉市城市规划设计院　黄俊玲、中国建筑工业出版社　吴小亚）

"城市规划的任务主要是对城市国民经济与社会发展在地域空间上做出战略部署和具体安排，它是城市政府进行宏观调控的重要手段"。（住房和城乡建设部　赵士修）

"以确定城市的性质、规模、布局以及发展方向为主的总体规划，主要是以战略为主的原则部署"。（南京市规划设计研究院　孙敬萱）

"城市规划，尤其是城市总体规划，是对城市地域内的各类资源，特别是对城市地域内的空间资源进行的整体配置和综合协调，这一基本功能是其他任何行业、任何专业无法替代的，也是其他非城市规划行政部门不可以代行的"。（住房和城乡建设部 李兵弟）

"总体规划重点解决城市发展的战略和方向，建设规模和标准，功能分区和布局。应加强对地区性或市域、县域国民经济发展战略和布局的研究"。（湖南省建委城建处 张兆书）

"总体规划主要解决土地的控制利用"。（南京工学院 吴明伟）

"必须建立一个清楚的概念，城市总体规划与详细规划主要都是研究和解决城市的土地与空间利用问题。城市总体规划图不仅是战略性的，它还应该具有战术作用，也就是对城市各种发展用地与空间都做出细致的部署，作为安排建设用地的依据。总体规划图与详细规划图要起到战术的作用，图上用地的区划必须作到定性、定位、定量。总体规划图用于控制土地的使用性质和建筑量，避免造成随心所欲的混乱建设；详细规划图则起指导和控制单体建筑设计的作用，包括建筑基地范围、建筑密度、建筑基地容积率、建房形状以及层数控制等"。（同济大学 邓述平）

"如何辩证地评价我国城市总体规划的作用？应该说它在我国城市发展建设中起到了巨大的控制和引导作用。如果没有它，我国城市的发展建设就犹如在黑暗中摸索，其结果肯定要比现在混乱得多、消极得多"。（湖南城建

高等专科学校规划建筑系 肖健飞）❶

2. 城市总体规划制度机制概念

根据《城乡规划法》第二条的规定，城市规划、镇规划分为总体规划和详细规划。城市总体规划是城市规划编制、实施的第一阶段，是城市详细规划编制、实施的基本依据。为此，城市总体规划制度机制建设是整个城乡规划制度机制体系建设的重要组成部分。

城市总体规划制度机制是指按照特定时期的社会经济和生态价值导向，以规范城市空间发展秩序、提高城市空间配置效率、促进社会公平发展为目标，对城市总体规划编制、实施、监督等环节所制定的各项规定或运作模式。[63]城市总体规划实践主要包括编制、实施、监督三个基本环节。

（1）城市总体规划编制制度机制

编制环节包括倡议、协调、组织、调研、评估论证、认定、修改方案成果、审查、征求意见、修改最终成果、审议、审批等基本工作步骤，主要是城市总体规划技术层面制度的制定以及编制事权层面制度的制定。

目前，我国城市总体规划编制是在城市政府的组织下，规划编制单位通过"问题指认与目标确定、资料调查与分析预测、规划设计与方案评价"几个步骤，确立城市总体发展目标、总体部署与实施措施，并须报请有关部门批准、备案。[64]

编制阶段主要包括以下基本环节：倡议、协调、组织、调研、评估论证、认定、形成纲要、纲要审核、初步成果、征求意见、修改、最终成果、审查、审批。

倡议：由城市政府根据《城乡规划法》的相关规定，结合城市的经济社会发展与上一轮总体规划的实施情况发起。

协调：由城市政府成立包括各地区与各职能部门领导组成的组织机构，统一协调规划编制工作。

组织：由城市人民政府提出规划编制计划方案，明确职能分工，授权具有城乡规划编制资质的单位开展规划编制工作，并要确保建立保障措施体系。

调研：由规划编制单位组织，在各部门配合下，对城市及区域发展进行系统全面的调查研究。

评估论证：由规划编制单位对上版城市总体规划进行评估论证，对强制

---

❶ 中国城市规划设计研究院．《城市规划编制办法》修编调研报告［R］，2002 年．

性内容修改要有专题论证。

认定：由规划的原审批部门依据评估论证结论认定有关城市政府报请的规划修改工作。

修改方案成果：依据原审批部门的认定修改意见，对原有的城市总体规划进行修改编制，并形成修改成果。

审查：原审批部门依据评估论证结论组织专家进行修改成果论证审查。

征求意见：由城市人民政府与编制单位共同组织，对总体规划修改成果进行多次的地区、部门、公众讨论、论证、评议活动。并对征求意见进行研究处理。

修改最后成果：由规划编制单位在反复修改的基础上形成最后成果，经城市人民政府同意，准备报请上级政府批准。

审议：在报上一级人民政府审批前，应当先经本级人民代表大会常务委员会审议，常务委员会组成人员的审议意见交由本级人民政府研究处理。

审批：由原审批机关按照规划成果审批程序对有关城市规划内容提出意见，若无意见则可报请批复；若有意见，则要求城市人民政府修改完善另行上报。

直辖市的城市总体规划由直辖市人民政府报国务院审批。省、自治区人民政府所在地的城市以及国务院确定的城市的总体规划，由省、自治区人民政府审查同意后，报国务院审批。其他城市的总体规划，由城市人民政府报省、自治区人民政府审批。

（2）城市总体规划实施制度机制

城市总体规划实施是一个综合性的概念，城市总体规划的实施既是政府的工作，也涉及公民、法人和社会团体的行为。实施环节包括公布、政策形成、组织、履行、执行、政策评估、政策修改等基本工作内容，主要是对批复的城市总体规划的管理制度和机制。在我国，政府在实施城市总体规划方面居主导地位。公民、法人和社会团体根据城市规划的目标，可以对城市规划中确定的公益性、公共性项目进行投资，关心并监督城市规划的实施。

实施阶段主要包括以下基本环节：公布、政策形成、组织、履行执行、政策评估、政策修改。

公布：由城市人民政府向城市居民公开发布总体规划成果。

政策形成：由城市人民政府根据总体规划的技术与措施要求，形成能够实施的规划政策体系。

组织：由城市人民政府根据部门分工与事权结构，协调规划实施。

履行执行：由城市规划相关部门根据法律法规授权，运用行政权力，承担相关规划职责。

政策评估：由城市规划主管部门、政府其他职能部门、人民代表大会及各社会团体、个人，对规划政策的实施效能、途径、策略提出意见和建议。

政策修改：按照《城乡规划法》的修改程序，由城市人民政府根据规划政策实施效果评估，以城市总体规划为依据，进行政策修订或重新解读。

（3）城市总体规划监督制度机制

监督环节包括监督督察、反馈总结、违规处罚等基本方面，主要是对编制和实施环节的技术层面、事权层面、管理层面等进行监管和督察的制度机制。

监督阶段主要包括以下基本环节：监督、反馈、奖惩。

监督督察：由城市规划主管部门、城市政府、人民代表大会及各团体、个人根据法律法规授权，对规划实施情况进行监管、检查与督促。

反馈总结：由城市规划主管部门、城市政府、人民代表大会及各团体、个人根据监督情况，向城市规划主管单位反映案例实施过程中的意见和建议。

违规处罚：由城市规划主管部门，根据规划实施的反馈意见，依法对实施对象采取奖励或惩罚措施。

三、概念认识的思考

从国内外研究对比分析可以判断，在不同的城市化阶段，城市发展面临的问题与主要矛盾是不同的，规划的概念认识、主要任务也将不尽相同。欧美发达国家对城市规划的认识，是基于城市规划编制与实施互动一体化的概念认识，是基于市场法治规划行为平台的认识，核心是融职业、政府、社会等于一体的公共政策行为。

在传统观念上，我国对城市规划及总体规划的认识，编制与实施是分离的，技术与管理是分离的，尚未建立在市场法治规划行为平台上透视规划本质的概念。但是，近几年，规划学术界已经开始意识到城市规划、城市总体规划的公共政策、资源调控、关注弱势群体等领域范畴以及相应的规划本质内涵。那么，适应我国国情的城市规划及总体规划的概念应该如何认识，如何建立适应社会主义市场经济体制的规划体制概念，这是当前我国城市规划及总体规划体制改革急需解决的核心问题。至于本书对城市规划及总体规划的认识，将通过现状体制、影响因素分析之后进行具体阐述。

第三章 城市总体规划的法律机理诠释

第一节 法律机理的本质内涵[❶]

目前已经形成了一个共同认识，即城市总体规划属于政府行为。既然城市总体规划是政府行为，那就得依法行政、依法治理。从这一线索追问，城市总体规划这个法是什么，处于什么层次的法，为什么要编制，为什么要通过强制性手段加以实施。换言之，这就要探究城市总体规划政府行为发生的法律机制。

一、法的缘起与概念

1. 法的缘起

要探究城市总体规划的法律机理，作为城市规划师首先需要深入了解法的缘起和概念。笔者认为，目前规划方面的法律缺乏这一方面的了解。法律产生于社会历史发展和人类自身的需要。法律具有强有力的社会属性，一方面，法律产生于人类社会发展的迫切要求，服务于人类发展秩序的稳定；另一方面，法律是不同利益集团之间协调与妥协的若干约束规定，法律的变化和发展实质上是利益关系格局的变化发展，换言之，法律制度就是一种利益格局稳定制度。[65]

关于法的理论解释

马克思主义关于立法的基础是物质生活条件的理论，是马克思主义立法观的核心。立法所体现的首先是一定阶级的意志，但立法的基础不是意志和权利而是社会物质生活条件，立法所反映的利益实际上主要是物质利益。[❷]

亚里士多德认为，立法的根本目的是为了实现正义。[❸] 洛克（古典自然

---

http://www. chinalawedu. com/new/1300 _ 23230 _ _/2009 _ 3 _ 31 _ ma36261147151133900215867. shtml。本节对法律机理的认识主要来自于法律教育网的相关资料。

❷ 龚廷泰. 论西方马克思主义法学的基本特征与现实价值 [J]. 金陵法律评论，2005，(2)：5-11.

❸ 亚里士多德. 政治学 [M]. 北京：商务印书馆，1965：199，168，138，148，153，148，9，192.

法学派)认为,实现自然法则,保护和扩大自由。❶ 庞德(社会法学派)认为,为了进行社会控制,最大限度保护社会利益。❷ 边沁(功利法学派)认为,最高目的是最大多数人的幸福。❸ 中国古代的思想家认为法的目的"定纷止争"、"静乱"、"废私"、"施权"等。

基于这一认识,法律最根本的目标是要创造适宜特定历史阶段的一个稳定、正义、平衡的社会秩序。正义的社会秩序、平衡的社会结构、稳定的社会状态是一个健全的法律制度的标志,也是法律的价值目标。法律对秩序的追求体现为对有形或者无形规则的制定和遵守,是形式的;而法律对正义的追求体现为全社会对自由、平等、公平等原则的尊重和信仰,是理想社会的实质。[66]

2. 法的概念

笔者认为,从狭义概念来认识,法是由国家制定和认可,并由国家强制力保证实施的,反映统治阶级意志的规范体系。从广义概念来认识,法是由上一级部门或政府制定的,适应一定地域范围的,通过规定的权利和义务,确认、保护和发展有利于社会发展和人类发展的社会关系和社会秩序规定的总和。基于这一概念认识,法的概念本质存在于国家利益、区域利益、地方利益和公众利益之间的对立统一关系中,其实质是在特定历史发展阶段中不同利益群体所坚持的不可侵犯的规范底线。

为此,法是社会底线,法是一种特殊的社会规范❹,具有规范性、强制性、程序性三大主要特点。规范性要求法是一种普遍性适用的社会规范;强制性要求法是体现国家意志和公众利益的社会规范;程序性要求法是一种体现公平又具有可塑性的社会规范。

关于法的概念认识❺:
法是由国家制定或认可,并由国家强制力保证实施的,反映着统治阶级

---

❶ 沈宗灵. 现代西方法理学[M]. 北京:北京大学出版社,1992:19.

❷ 华友根. 庞德的社会法学派思想在中国的影响[J]. 政治与法律,1993,(5):42-45.

❸ 胥波. 边沁功利主义法学述评[J]. 辽宁大学学报(哲学社会科学版),1988,(3):55-58.

❹ 规范一般可以分为技术规范和社会规范两大类。法律规范是社会规范的一种。法律规范是国家机关制定或者认可、由国家强制力保证其实施的一般行为规则,它反映由一定的物质生活条件所决定的统治阶级的意志。技术规范是指规定人们支配和使用自然力、劳动工具、劳动对象的行为规则。国家往往把遵守技术规范规定为法律义务,从而成为法律规范,并确定违反技术规范的法律责任,技术规范则成为法律规范所规定的义务的具体内容。

❺ 财政部会计资格评价中心. 经济法基础(2013年全国会计专业技术资格考试辅导教材)[M]. 北京:经济科学出版社,2013:1-20.

意志的规范体系。

法是由统治阶级的物质生活条件所决定，它通过规定人们在社会关系中的权利和义务，确认、保护和发展有利于统治阶级的社会关系和社会秩序。

法是将社会生活中客观存在的包括生产关系、阶级关系、亲属关系等在内的各种社会关系以及相应的社会规范、社会需要上升为国家的法律，并运用国家权威予以保护。

所以法的本质存在于国家意志、阶级意志与社会存在、社会物质条件之间的对立统一关系中。从终极关怀的意义看，法的本质是作为历史主体的公辈在实践中所坚持的不可侵犯的思想底线。

二、法的要素结构与存在形式

1. 法的要素结构

从法的概念可知，法不是简单的一条规范原则，而是由各具体的法律规范、规则和原则所组成的相互联系的整体，法是一个系统化的规定体系。其内容主要规定人与人之间、人与自然之间相互交往的行为模式，通过规定性的法律权利和义务调整一定的社会关系、维护一定的社会秩序[67]。因此，从结构上看，法的要素包括依据（判定的标准原则）和程序（执行步骤和环节）两大部分。

从内容来看，依据的逻辑结构包括假定条件、行为模式和法律后果三个基本内容。假定条件是指规则的使用前提；行为模式是指在这一使用前提下规则如何执行处理，规定人们应当做什么、禁止做什么、允许做什么，这是法律规范的核心内容；法律后果是指违反法律规范后如何制裁惩罚。法律规范的三个基本内容密不可分，缺一不可，否则，就不能称之为法律规范。[68]

从实施来看，程序的逻辑结构包括许可、诉讼、复议、处罚四个基本环节。许可是指法律规范所确定的规则，实施人如何获得许可的程序性规定；诉讼、复议、处罚是指违反法律规范后如何判定仲裁的程序性规定。这是保障法律规范权威性、严肃性和可操作性的重要组成部分。[69]

法的依据逻辑结构解读：❶

法的依据逻辑结构为三要素：假定条件、行为模式和法律后果。

（1）所谓假定条件，是指一个法的规则中关于该法的规则适用情况的部分，包括法在什么地方、什么情况下、对什么人适用。

---

❶ 资料来源于法律教育网http://www.chinalawedu.com/new/201212/qinyinjing20121203135457203177.shtml.

38

1）规则的适用条件。其内容有关规则在什么时间、在什么地域以及对什么人生效等。

2）行为主体的行为条件。

（2）所谓行为模式，是指一个规则中规定人们具体行为的部分，是规则的核心部分。

1）可为模式（权利行为模式），指在什么假定条件下，人们"可以如何行为"的模式。

2）应为模式（义务行为模式），指在什么假定条件下，人们"应当或必须如何行为"的模式。

3）勿为模式（义务行为模式），指在什么假定条件下，人们"禁止或不得如何行为"的模式。

注意：可为模式与授权性规则相联系；应为模式和勿为模式与义务性规则相联系。

（3）所谓后果，是指规则中行为人的行为符合或不符合行为模式的要求时，行为人在法律上所得到的评价或应承担的后果。

1）合法后果，即行为人的行为符合法的规则关于行为模式的规定，就会得到法律上的肯定性评价，具体表现为对行为人的保护、许可或奖励。

2）违法后果，即行为人的行为不符合法的规则关于行为模式的规定，就会得到法律上的否定性评价，具体表现为对行为人行为的制裁、不予保护、撤销、停止，或要求恢复、补偿等。

2. 法的存在形式❶

法的存在形式主要根据法律效力和法律强度两个方面进行认识。法律效力主要基于法律制定或认可的权力机关级别、创制方式不同来确定的，法律强度主要是基于法律适应的刚性和弹性特征来确定的。

（1）法律效力的形式

从法律效力看，法主要有法律级、法规级、规章级三个基本层次。法律级的法一般由国家级权力机关制定或认可、经过严格的法定程序制定的，主要有宪法、各类专项法律。法规级的法一般由国家级行政机关制定或认可，或者省级人民代表大会及常务委员会制定或认可，经过严格法定程序制定的，主要有国务院的行政法规和地方性法规。规章级的法一般由国务院各部委、省级政府、地方城市政府等制定或认可，经过严格法定程序制定的，主要有部门规章和政府规章。

---

❶ 资料来源于 http://www.cer.net.

法的效力形式解读：

法的效力形式，是指法的具体的外部表现形态，即法是由何种国家机关，依照什么方式或程序创制出来的，并表现为何种形式、具有何种效力等级的法律文件。法的效力形式的种类，主要是依据创制法的国家机关不同、创制方式的不同而进行划分的。主要有（1）宪法、（2）法律、（3）行政法规、（4）地方性法规、（5）自治法规、（6）特别行政区的法、（7）行政规章、（8）国际条约。

法律级：宪法由国家最高权力机关——全国人民代表大会制定，是国家的根本大法。法律是由全国人民代表大会及其常务委员会经一定立法程序制定的规范性文件。法律通常规定和调整国家、社会和公民生活中某一方面带根本性的社会关系或基本问题。其法律效力和地位仅次于宪法，是制定其他规范性文件的依据。

法规级：行政法规是由国家最高行政机关——国务院制定、发布的规范性文件。它通常冠以条例、办法、规定等名称，如《企业财务会计报告条例》。其地位次于宪法和法律，高于地方性法规，是一种重要的法的形式。地方性法规是省、自治区、直辖市的人民代表大会及其常务委员会在与宪法、法律和行政法规不相抵触的前提下，可以根据本地区情况制定、发布规范性文件即地方性法规。另外，还有自治法规、特别行政区的法。

规章级：行政规章是国务院各部委，省、自治区、直辖市人民政府，省、自治区人民政府所在地的市和国务院批准的较大的市以及某些经济特区市的人民政府，在其职权范围内依法制定、发布的规范性文件。行政规章分为部门规章和政府规章两种。部门规章是国务院所属部委根据法律和国务院行政法规、决定、命令，在本部门的权限内发布的各种行政性的规范性法律文件，也称部委规章。政府规章是有权制定地方性法规的地方人民政府根据法律、行政法规制定的规范性法律文件，也称地方政府规章。

（2）法律强度的形式

从法律强度看，法主要有原则性规定的法律规范、具体性规定的法律规范。

原则性规定一般是为后续的具体性规定提供基础性的、指导性的价值准则或规范，主要有公理性原则、政策性原则、实体性原则等。它一般不直接作为法律裁判的依据，而是作为弹性指导的价值判断标准准则。

具体性规定一般是针对某一领域或方面以规定权利义务和相应法律后果为内容的行为规范，主要有实体性原则、程序性原则、技术性原则等。它一般可直接作为法律裁判的依据，是法律依据性内容的核心。换言之，它也是该法强制性执行的核心部分。[70]

三、法的作用与价值

1. 法的作用❶

法的作用是指法对人与人之间、人与自然之间所形成的社会关系所发生的一种影响，它表明了国家或地方权力的运行和意志的实现。法的作用可以分为规范作用和社会作用。规范作用是从法调整人们行为的社会规范这一角度提出来的，而社会作用是从法在社会生活中要实现一种目的的角度来认识的，两者之间的关系为：规范作用是手段，社会作用是目的。

法的规范作用分为五个方面：第一，指引作用。这是指法律对个体行为的指引作用，包括确定的指引、有选择的指引。确定指引一般是规定义务的规范所具有的作用，有选择的指引一般是规定权利的规范所具有的作用。第二，评价作用。这是法作为尺度和标准对他人的行为的作用。第三，预测作用。这是对当事人双方之间的行为的作用。第四，强制作用。这是对违法犯罪者的行为的作用。第五，教育作用。这是对一般人的行为的作用，包括正面教育和反面教育。

社会作用相对来说比较简单一些，大致包括两个方面：一是维护国家或地方利益方面的作用。主要表现在调整国家、地方和公众之间的利益关系以及内部之间的关系。二是维护社会公共利益，执行社会公共事务方面的作用。

2. 法的价值❷

严格意义上的立法活动都是在一定法的价值观指导之下的国家行为。人们在一系列立法问题上应做怎样的抉择，是法的制定中的价值认识问题、价值评价问题和价值选择问题。法的价值种类主要有三种：自由、秩序、正义。

法的价值目标体系包括秩序和正义这两大价值，而正义又包含着安全、自由、平等、效率这四种较具体的价值内容。秩序是法的外在形式属性。正义是法的内在本质属性。正义体现法的主要精神。法的正义是指作为法的行

---

❶ 冯晴. 充分发挥法律的规范作用[J]. 广西大学学报（哲学社会科学版），1988，（S1）：12-14.

徐娟娟. 关于法起源问题的考察与述评[J]. 淮南师范学院学报，2011，（4）：53-57.

资料来源于法律教育网 http://www. chinalawedu. com/news/15700/158/2006/7/zh1685253652142760021785-0. htm.

❷ 孙国华，朱景文. 法理学［M］. 北京：中国人民大学出版社，1999：59-61.

卓泽渊. 法的价值论［M］. 北京：法律出版社，1999：10-30.

中共中央马克思恩格斯列宁斯大林著作编译局. 马克思恩格斯选集：第 3 卷［M］. 北京：人民出版社，1995：212.

为规则总和通过对安全、自由、平等、效率这四种价值的综合体现以至在最广泛的主体范围内都具有可接受性、可赞同性。

法的价值的解读：

自由是指法通过制度的保障，使主体的行为任意化。有法律才有自由。

秩序被认为是工具性的价值，这里强调的秩序是社会生活的基础和前提。

正义强调的是社会生活中主体的平等和公正。正义是法的基本标准。

法的价值冲突是客观存在的。冲突的解决需要一种利益衡量和价值衡量。如何衡量呢？要注意以下三个原则：（1）价值位阶（价值排序原则）；（2）个案平衡原则；（3）比例原则。

四、行政行为的法理性❶
1. 行政行为的界定

行政行为，概括地讲，是指行政主体行使行政职权、进行行政管理的活动。在行政法学上，"行政行为"（administrative act 或 administrative action，19 世纪末叶，德国"行政法之父"奥特·迈耶确立了这一概念[71]）则是强调行政主体的职权性活动应当接受法治主义的约束，应当由行政法律规范调整，具有一定的权利义务内容，能带来法律关系产生、变更、消灭，也就是将行政管理作为行政主体实施的法律行为来对待，着重其法律效果。因此，行政行为是一个概括行政主体的各种具有法律意义的管理活动的范畴。确立行政行为的科学涵义和范围，是运用法律手段调整行政管理活动，健全行政行为法的首要前提。行政行为是行政主体运用行政职权实施行政管理所作出的具有法律意义、产生法律效果的行为。从主体上看，行政主体是行政行为的发出者。从根据上看，行政行为是行政主体行使行政职权的行为。从内容上看，行政行为是具有法律意义和产生法律效果的行为。[72][73]

因此，行政行为具有公益性、执行性、主动性和程序性四大基本特点。公益性是指在目的上行政行为是为了实现国家和社会公共利益。执行性是指行政行为具有鲜明的执行法律的功能。主动性是指行政主体必须主动维护公益性。程序性是指行政行为必须遵守相应的程序法律规范。

---

❶ 石东坡. 行政行为及其特征的再探讨［J］. 法学论坛，2000，（2）：52-57. 关于行政行为的论述观点主要根据河北大学石东坡老师的文章进行整理而成。

2. 行政行为的法理性诠释❶

行政行为是行政主体以行政职权为根据的行政管理行为，它不仅包含调节国家、集体和个人三者之间的利益关系格局，协调现实生活与经济、社会发展规划，实现一定的政治、经济、文化要求等的决策内容，而且包含计划、组织、控制、执行、沟通等操作内容。同时，行政行为在行政法律规范调整下，必须符合所确定的行为模式的要求，否则应由行政主体承担相应的法律责任。

因此，行政行为具有法律要素。（1）行政行为的决策内容和操作内容应与行政法律规范中已确定的行为模式，即行政主体的实体权利义务与程序权利义务相吻合；（2）行政行为在实际行政领域中能够引起行政相对人权利、义务的变化，即使之取得、丧失或变更权利，设定或免除、变更义务，这些行政行为的实际影响不只是一种事实，更主要的是表现为行政主体和行政相对人之间的行政法律关系；（3）行政行为的法律效果是指行政行为在行政法律规范或行政法治原则的评价之下，表现出来的合法或违法、不当等实际法律后果，以及相应的法律责任；（4）行政行为的实施可能引起新的法律实践活动，如权力机关的质询、上级行政机关的复议、司法机关接受公民以及法人或其他组织的控告等法制监督的活动。

行政主体的职权性活动控制着社会秩序和发展的方向，代表着国家权力存在的意义。在社会主义国家，行政主体的行为过程与领域又成为人民民主参与管理的实际渠道和重要范围，体现着民主政治的实现程度。所以，在依法治国、建设社会主义法治国家的新时期，运用法律手段对行政行为进行调整，保障依法行政，是行政法制建设的重要环节之一。

第二节　城市总体规划制度的法理性

一、法理性分析

其实，每一个法律的出台，都有法律调控的基本目的，核心是规范人们的行为。从哲学角度看，人类没有绝对自由，只有相对自由。要维护一个有序的社会经济秩序，就得用法律制度来维护。那么，城市总体规划法律制度的实施主要是为了什么，在社会经济系统中维护什么层面的社会经济秩序？如果这些问题不弄清，那么，城市总体规划编制和实施就会出现盲目性，相应的机制、体制就会理不顺。

---

❶　关于行政行为的法理性内容主要来自于北京大学罗豪才教授的《行政法学》的结论资料。罗豪才. 行政法学［M］. 北京：中国政法大学出版社，1996：126.

1. 立法缘由

城市总体规划是政府行为和公共政策，城市总体规划是地方政府城市建设管理的依据。既然城市总体规划有它的法律地位层次，那么，是什么原因必须要它走上法律轨道？笔者认为最为核心的立法理论依据在公共资源的有限性和利益冲突的协调性两个方面。

一是公共资源的有限性。城市总体规划首先要研究生态环境、水土、人口劳动力、能源矿产等资源禀赋对城市长远发展的可能性。其实，这一技术逻辑的起点在于资源有限性和价值性，公共资源的有限性起源于稀缺性。资源通常分为可再生资源和不可再生资源，对于不可再生资源人类唯一的办法就是节约资源，少利用少破坏，寻找新的替代资源；对于可再生资源就要保障可再生的条件——生态平衡。人类的发展是一个改造利用自然的过程，并且是按照人类自己的意愿改造的过程，因而造成了生态破坏，可再生的资源也遭到了严重破坏。解决自然资源有限性与人类需求无限性这一基本矛盾，不是要限制人类发展，而是努力做到按照自然规律办事，维护好生态平衡。一是保护资源并节制人类不合理的行为，但这并非治本之策；二是源源不断地开发新资源，这一根本出路表达了可持续发展的资源诉求。实现这一诉求需要进行自觉、持续、全面的创新，这是可持续发展的合理内蕴和客观要求。

二是利益冲突的协调性。城市总体规划的核心是对城市土地空间资源的优化配置，这一技术逻辑的起点在于城市土地是有价值的，体现价值的核心是提高城市空间利用效率。据此，城市总体规划是协调利益冲突、平衡利益格局的技术工作。所谓利益就是基于一定生产基础上获得了社会内容和特性的需要。❶ 利益起源于人的需要，反映着一定阶段上人们的生产能力和生产水平，并反映特定历史阶段上人与人之间的社会关系。[74]城市总体规划实质上是协调国家利益、地方利益和公众利益以及与开发商、企业、个人利益之间的矛盾和冲突。城市总体规划作为一项公共政策，在公共政策的制定过程中，必然伴随着众多利益主体的博弈。因此，必须考虑不同利益主体的利益，正视利益冲突与矛盾，合理分配公共利益。公共政策制定过程中不同利益主体的利益协调，要求在政策制定时找到利益的重合点，以实现公共政策的有效性，并建构公共利益平衡的有效机制。

当然，城市总体规划制度的立法缘由还有可持续发展理论、外部性不经济理论、城市病治理论、经济发展论、公平与效率兼顾理论等诸多方面，这些都是城市总体规划制度上升为法律层面的重要理由。

---

❶ 麻宝斌，王郅强. 政府危机管理理论与对策研究［M］. 长春：吉林大学出版社，2008.

2. 法律规范的支撑

我国城市总体规划活动主要的成文法律依据是《宪法》、《城乡规划法》、《行政监察法》等。对于城乡建设,《宪法》规定由国务院领导和管理,县级以上地方各级人民政府具体负责行政工作。这表明我国的城乡建设工作实行双层领导管理体制,城市总体规划工作向上级政府报批是宪法赋予的职权。

《宪法》关于城乡建设事权的规定

第八十九条　国务院行使下列职权:

(一)根据宪法和法律,规定行政措施,制定行政法规,发布决定和命令;

(五)编制和执行国民经济和社会发展计划和国家预算;

(六)领导和管理经济工作和城乡建设;

第一百零七条　县级以上地方各级人民政府依照法律规定的权限,管理本行政区域内的经济、教育、科学、文化、卫生、体育事业、城乡建设事业和财政、民政、公安、民族事务、司法行政、监察、计划生育等行政工作,发布决定和命令,任免、培训、考核和奖惩行政工作人员。

从建国初期的《城市规划条例(暂行)》到改革开放后的《城市规划法》、《城乡规划法》,城市总体规划都被赋予了相应的法律地位,并作为地方城市政府宏观调控城市空间资源的核心手段。从目前的法律规范体系来看,城市总体规划已经赋予了法律职能,城市总体规划的法理性相应也得到了国家强有力的认可。因此,城市总体规划作为政府行为、行政行为、法律行为,其主要法律职能是保障国家利益、区域利益和地方利益、公众利益之间的稳定、平衡、正义的社会秩序。

3. 法理作用与价值

城市总体规划核心是城市空间资源优化配置,涉及不同类型、不同层级、不同地区的利益格局的整合。为此,城市总体规划制度的法理作用是维护城市空间的合理秩序,保障国家和公众的基本利益格局,维持效率兼顾公平的发展格局。其法理价值体现在保障城市空间秩序的合情合理、维护城市空间主体的公平正义,让每一个居住在城市的市民都能享受基本服务,让每一创业在城市的企业都能享受平等发展。

综上所述,城市总体规划是政府职能的重要组成部分,是社会各阶层公共利益的综合意志的反映,其编制、实施和监督都属于政府行为。城市总体规划制度目标是增强财税能力、提高就业能力,提升城市环境,体现社会公平,促进城市可持续发展。

二、法律制度的现实困境

1989 年，《中华人民共和国城市规划法》正式颁布实施，标志着我国城市规划步入法制化时代。2008 年颁布实施的《城乡规划法》对城市总体规划的功能、地位、编制审批程序、编制内容、规划实施提出了原则性要求，城市总体规划具有了法律理论的指导。随着我国市场经济体制的逐渐完善，从法律理论的角度来认识总体规划的编制实施逐渐受到重视。

从立法缘由、法理作用、法理价值等方面看，城市总体规划都具备了作为法律规范的基本要求，目前也是政府的一项重要宏观调控的法律手段。但是，从目前的法律制度机制建设看，城市总体规划还面临着诸多法律制度建设不健全、不完善、不标准的问题。

1. 城市总体规划立法程序不健全

从上面的法理性分析可知，城市总体规划编制和实施是政府行为、法律行为。那么，作为立法活动，城市总体规划必须体现人民意志、体现民主、体现公众利益等基本要求。因此，城市总体规划编制和实施的民主化、公众参与等就来源于此。要不然，不能保障其实施。目前，我国有国家宪法、人大法律、国务院行政法规条例、地方性法规、部门规章和地方政府规章等法律法规层次。那么，城市总体规划法律制度属于哪个层次？

目前，我国的城市总体规划活动是政府的行政行为，现行法律对总体规划的作用主要体现在程序约束与技术指导，将总体规划作为政府内部行政行为与规划技术行为看待。但是，总体规划是城市的战略性发展规划，直接规范城市建设行为的政策功能是很薄弱的，这是造成总体规划"空悬"的法律原因。因此，有学者认为，总体规划的编制、审批与实施主体应逐步由政府转变为立法机构，即地方人民代表大会，将总体规划由政府行政行为转变为法律行为。

就目前编制审批实施来看，编制是政府，审批是政府，实施也是政府。人大仅仅是审议并提建议。按照《立法法》，城市总体规划若是地方性法规，却不是人大组织制定；若是地方政府规章，却不是人大审查同意；若是行政法规，国务院只管审批，而不管编制起草。因此，从立法程序看，城市总体规划的法律层次尚未清晰。就目前实际效果来讲，其实就是地方政府的规章，属于法律效力的最末层级。所以，市长可以为了经济发展、招商引资，任意修改规划。

在目前的体制安排下，作为行政行为的总体规划活动实质上处于有法律授权、法律指导而没有法律监督的状态。总体规划的编制与审批是我国《城乡规划法》授予各级人民政府及规划行政主管部门的职能和职权，对总体规划的审批是上级行政机关对于下级机关法定职能事项的审批，是一种内部行政行为。由于《行政许可法》第二、三条确定了行政许可是一种外部行政行为，所以不属于行政许可事项。同样，由于总体规划的实施功能主要是为下一层次规划的编制提供指导，因此规划实施也不属于行政许可范畴。

笔者认为，这是城市总体规划实施难的根源所在，反过来讲，城市总体规划它本身就是这么大的法律效力。为此，城市总体规划应该放到地方性法规的层次，在法律的程序体制上加大人大的参与力度，使之成为地方性法规，而不是地方政府规章。这样，城市总体规划将是法律行为，而不是行政行为，进而它的法律性能真正体现出来。

关于《立法法》的有关规定：

第二条　法律、行政法规、地方性法规、自治条例和单行条例的制定、修改和废止，适用本法。

国务院部门规章和地方政府规章的制定、修改和废止，依照本法的有关规定执行。

第五十六条　国务院根据宪法和法律，制定行政法规。

第五十七条　行政法规由国务院组织起草。国务院有关部门认为需要制定行政法规的，应当向国务院报请立项。

第六十三条　省、自治区、直辖市的人民代表大会及其常务委员会根据本行政区域的具体情况和实际需要，在不同宪法、法律、行政法规相抵触的前提下，可以制定地方性法规。

较大的市的人民代表大会及其常务委员会根据本市的具体情况和实际需要，在不同宪法、法律、行政法规和本省、自治区的地方性法规相抵触的前提下，可以制定地方性法规，报省、自治区的人民代表大会常务委员会批准后施行。省、自治区的人民代表大会常务委员会对报请批准的地方性法规，应当对其合法性进行审查，同宪法、法律、行政法规和本省、自治区的地方性法规不抵触的，应当在四个月内予以批准。

省、自治区的人民代表大会常务委员会在对报请批准的较大的市的地方性法规进行审查时，发现其同本省、自治区的人民政府的规章相抵触的，应当作出处理决定。

本法所称较大的市是指省、自治区的人民政府所在地的市，经济特区所在地的市和经国务院批准的较大的市。

第七十一条　国务院各部、委员会、中国人民银行、审计署和具有行政管理职能的直属机构，可以根据法律和国务院的行政法规、决定、命令，在本部门的权限范围内，制定规章。

部门规章规定的事项应当属于执行法律或者国务院的行政法规、决定、命令的事项。

第七十三条　省、自治区、直辖市和较大的市的人民政府，可以根据法律、行政法规和本省、自治区、直辖市的地方性法规，制定规章。

地方政府规章可以就下列事项作出规定：（一）为执行法律、行政法规、地方性法规的规定需要制定规章的事项；（二）属于本行政区域的具体行政管理事项。

第七十五条　部门规章应当经部务会议或者委员会会议决定。地方政府规章应当经政府常务会议或者全体会议决定。

第七十九条　法律的效力高于行政法规、地方性法规、规章。

行政法规的效力高于地方性法规、规章。

第八十条　地方性法规的效力高于本级和下级地方政府规章。

省、自治区的人民政府制定的规章的效力高于本行政区域内的较大的市的人民政府制定的规章。

2. 城市总体规划法律要素结构不完善

虽然《城乡规划法》及相关法律法规对城市总体规划编制和修改做出了详细规定，但必须承认，目前的《城乡规划法》对城市总体规划的监督检查规定还处于空白状态，《城乡规划法》以及地方性规划条例的监督内容，主要是针对详细规划的。由于现行的总体规划机制基本上涉及的是政府之间的关系，因此有关行政法律法规对总体规划编制实施还是有一定约束作用的。从另一个角度来看，法律责任的界定是为了追究督察违法违规行为。《城乡规划法》应该明确技术违规和行政失职责任的追究程序和责任人的具体界定。由于总体规划更多的是政府的抽象性质行为，因而在实践中因为难以区分个人责任与集体责任、前任责任与后任责任而无法实施。由于城市规划的决策往往是以貌似"民主"的形式做出的，如经过"专家讨论"、"四套班子"决定等，因此技术违规往往以此为理由加以搪塞。由于城市规划决策的超前性和效果的滞后性，结果是造成了损失之后，找不到具体承担责任的官员而不了了之，所以行政失职责任也难以追究。决策者责任与权力的严重不对称，以至于总体规划作为公共权力决策过程的草率和随意性愈演愈烈，损失也越来越大。追究其根本原因是城市总体规划法律要素结构不完善造成的。

综上，从法律要素结构分析，当前城市总体规划制度机制建设仅仅注重了技术层面，而忽视了实施层面；仅仅注重了判定的标准原则依据，而忽视了程序性的执行步骤和环节。总体看，城市总体规划法律要素结构不完善。

《城乡规划法》应该反映各级地方政府之间以及它们与中央政府之间的法律责任。总体规划的分级审批管理办法，其本质是为了协调不同级别政府之间的政策行为，在规划法中应该进一步对下级政府和上级政府应有的权利范围和义务做出程序和实体上的规定。

3. 城市总体规划法律形式不完整

根据《城乡规划法》及相关法规规定，城市总体规划法律形式主要表现为文本图集及附件，附件包括说明书、专题报告和基础资料汇编等。其中，城市总体规划文本条款仅仅是技术条款和技术语言，而不是按照法律要素逻辑制定的法规条款和法律语言。为此，城市总体规划法律效力形式不清晰，法律强度形式不明朗。技术语言的效力是很难发挥法律规范的效果的，技术语言的强度是很难指导法律实施的，因为没有程序性实施步骤和环节的规定。总体看，当前城市总体规划法律形式不完整，需要有体制机制建设的突破。

另一方面，在《城乡规划法》与《土地管理法》、《水法》、《环境保护法》等法规之间存在着相当多的相互冲突的条款。依据《城乡规划法》所制定的城市总体规划也因此被其他专业性规划所肢解从而失去了"总体"功能。在实际的城市管理工作中，究竟是依据哪一部法律制定的总体规划才算是真正的合法行为，就变得相当模糊。目前我国城市总体规划与土地利用总体规划相互脱节情况突出。据统计，城市总体规划服从城市土地利用总体规划的不到10％，专业人员中有60％的人不认同土地利用规划会起宏观、总量的调控作用，而且过半数的规划工作者认为这两张图应该"两图并一图"建立统一的规划体系。

4. 城市总体规划实施路径的不顺畅

根据《城市规划编制办法》的规定，总体规划编制、审批要遵循《城乡规划法》确定的各项原则，要以上一层次依法制定的规划为依据，要以有关法律规范、技术标准、技术规范为依据，同时，还要以党和政府的相关指导意见为依据。《城乡规划法》还详细规定了总体规划审批的前置程序、上报程序、批准程序和公布程序，以及总体规划调整程序、成果内容形式。2001年，建设部发布了《城市规划编制单位资质管理规定》，对总体规划编制的资质管理主体、资质等级、资质管理程序等内容作出了详细规定。

总体规划实施的主体与客体，主要是各级政府及规划主管部门，这是与详细规划或其他的行政行为有本质区别的。在总体规划发挥指导详细规划、出具规划条件、指导专项规划及其他各项计划政策等功能时，规划实施的主客体之间是重叠或平行的法律关系，只能通过《城乡规划法》的相关规定，执行技术程序来保障实施。在总体规划指导分区规划、下级政府总体规划的编制时，规划实施的主客体之间是上下级关系，依照《宪法》以及《地方组织法》来保障实施。值得注意的是，总体规划不能够作为"一书两证"的直接依据，也就是说，《城乡规划法》对规划实施的规定，基本上对总体规划是没有直接法律效力的。

另一方面，城市总体规划实施路径忽视了对城市土地空间资源产权的影响。导致当今城市总体规划对城市空间资源调控方案仍处于追求用途结构合理性，没有重视产权结构合理性❶。当前最关键的问题是对城市公有产权的模糊认识和模糊处理。按照法律与规范要求，城市政府代表全体市民拥有划分各类用途的公共用地的权力，这在规划中需要依法划出。总体规划确定的城市在 20 年中的发展范围，在 5 年一届的政府手上只有有限的处置权，要界定其处置范围与监管责任。私有产权应当得到严格保护，受到侵害就应得到合理补偿。公共产权也要得到保护，必须用于公共用途并能够保值升值。问题是公共产权能否根据其重要性由不同级别的政府分别拥有与处置。规划要有充分的预见性，能够在留有足够、经济、紧凑公共用地的前提下保证公共设施满足未来需要。为此，城市政府要对总体规划确定的未来公共用地征用建立严格的法律程序，以防止对私有产权的侵犯。因此，城市总体规划需要加强城市土地产权对空间资源配置的影响研究，以建立相应的规划制度机制。

第三节　国家空间规划类型的行政管理体系

一、国家空间规划体系
1. 国家空间规划类型

从现在广义综合的城市规划观点来看，计划经济体制下的城市规划被分割成了若干块，且分属于不同的行政主管部门，规划行业分散化的行政管理体系大大削弱了城市规划的整体综合地位。因此，在行政管理体系中，没有专门的城市规划行业部门，被附属于不同行业主管部门之中，并且一直延续到现在（见图3-1）。城市总体规划归属于城建系统部门，城市政府组织编制，规划局代表政府行使实施、监督事权。因此，我国急需建立一个完整的国家空间规划编制体系，综合提升城市规划的综合地位和法

---

❶　合法性，按哈贝马斯的说法是"一种政治秩序被认可的价值"。合法性给予了统治与服从以正当的理由 。作为政府的重要职能，产权问题是总体规划合法性的核心。产权保护已列入修改后的《宪法》，这一点对正从计划经济走向市场经济的总体规划工作来讲，影响巨大。

律权威性。

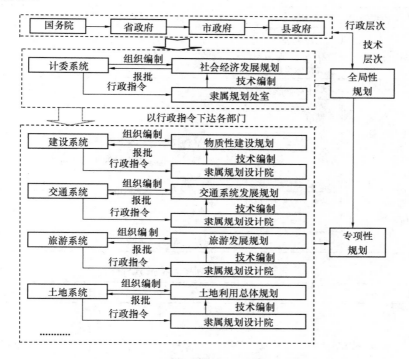

图 3-1 计划经济时期我国空间规划体系分析图示

2. 城市规划类型

在计划经济体制时期，城市规划纳入了城乡建设系统的范畴，与建设、管理于一体；但是，在当今的市场经济环境中，我国仍然延续了原来的城乡建设管理体制，城市规划运作模式和体制还没有显著的变化，即城市规划编制、实施、监督都归属于政府的规划行政主管部门。其中，城市总体规划编制是城市政府的一项重要职能，主要由城市政府组织编制，规划局具体行使城市总体规划编制的各项规划事权。但是，对于城市总体规划实施、监督事权，规划局没有具体的法律规定。

在城建系统中，目前我国城市规划正在形成城镇体系规划、城市规划（分区规划）、镇规划、集镇与村庄规划、风景名胜区规划的空间建设规划编制体系（见表 3-1）。[75] 从规划法律效力来看，城市总体规划及分区规划、近期建设规划不能直接作为"一书两证"的审批依据，主要发挥间接引导、政策指导的作用；城市控制性详细规划才是法定的依法许可的依据，也是整个执法实施的核心；战略规划、城市设计、修建性详细规划等都是发挥参考性的指导作用（见表 3-2）。

我国城乡空间规划编制体系分析表　　　　表3-1

1989版规划法及1990编制办法		2008版新规划法及2006新编制办法	
全国、省、自治区、直辖市城镇体系规划		城镇体系规划	全国、省、自治区、直辖市
城市总体规划阶段	城市总体规划	城市规划	城市总体规划
	城市分区规划（大中城市可根据需要编制）		城市分区规划（大中城市可根据需要编制）
			城市近期建设规划
城市详细规划阶段	城市控制性详规	城市详细规划	城市控制性详规
	城市修建性详规		城市修建性详规
		镇规划	
		集镇与村庄规划	

我国城乡空间规划体系特征分析　　　　表3-2

阶段	层　次	类　型	法律特征	备　注
战略阶段	城镇区域规划	城镇体系规划、都市区规划、都市圈规划、都市带规划、城市群规划、城市密集区规划、城乡一体化规划等	政策指导	政策法律文件
	城市总体规划	城市总体规划	指导、引导	政策性技术文件
	城市分区规划	总体规划的延续	指导、引导	政策性技术文件
建设阶段	城市近期建设规划	总体规划的延续	指导、引导	政策性技术文件
	控制性建设规划	城市详细规划	法定图则、一书两证	依法行政的法规
设计阶段	修建性规划设计		地块实施、工程、初步施工设计	参考性技术文件
	城市设计	形象、策划、空间、引导、导则		参考性技术文件

二、城市总体规划与其他几个重要规划的相互关系分析

从法律层面看，目前城市总体规划、土地利用总体规划、国民经济发展规划、区域规划等都有相应的法律规定。为此，重点剖析城市总体规划与之的相互关系。

1. 城市总体规划与区域规划的关系

中国区域规划工作始于20世纪50年代，是伴随着解放后大规模基本建

设而开展的。1956年国家建委设立了区域规划与城市规划管理局，拟订了《区域规划编制与审批暂行办法》。1980年中共中央（13号）文做出了开展区域规划工作的决定："（区域规划是）为了搞好工业的合理布局，落实国民经济的长远计划，使城市规划有充分的依据"。1985年国务院再次发文，要求编制全国和各省、市、区的国土总体规划。1990年，国家计委在总结全国各地经验及借鉴国外经验的基础上，组织编制了全国国土总体规划纲要（草案）。在1990年开始实施的《城市规划法》中，以城镇体系规划为标志的区域规划被作为法定的内容，近年来适应社会经济形势的变化，我国的区域规划得到了新的发展，主要反映在区域规划内容分化在各个职能部门编制的中长期规划当中，更加凸显了专业化趋向。譬如水利部的流域规划，交通部的全国铁路网络、全国民航机场、内河航运、沿海港口布局中长期规划，国家电网的全国电力网络中长期规划等。无论怎么分化和综合，城市总体规划与区域规划或者区域专项规划都要进行有效的衔接和协调。

城市是区域的核心，区域是城市的腹地，二者是相互促进、相互影响的空间统一体❶。城市与区域发展的高级阶段是城市区域化和区域城市化，即大都市化。因此，在不同的城市与区域发育阶段，城市总体规划与区域规划的关系也是随之变化。区域规划和城市总体规划的关系十分密切，两者都是在明确长远发展方向和目标的基础上，对特定地域的各项建设进行综合部署，只是在地域范围的大小和规划内容的重点与深度上有所不同。

在区域与城市发展初期，区域规划与城市总体规划关系重点在于相互指导，区域规划应尽可能与城市总体规划相协调；在区域与城市发展中期，区域规划与城市总体规划重点在于相互协调，城市总体规划与区域规划应尽可能相互统筹；在区域与城市发展稳定时期，区域规划与城市总体规划重点在于相互融合，城市总体规划与区域规划是城市区域一体化规划。[76]

区域规划与城市总体规划的技术关联分析：

区域规划是为城市总体规划提供有关城市发展方向和生产力布局的重要依据，在尚未开展区域规划的情况下编制城市规划，首先要进行城市发展的区域分析，要分析区域范围内与该城市有密切联系的资源的开发利用与分配，经济发展条件的变化，以及生产力布局和城镇间分工合理化的客观要

---

❶ 一般城市的地域范围比城市所在的区域范围相对要小，城市多是一定区域范围内的经济或政治、文化中心，每个中心都有其影响区域范围，每一个经济区或行政区也都有其相应的经济中心或政治、文化中心。区域资源的开发，区域经济、社会文化的发展，特别是产业结构与产业布局的变化，对区域内城市的发展或新城镇的形成往往起决定性作用，反之，城市发展也会影响整个区域社会经济的发展。

求，为确定该城市的性质、规模和发展方向寻找科学依据。这实际上就是将一部分区域规划的工作内容渗入到城市总体规划工作中去。由此可见，要明确城市的发展目标，确定城市的性质和规模，不能只局限于城市本身就城市论城市，必须将它放在相关的整个区域的大背景下来进行考察，同时也只有从较大的区域范围才能更合理地规划产业和城镇布局。❶

区域规划是城市总体规划的重要依据，城市与区域是"点"与"面"的关系，一个城市总是与和它对应的一定区域范围相联系；反之，一定的地区范围内必然有其相应的地域中心。从普遍的意义上说，区域的经济发展决定着城市的发展，城市的发展也会促进区域的发展。因此，城市总体规划必须以区域规划为依据，从区域经济建设发展总体规划着眼，否则，就城市论城市，就会成为无源之水，难以把握城市基本的发展方向、性质和规模以及空间布局❷。

区域规划与城市总体规划要相互配合、协调进行。区域规划要把规划的建设项目落实到具体地点，制定出产业布局规划方案，这对区域内各城镇的发展影响很大，而对新建项目的选址和扩建项目的用地安排，则有待城市总体规划进一步落实。总体规划中的交通、动力、给排水等基础设施骨干工程的布局应与区域规划的布局骨架相互衔接协调。区域规划分析和预测区域内城镇人口增长趋势，规划城镇人口的分布，并根据区内各城镇的不同条件，大致确定各城镇的性质、规模、用地发展方向和城镇之间的合理分工与联系，通过总体规划可进一步具体化。在城市规划具体落实过程中有可能需对区域规划做必要的调整和补充。❸

2. 城市总体规划与国民经济和社会发展规划的关系

根据《宪法》第八十九条规定，编制和执行国民经济与社会发展规划是国务院行使的职权，无论是从法律地位、编制主体、实施主体角度看，国民经济和社会发展规划都高于城市总体规划。目前国民经济社会发展规划是城市规划的重要依据，而城市总体规划同时又是国民经济和社会发展五年规划、年度计划的参考。

国民经济和社会发展规划是有关生产力布局、人口、城乡建设以及环境保护等全方位、多层次、宽领域的发展规划，总体规划依据国民经济社会发展规划所确定的有关内容，合理确定城市发展的规模、速度和方向。城市总体规划是对国民经济社会的中长期发展规划在空间上的落实和战略部署。国

---

❶ 赵民，栾峰. 城市总体发展概念规划研究刍论 [J]. 城市规划汇刊，2003，(1)：2-7，96.

❷ 罗震东，王兴平，张京祥. 1980年代以来我国战略规划研究的总体进展 [J]. 城市规划汇刊，2002，(3)：49-53，80.

❸ 武延海. 新时期中国区域空间规划体系展望 [J]. 城市规划，2007，31 (7)：39-46.

民经济社会发展规划的重点是放在区域及城市发展的方略和全局上。对生产力布局和居民生活的安排只做出轮廓性的考虑，而城市总体规划则把国民社会经济发展落实到城市的土地资源配置和空间布局中。[77]

但是，城市总体规划不是对国民经济和社会发展规划的简单落实，因为国民经济和社会发展规划的期限一般为 5 年、10 年，而城市总体规划要根据城市发展的长期性和连续性特点，作更长远的考虑（20 年或更长远）。对国民经济和社会发展规划中尚无法涉及但却会影响到城市长期发展的有关内容，城市总体规划应作出更长远的预测。

3. 城市总体规划与土地利用总体规划的关系

根据《土地管理法》第四条规定，国家实行土地用途管制制度。国家编制土地利用总体规划，规定土地用途，将土地分为农用地、建设用地和未利用地。严格限制农用地转为建设用地，控制建设用地总量，对耕地实行特殊保护。本质上，我国城市总体规划和土地利用总体规划的目标是一致的，都是为了合理使用土地资源，促进经济、社会与环境的协调和可持续发展。土地利用总体规划以保护土地资源（特别是耕地）为主要目标，在比较宏观的层面上对土地资源从使用功能进行划分和控制。城市总体规划侧重于城市规划区内土地空间资源的合理利用，两者应该是相互协调和衔接的关系。城市总体规划和土地利用总体规划都应在区域规划的指导下相互协调和统筹，共同遵循合理用地、节约用地、保护生态环境、促进经济、社会空间协调发展的原则。

土地使用规划是城市总体规划的核心，这与土地利用总体规划有所交叉。城市总体规划除了土地使用规划内容外，还包括区域的城镇体系规划、城市经济社会发展战略以及空间布局等内容。这些内容又为土地利用总体规划提供宏观依据，土地利用总体规划不仅应为城市的发展提供充足的发展空间，以促进城市与区域经济社会的发展，而且还应为合理选择城市建设用地、优化城市空间布局提供灵活性。城市规划区范围内的用地布局应主要根据城市空间结构的合理性进行安排；城市总体规划应进一步树立合理和集约用地、保护耕地的观念，尤其是保护基本农田。城市规划中的建设用地标准、总量，应和土地利用规划充分协商一致。目前，土地利用总体规划与城市总体规划之间的关系，还需要在实践中进一步理顺。重点在规划工作程序、规划技术方法、规划范围、统一用地的统计口径、规划实施管理机制等方面作进一步调整和完善。[78]

《土地管理法》关于土地利用总体规划的规定

第十七条　各级人民政府应当依据国民经济和社会发展规划、国土整治和资源环境保护的要求、土地供给能力以及各项建设对土地的需求，组织编制土地利用总体规划。

土地利用总体规划的规划期限由国务院规定。

第二十二条 城市建设用地规模应当符合国家规定的标准，充分利用现有建设用地，不占或者尽量少占农用地。

城市总体规划、村庄和集镇规划，应当与土地利用总体规划相衔接，城市总体规划、村庄和集镇规划中建设用地规模不得超过土地利用总体规划确定的城市和村庄、集镇建设用地规模。

在城市规划区内、村庄和集镇规划区内，城市和村庄、集镇建设用地应当符合城市规划、村庄和集镇规划。

第二十三条 江河、湖泊综合治理和开发利用规划，应当与土地利用总体规划相衔接。在江河、湖泊、水库的管理和保护范围以及蓄洪滞洪区内，土地利用应当符合江河、湖泊综合治理和开发利用规划，符合河道、湖泊行洪、蓄洪和输水的要求。

4. 城市总体规划与城市环境总体规划的关系

2012年9月环境保护部办公厅发布了《关于开展城市环境总体规划编制试点工作的通知》（环办函〔2012〕1088号），要求大连市等12个试点城市遵照《关于开展城市环境总体规划编制试点工作的意见》和《城市环境总体规划编制技术要求（试行）》组织编制本市城市环境总体规划。其基本思路是统筹国民经济和社会发展规划、城市总体规划、土地利用总体规划等相关规划，通过确定城市生态环境容量，调控城市发展规模，建立以资源和环境承载力为基础的发展方式、经济结构和消费模式，构建环境——发展——建设——国土"四划一体、相互融合"的城市可持续发展规划体系。很明显，城市环境总体规划已经从城市总体规划的专业规划、国民经济和社会发展规划的专项规划开始转型为主动融合的综合性环境规划。

城市环境总体规划是对城市环境保护的未来行动进行规范化的系统筹划，是为有效地实现预期环境目标的一种综合性手段。城市环境总体规划包括：大气环境综合整治规划、水环境综合整治规划、固体废物综合治理规划以及生态环境保护规划。城市环境总体规划属于城市总体规划中的专项规划范畴，是在宏观规划初步确定环境目标和策略指导下具体制定的环境建设和综合整治措施。[79]

城市生态规划则与传统的城市环境总体规划不同，考虑城市环境各组成要素及其关系，也不仅仅局限于将生态学原理应用于城市环境总体规划中，而是致力于将生态学思想和原理渗透于城市规划的各个方面，并使城市规划"生态化"。同时，城市生态规划在应用生态学的观点、原理、理论和方法的同时，不仅关注于城市的自然生态，而且也关注城市的社会生态。此外，城市生态规划不仅重视城市现今的生态关系和生态质量，还关注城市未来的生态关系和生态质量，关注城市生态系统的可持续发展。[80]

三、基本评价

综上分析，在国家空间规划类型体系中，城市总体规划法律影响仅仅波及到城乡建设部门系统内，或者说城市总体规划的综合性驾驭不了其他职能部门的事权内容，只能表现与其他职能部门的专项规划进行协调和衔接，甚至很难优化和改变。其核心原因是城市总体规划制度机制存在一些弊端或者不适应的方面。

1. 法律地位虚高

根据前述分析，我国法律效力分为法律级、法规级、规章级三个基本层次。在我国，城市总体规划是由《城乡规划法》要求编制的法定规划，处于立法序列的第二层次，但编制审批规划又处于立法序列的第三层次。相比较而言，只有城市总体规划、土地利用总体规划有明确的法律规定，而国土规划、流域规划、各类基础设施专项规划的编制尚未做出较为明确的法律规定。

城镇体系规划、村镇规划虽然也是《城乡规划法》要求的法定规划，但是现行《城乡规划法》将城镇体系规划列入总体规划范畴之内。❶ 村镇规划由镇政府组织编制。

《城乡规划法》分区规划的编制有相关的内容陈述，但是也同时强调大城市、中等城市"在总体规划基础之上，可以编制分区规划"❷，亦即，分区规划并不是法定要求规划，而仅是在满足一定城市规模的条件下，建议编制的规划类型。

在现行的空间规划编制体系中，只有详细规划与总体规划具有同等法律地位。

2. 组织过程复杂

从规划编制的过程看，总体规划是倡议最为慎重，组织最为庞大周密，程序最为严谨规范的空间规划类型。城市总体规划（包括城镇体系规划）的编制、修改一般由城市政府发起，同时要经过上级主管部门认定，才能够进入工作程序。分区规划、详细规划、村镇规划都只需当地政府组织开展即可。国土规划、流域规划并无定制，一般视区域发展需要以及政府意向而定。

城市总体规划的编制往往会吸引全市各方面的关注，需要组织极其庞大的人力物力，调动各方资源，协调各个地区和部门，成果需反复修改、论

---

❶ 见《中华人民共和国城市规划法》第二章第十九条。
❷ 见《中华人民共和国城市规划法》第二章第十八条。

证、公示，动辄耗时数年，往往被列入城市政府的重大施政方略。相对而言，其他的规划类型无论在编制周期，还是资源耗费上，规模都要小得多。

城市总体规划的审批极为严肃，同时也较为繁琐。不仅要报上级政府审批，还需经同级人民代表大会常务委员会审议。分区规划、重要的详细规划只需城市人民政府审批，一般详细规划由城市人民政府城市规划行政主管部门审批即可。国土规划、流域规划等审批要求相对简单。

3. 功能作用深远

从各类规划在规划体系中发挥的作用看，城市总体规划承担着支撑全局，承接上下的枢纽性地位。如果说城市规划是城市建设和发展的"龙头"，那么城市总体规划不妨可以称之为"龙头"的脑库，即我国空间规划体系中最核心的部分。

国土规划、流域规划等专项规划是对一定国土范围或流域范围内，经济社会发展、城镇建设、生态环境保护以及重大基础设施建设的综合战略安排与空间部署。跨县、跨市甚至是跨省的国土规划、流域规划等专项规划，由于并无相应的政府机构来组织实施，因而规划成果的实施就依赖于其他各种类型战略、规划、计划的借鉴与贯彻，城市总体规划是贯彻区域规划、流域规划目的、主旨与重大部署的主要规划类型。

城市总体规划在性质功能与内容体系上是与国土规划、流域规划相同的空间规划。城市总体规划对城市性质、功能、规模以及重大问题的规划，都应该在区域规划、流域规划的指导下进行，以遏制城镇恶性竞争，实现整体的持续发展。同时，我国目前普遍实行了市带县、县改市、撤乡并镇体制，在我国的五级行政区划（中央——省——地（市）——县——乡镇）体系，三、四、五级区划中大多都已经建立城镇行政建制，都要开展总体规划（涵盖城镇体系规划），因此总体规划能够为国土规划、流域规划提供较为完整的空间支撑。

分区规划要以总体规划为基础，是总体规划的细化，同时也是大中城市联系总体规划与详细规划的纽带。对于特大城市和大城市，分区规划侧重于分区功能塑造、土地利用区划与重大项目布局。对于大中城市，分区规划要更侧重于土地利用性质调控以及为控制性详细规划提出指导性意见。

详细规划也要以总体规划为基础。详细规划是实施性规划，在我国的现行体制下，它是落实总体规划的主要工具。在控制性详细规划的编制中，总体规划以及分区规划是其主要依据。

城市总体规划是对城市地域内的各类资源，特别是对城市地域内的空间资源进行的整体配置和综合协调，它在我国城乡发展建设中起到了巨大的控制和引导作用，这一基本功能是其他任何行业、任何专业无法替代的，也是其他非城市规划行政部门不可以代替的。

第四章　发达国家宏观规划制度机制演变

第一节　城市宏观规划制度历史演变

国外城市规划制度机制研究和实践的历史是城市宏观层次规划发展的缩影。从城市规划编制和实施角度来说，以霍华德提出的"田园城市"为标志，近代城市规划诞生于19世纪末期，且初步形成了比较完整的理论体系和实践框架。近代以英国关于城市卫生和工人住房的立法为标志，城市规划实施开始步入法治管理轨道；以巴黎改建和英国公园运动为标志，城市规划编制开始步入编制管理轨道，以伯纳姆（D. Burnham）于1909年完成的芝加哥规划为标志，城市总体规划编制进入到政府行为过程。

一、工业化前阶段

工业革命之前的城市规划制度机制是以方格网、广场、轴线为代表的古代城市规划阶段。城市的出现是人类文明走出蒙昧时期的重要标志，出于防御、居住、统治以及生产的需要，对于城镇建设的总体安排与设计也自古有之。西方古代城市宏观层次规划制度机制主要有以下两个显著的特点：

1. 规划编制实施为专制阶层服务

城市规划制度建设动力来自于君主或贵族等统治阶层，普通民众是不在规划目的的考虑之列的，更无权对规划编制、实施、监督提出意见。西方最早的城市规划要追溯到公元前500年古希腊城邦时期的希波丹姆（Hippodamus）模式，希波丹姆模式是在古希腊贵族民主体制下开展的，这种规划是为了方便贵族市民民主交流，发挥贵族市民个体权利。公元前300年，罗马帝国武力鼎盛，希波丹姆模式便被改造为罗马臣服占领地区市民的工具。

2. 没有制度化的规划编制实施监督管理体系

由于城市人口较少，城市问题尚不突出，因而城市规划还没有成为城市管理的主要职能之一。规划的编制实施是城市建设的一部分，城市建设完成，规划使命也即告结束，缺乏动态连续性。

对于城市公共设施短缺、交通组织不合理、生活环境卫生状况恶劣等问题，只有在极其严重威胁到少数统治阶层生活质量的情况下，才会采取相应的解决措施，城市规划才能够发挥一定的功能。但是，由于这种情况很少出现，因而城市规划并没有被发展为国家或地方的法律规章，形成制度化的城市发展信息监测、预警、分析、评价、反馈机制。

二、工业化阶段

1848 年英国通过了《公共卫生法》，标志城市规划的基础设施内容进入法律管理层次；1933 年《雅典宪章》的出台，标志城市规划的理论体系基本形成。因此，城市规划实施管理先于城市规划编制。城市规划编制与实施的形成发展，主要原因是欧美资本主义经济的无序发展导致疾病传播、居住环境恶化等。从体制制度的深层次来说，城市规划编制与实施是鉴于古典自由主义"市场失灵"的教训，"凯恩斯主义"的宏观调控理论的实施。

所以，随着政府权力的空前膨胀，以法治化建设为基本途径，政府对城市发展的干预与控制力量大大增强，城市规划编制与实施机制逐渐形成。在这个时期内，城市规划法规体系不断完善，承担规划职能的行政架构日趋健全，规划控制的法律手段渐趋完备，规划编制与实施过程逐渐走向程式化。

1. 规划编制实施成为政府重要职能

1909 年，英国颁布了第一部涉及城市规划的法律《住宅与城市规划诸法》，授权地方政府编制城市规划方案。法国议会在 1919 年通过了《Comudet》法，规定人口超过 1 万人的城镇都应在 3 年期限内编制完成"城市规划、美化和扩展计划"，1924 年又提出通过事先许可制度对土地划分行为进行规范管理。根据这两项法律，规划内容体系向多层次化发展，市镇政府需要承担组织城市规划编制实施的职能。

2. 规划编制实施监督制度法治化逐渐形成

西方国家的市场体制是建立在高度尊重私有产权的基础之上的，城市规划是政府对市场调控的一种手段，必然会对私有产权，尤其是地产的所有权、使用权与交易权形成某种程度的限制，传统民主政府并不具备这种限制的权力，政府必须获得公共立法机构的授权，依循法律规章，才能够实施城市规划。美国联邦法院在 1909 年和 1915 年的两起诉讼案中，确认地方政府有权限制建筑物的高度和规定未来土地用途而无需做出补偿。[83]英国 1947 年颁布的《城乡规划法》及后续修正条款规定，英国实行土地开发权的国有化，中央政府设立土地基金，根据市场价值进行土地征用与开发赔偿，从而使地方政府掌握开发建设的主动权，能够根据合理目标编制规划和实施控制。[84]

3. 规划编制实施的中央调控机制逐渐完善

地方政府编制实施城市规划，往往存在城市间发展定位趋同，与国家发展战略不相符合的问题。法国于 1943 年 6 月颁布法律，中央政府成立国家设施委员会，下设城市规划和房屋建设局，并在各省设立了分支机构，负责组织编制和实施跨越市镇的以及市镇自身的"规划整治计划"。英国则于1947年成立城乡规划部，统筹地方城市发展规划的区域协调。德国于1965年制定了《空间规划法》，并进行了多次较为全面的修订，新法自1998年1月1日起实施。德国的《空间规划法》不仅是一部规范平面空间的"国土规划法"，而且是一部立体的空间规划法，它尤其对德国空间的不同功能划分作了战略性的规定，因此该法也是国民经济与社会发展规划法的重要组成部分，更是"宏观调控法"和生态环境保护法的有效组成部分。[86]

德国《空间规划法》

联邦德国空间规划分为上级规划（控制性规划）和建筑指导性规划两个层次。上级规划又分为四个层次，分别是欧洲层次、德国联邦层次、州层次以及区域层次。

由于联邦德国实行的是联邦式的国体，即分为联邦层面、州层面以及市镇层面，所以联邦德国有关规划的法律也分为3个层次。位于最高层面（联邦层面）的法律文件主要有以下几个：（1）《建设法典》；（2）《建设法典实施法》；（3）《规划图例条例》；（4）《空间规划法》；（5）《空间规划条例》。

《空间规划法》共分为4章23条。第一章为一般性条款；第二章为州空间规划，颁布法律的授权；第三章为联邦空间规划；第四章为过渡及结束条款。《空间规划法》对空间规划的任务和基本原则、概念、空间规划条件约束作用、各个联邦州如何制定空间规划法律、空间规划方法以及需要协调的内容做出了详细的规定。

在德国联邦层面上的上级规划指的是空间规划及其基本原则，通过空间规划实现联邦区域范围的空间发展。联邦州层面上的空间规划一般是通过制定州发展计划实施的，州发展计划负责规划和实施州的空间发展策略，区域规划负责为空间规划和州规划制定区域目标，从而保证规划区域和对空间具有重要意义规划的发展和实施❶。

4. 规划内容体系向多层次化发展

《雅典宪章》强调规划的综合性，从规划调查，到规划研究、规划编制、规划的公共审查（examinaion in public），直至规划的批准，是一个"长耗时"的过程。在英格兰，规划编制的平均耗时约五年半（Steel，1995）。规划从中观的城市空间向宏观和微观两个层次纵深发展，并发展了一套规模庞大的以规划项目审批与审查为主要工作内容的规划行政管理体系，使得规划

❶ 曲卫东. 联邦德国空间规划研究 [J]. 中国土地科学，2004，18（2）.

丧失了灵活性（inflexibility），难以应对瞬息万变的市场。[88]

为了解决城市规划中从宏观到微观层面无所不包的复杂内容构成而带来的规划的"长耗时性"和规划的"不灵活性"，西方国家开始引入多层次的规划体系[89]。典型的例子是英国在 1968 年以立法的形式引入了两个层次的规划体系（two-tier system），一个是具有战略性的结构规划（郡和大都市地区），另一个是更加具体的地方规划（自治市、区等）。结构规划以书面陈述和图表的形式，取代了过去以规划图为主导的表达形式。

法国的"规划整治计划"内容过多，面面俱到，在城市快速发展的现实背景下，常常面临刚刚编制完成即已过时的尴尬境界。法国政府于 1955 年 5 月 20 日和 1958 年 12 月 31 日先后两次颁布法令将城市规划编制体系调整为指导性城市规划和详细性城市规划两部分，从而使城市规划更具灵活性，进入 1960 年代，法国城镇化进程不断加快，1967 年，法国颁布《土地指导法》，将城市规划编制体系划分为"城市规划整治指导纲要和土地利用规划"两个阶段，并且提出后者要以前者为依据。"城市规划整治指导纲要"（简称 SDAU）覆盖地域范围较大，规划期限较长，但不可作为申请土地利用许可的依据，属宏观层次的战略性城市规划。"土地利用规划"（简称 POS）以规范土地利用为主，覆盖地域范围较小，规划期限较短，是申请土地利用许可的重要依据，属规范性城市规划。[90]

5. 编制过程与实施向程式化发展

规划编制逐渐从静态科学决策走向动态科学决策。1905 年，格迪斯（Patrick Geddes）提出"调查—分析—规划编制"的三阶段法，这是静态理性规划编制过程的早期总结；1961 年，芒福德（Lewis Mumford）提出"调查—评估—规划编制—接受审查、修改"的四阶段法；到了 1969 年，海托华（H. C. Hightower）提出应将规划视作"有关过程（process）的理论"，强调规划编制的动态性特征。规划实施则形成了以美国、德国为代表的分区制（zoning）和英国的以开发项目的逐一审批（case by case）为特色的实施模式。[91][92]

综上所述，20 世纪的前 60 年是近代城市规划的形成与完善时期，1933年国际现代建筑协会制定了《雅典宪章》，提出"功能主义"的理性空间组织方式，认识到城市广大公众利益是城市规划的基础，指明了以人为本的方向，标志着近代城市规划的正式诞生。《雅典宪章》阶段的城市规划编制与实施，集中反映了在 20 世纪的前 2/3 时期内，为适应高速工业化背景下的大工业生产方式，城市空间规划的功能化、分区化、层次化趋势，以及为解决土地私有化与城市化发展的矛盾，采取的以尊重私有土地产权为核心的规划实施体系。

《雅典宪章》：城市规划史上的第一次总结

1933年8月，国际现代建筑协会（CIAM）第4次会议通过了关于城市规划理论和方法的纲领性文件——《城市规划大纲》，后来被称作《雅典宪章》。《大纲》提出了城市功能分区和以人为本的思想，集中反映了"现代建筑学派"的观点。（《雅典宪章》是勒·柯布西耶基于CIAM第4次会议讨论的成果进行完善的作品，主要由个人完成，1943年发表于法国）

城市要与其周围影响地区成为一个整体来研究。《大纲》首先指出，城市规划的目的是解决居住、工作、游憩与交通四大功能活动的正常进行。

《大纲》认为，居住问题主要是人口密度过大、缺乏空地及绿化；生活环境质量差；房屋沿街建造，影响居住安静，日照不足；公共设施太少而且分布不合理等。建议住宅区要有绿带与交通道路隔离，不同的地段采用不同的人口密度标准。

《大纲》认为，工作问题主要是由于工作地点在城市中无计划布置，远离居住区，并因此造成了过分拥挤而集中的人流交通。建议有计划地确定工业与居住的关系。

《大纲》认为，游憩问题主要是大城市缺乏空地。指出城市绿地面积少而且位置不适中，无益于居住条件的改善。建议新建的居住区要多保留空地，增辟旧区绿地，降低旧区的人口密度，并在市郊保留良好的风景地带。

《大纲》认为，交通问题主要是城市道路大多是旧时代留下来的，宽度不够，交叉口过多，未能按照功能进行分类。并认为局部放宽、改造道路并不能解决问题。建议从整个道路系统的规划入手，按照车辆的行驶速度进行功能分类。另外，《大纲》还指出，办公楼、商业服务、文化娱乐设施等过分集中，也是交通拥挤的重要原因。

《大纲》还提到，城市发展的过程中应该保留名胜古迹以及历史建筑。

最后，《大纲》指出城市的种种矛盾是由大工业生产方式的变化和土地私有而引起。城市应按全市人民的意志规划。其步骤为：在区域规划基础上，按居住、工作、游息进行分区及平衡后，建立三者联系的交通网，并强调居住为城市主要因素。城市规划是一个三度空间科学，应考虑立体空间，并以国家法律的形式保证规划的实现。❶

三、后工业化阶段

西方社会进入后工业化时期，传统的福特主义生产方式让位于柔性生

---

❶ 资料来源于 http://baike. baidu. com/link? url = gjxBEIhloSHm4iSnMwnBCcMfVG8MlpPbq9e VV1npXhzSdvrcXhgFkZnBcSof_Hx6.

产，新古典自由主义逐渐代替凯恩斯主义占据西方意识形态主流地位；同时，西方国家的民主体制也日趋完善。城市规划更加关注多元化的利益主体，公众参与（Public Participation）机制逐渐形成。但是随着对市场价值的再重视，政府的规划权力被削弱，编制与实施主体和过程也出现多元化趋势，传统意义上政府主导的战略性规划地位下降。

进入后工业化阶段，西方国家经历了严重的"能源危机"与"精神危机"，促使城市规划学者更加关注能源节约、可持续发展、生态安全、人际交流、城市与区域以及城市与环境的和谐问题。可持续发展（Sustainable Development）成为影响后工业化阶段城市规划发展的重要理念，现代城市规划对近代城市规划与建设模式的反思，直接导致了 1977 年《马丘比丘宪章》、1981 年《华沙宣言》和 1996 年《伊斯坦布尔人居宣言》的发表。

1. "公共参与"机制的形成与发展

现代城市规划有关"公共参与"问题可以追溯至格迪斯（Patrick Geddes，1905）倡导举办城市展览会的思想。然而，直到 1950 年代规划中的"公共参与"还是非常有限的，规划决策主要集中在职业城市规划师和地方政府。在实践中，由于规划师和规划部门并不掌握实施综合规划的行政经济资源，规划经常与掌握开发资源的开发商之间脱节，并且由于综合规划涉及许多垂直的和水平的相关部门，"协调失败"是规划工作中的常见现象。[93]

1960～1970 年代是"公共参与"在现代城市规划中迅速扩展的时期。1968 年英国城市规划法明确要求地方当局要向中央规划大臣汇报有关公共参与的程序。1980 年代以后，人们不再关注"公共参与"的数量，开始强调"公共参与"的质量，强调社区的相关利益者、开发商、投资者、专业人员等有限的高质量的规划参与形式，从而减少规划决策时间，更好地响应相关利益者和快速多变的市场。"公共参与"也从过去的通知（informing）与协商（consultation）发展到合伙（partnership）、授权（delegated power）等形式。这样，规划师逐步摒弃了传统的"自上而下"（top-down）的规划决策机制，逐步形成了"自下而上"（down-top）的规划决策机制。[94]

2. "联合管治"成为规划编制实施的重要形式

可持续发展关注代际公平、区际公平与人际公平，这是市场机制所无能为力的，传统的政府管制也无法充分解决。"新区域主义"强调面对当前日益激化的社会矛盾和各种问题，谨慎地、创造性地作出回应，提出"联合管治"概念，即以成熟的民主法治与市场体制为基础，尽可能地联合各个社会阶层与利益集团，关注公共问题，促进可持续发展。[95]

在北美，受到新区域主义影响的城市战略性发展规划，强调深入理解城市社会经济发展，与 20 世纪初的选择正相反，"再城镇化"而不是分散化发展成为规划的主要实现目标。为促进规划的更有效实施，规划过程中会仔细分析郊区之间以及郊区与中心城市之间的复杂矛盾关系，可能的政治联合形式以及如何平衡各地的税收基础和服务（Orfield，1997）。

在欧洲，规划的制定过程被要求尽可能包容、公开和透明。大伦敦议会被撤销后，在各方包括私营机构中逐步增强的认识是对整个城市发展要有一个战略性认识，以增强合作与协调投资决策。因而各类团体积极以协商的形式参与，要求规划要包容多方利益，能体现战略性的伙伴关系。[96]

3. 规划编制实施成为广泛的公众运动

新城市主义是为促进大都市可持续发展而兴起的重要城市规划思潮。从规划编制与实施机制上，新城市主义与传统的城市规划存在非常大的区别。新城市主义运动强烈关注如何创造城市的良性发展机制，它不仅仅是城市规划建设的一种技术模式，更为重要的是发展为广泛的公众运动。这场运动的参与人员有城市规划师，也有经济学家、社会学家、新闻媒体等，参与人员不仅仅是对城市建设规划进行评议、建议与监督，而且参与到对社区发展的理念、途径与对策的讨论中来。美国新城市主义大会（the Congress for the New Urbanism，CNU）的工作远远超越了规划设计，延伸到了公共政策领域，希望能够转变美国的城市发展趋势。

在规划编制的技术层面，新城市主义作为一场关注社会改良的集体运动，对如何反映公众的意见和要求非常重视。在项目规划中，新城市主义者往往现场分析评估资料、拟定设计意图、现场绘图，与开发商、附近居民以及有关政府部门以讨论会的形式紧密接触，直到确定最后方案。新城市主义者从不坚持规划师构思的唯一和绝对，而是看重民间智慧，尊重业主的追求，体现出较为彻底的"直接民主"诉求。[97][98]

4. 规划地位与编制实施途径的变化

不同体制环境下各国的城市宏观层次规划的地位和作用、编制实施监督途径的差异较大，主要有"强调控"和"弱调控"两种基本路径模式。[99]为了应对复杂多变的市场，1960年代后规划部门逐步呈现出分权化趋势，规划控制的手段也趋于灵活。这一时期的典型特征是，宏观层次的城市发展战略性规划重要性在下降，在部分国家和地区，甚至被取消，市场的力量则在崛起。

在英国，撒切尔夫人执政时期取消地方管理的战略层次的部门，并削弱民选的地方权力机构执行关键的战略决定的权力，典型的是"大伦敦议会"——这个著名的专门负责大伦敦管理与发展的大都市权力机构被撤销。规划的权力机构由最初的地方政府发展成包括地方规划局、联合规划委员会、大伦敦联合规划委员会、国家公园、企业园区、城市开发区、住房行动区等的多种形式。1980 年代后，逐步打破了传统的开发项目的逐一审批制，出现诸如企业区、简化规划分区、城市开发公司等新的规划控制手段。

在美国，真正具有法律权威的规划是各地区的区划条例（Zoning Ordinance），城市总体规划的权威性远远低于区划条例，总体规划要通过区划条例的执行来实现，从而保证了规划的权力主要集中在城市的基层社区。

《马丘比丘宪章》：城市规划史上的第二次总结

在《雅典宪章》后，随着城市、社会生产力的发展，城市的复杂性越来越明显。20 世纪 70 年代后期，国际建筑师协会鉴于当时世界城市化趋势和城市规划过程中出现的新内容，于 1977 年在秘鲁的利马召开了国际性的学术会议。与会的建筑师、规划师和有关官员以《雅典宪章》为出发点，总结了近半个世纪以来尤其是第二次世界大战以后的城市发展和城市规划思想、理论和方法的演变，展望了城市规划进一步发展的方向，最后签署了《马丘比丘宪章》。

亚里士多德说"人们为了活着，聚集于城市，为了活得更好居留于城市。"斯宾格勒说："只有作为整体、作为一种人类住处，城市才有意义"。无论是哲学家还是建筑师，他们的话表明了一个关于城市的基本道理，即城市首先是人类的一种最主要的居住形态和生存空间。自城市诞生以来，城市规划就自觉地、不自觉地遵从这个原理。从《雅典宪章》到《马丘比丘宪章》，城市规划理念在一些方面的转变，更是表达了人类对城市这一生存空间"宜人化"的追求。❶

其核心观点有：（1）强调人与人之间的相互关系，并将之视为城市规划的基本任务。（2）城市是一个动态的系统，城市规划师必须把城市看作在连续发展与变化过程中的一个结构体系，提出了动态规划的概念。（3）强调规划的公众参与——不同的人和不同的群体具有不同的价值观，规划师要表达不同的价值判断并为不同的利益团体提供技术帮助。❷

《华沙宣言》：城市规划史上的第三次总结

1981 年国际建筑师协会第十四次大会通过的《华沙宣言》，确立了"建筑—人—环境"作为一个整体的概念，并以此来使人们关注人、建筑和环境之间的密切的相互关系，把建设和发展与社会整体统一起来进行考虑。

《华沙宣言》强调一切的发展和建设都应当考虑人的发展，"经济计划、

---

❶ 资料来源于 http://baike.baidu.com/link？url＝HtLbX7iyJb8Fkub1ui5aexwyW2MDsiPyQjIB4gbwXfUwNMHMOwJ8K7OPkkPdUaKX.

❷ 资料来源于 http://www.worlduc.com/blog2012.aspx？bid＝954535.

城市规划、城市设计和建筑设计的共同目标，应当是探索并满足人们的各种需求"，而这种需求是包括了生理的、智能的、精神的、社会的和经济的各种需求，这些需求既是同等重要的，又是必须同时得到满足的。从这样的前提条件出发，无论对于怎样范围和性质的规划和设计，"改进所有人的生活质量应当是每个聚居地建设纲要的目标"。将生活质量作为评判规划的最终标准，建立了一个整体的综合原则，从而改变了《雅典宪章》以来的以要素质量进行评价的缺陷和《马丘比丘宪章》对整体评价的忽视，并以此赋予了规划在具体处理城市问题过程中，针对城市的具体要求和实际状况运用不同方法的灵活性。"人类聚居地的各项政策和建设纲要，必须为可以接受的生活质量规定一个最低标准并力争实施"，建筑师和规划师的基本职责就是要在创造人类生活环境的过程中，为满足这样的要求而负担起他们应当承担的责任。❶

《华沙宣言》同样强调了城市规划过程中公众参与对于城市规划工作成功的重要性，提出："市民参与城市发展过程，应当认作是一项基本权利。"在强调人和社会的发展以及规划和建筑学科作用和职责的同时，尤为关注环境的建设和发展，强调对城市综合环境的认识，并且将环境意识视为考虑人和建筑的一项重要的因素。❷

《华沙宣言》深化规划编制和规划实施的概念，强调规划实施过程中具体工作在于对规划实施状况的检测，从而不断检查规划的效果。规划实施过程中，重要的是不仅在于对行动初始状态的控制，更为重要的是在于行为过程中的连续调节。在整个规划过程中，编制、实施都很重要，但是，对规划后果的研究尤为重要。"任何一个范围内的规划，都应包括连续不断的协调，对实施进行监督和评价，并在不同水平上用有关人们的反映进行检查"。只有这样，才能保障规划全面发展。

四、小结

综上所述，以1909年芝加哥总体规划编制完成为标志，已经有近100年的发展历史。城市宏观层次规划从编制、实施等理论和实践体制改革上，20世纪中叶是一个分界线。因此，城市规划作为一门学科是20世纪初期得以全面确立；作为一项社会实践是20世纪中叶之后得以全面确立。从工业化到后工业化时期，城市规划编制与实施经历了两次革命，实现了从《雅典

---

❶ 资料来源于 http://baike. baidu. com/link? url＝xLHDjYFhkClEN0uAo_DeSwV3cO7o TA68oxkB98Bf-KyHHWB57KEg4XTuvraMgn9BFJQjExRHAGE5RV-HVBla5.

❷ 马海波，王滔. 景观环境导向在居住区设计中的作用——鄂州某居住区规划设计有感 [J]. 建筑与设备，2011，(3)：13-15.

宪章》到《马丘比丘宪章》的规划思维的跨越，规划编制与实施机制也日趋成熟和完善。每一次宪章的出台，都是对规划理论和实践发展的总结，但是，经过150年的规划编制和实施机制的变迁，西方发达国家的政治社会经济体制制度仍然没有变化，仅有社会经济制度上的改良（Good Government）。城市规划的编制和实施机制的日趋完善是在资本主义制度的改良运动中逐步形成发展的。

第二节　城市宏观规划制度机制形成背景

经过一个世纪的发展历程，发达国家和地区的城市规划逐步分解为宏观层次规划和微观层次规划两个基本系列，其中宏观层次规划是制定城市发展的中长期战略目标，以及在土地利用、交通管理、设施配置和环境保护等方面的相应策略，为城市实施性发展规划提供指导框架。譬如英国的结构规划、美国的综合规划、德国的城市土地利用规划、日本的地域区划、新加坡的概念规划以及我国香港的全港/次区域发展策略都是宏观层次规划。

一、制度因素分析

1. 现代公众民主与行政权力制衡的政府体制

当前，欧美日等发达国家的政府行政制度的核心是体现现代公众民主和行政权力的制衡体制，并架构相应的国家政府系列的管理体制和权力层级结构。在欧美发达国家，通过立法、行政、司法三权分立进行横向的权力分配与制约，是普遍性的制度安排。

现代行政权力制衡的政治制度安排，决定了欧美日等发达国家政府架构机制，即立法、行政、司法三权分立的横向权力分配与制约机制。城市规划作为行政机构、立法机构、司法机构的一个重要管理对象，也相应地纳入三权分立的国家政治制度架构体制之中。规划编制与管理事权、公众参与监督事权等都必须立法机构授权并予以合法地位；在立法机构的授权下，行政机构行使规划编制组织事权、执行事权、督察事权等，司法机构行使规划监督事权、处置事权、制裁事权等。

欧美日等国家的城市规划是对城市空间资源的开发控制管理行为，是城市政府宏观调控的重要手段。其中，城市宏观层次规划是对城市空间发展与建设的总体策略调控，规划编制的倡议权、审批权、诉讼权普遍向立法机构集中，行政机构主要是承担规划的编制组织与实施。宏观层次规划的实施权力由行政和立法机构共享，行政机构主要负责依据宏观规划组织制定实施性规划，立法机构则通过对实施性规划的审查，监督宏观规划的实施效果。现代公众民主制度的安排，决定了广大公众对城市规划的合法权益，决定了中央与地方政府或立法机构在规划编制与实施机制中必须渗透公共参与的程序机制，使得广大公众必须对规划享有知情权、建议权甚至表决权。

虽然欧美日等发达国家现代公众民主与行政权力制衡制度又有不同的表现形式和途径，譬如美国、德国的联邦制度资本主义国家，英国、法国的中央集权制度资本主义国家，日本的中央集权与地方自治共存的资本主义国家。但是，政治制度的本质内容是一致的，即体现资本主义制度的民主政治和权力分配。因此，欧美日等国家政治体制形态与制度安排，所决定的公共权力机构与市场行为主体之间的关系，公共权力体系内部的立法、行政、司法之间的关系以及中央与地方的关系，有力地保障了发达国家宏观层次规划的编制和实施。

2. 私有制经济制度与市场经济体制的融合

以私有制为核心的资本主义经济制度是世界整个资本主义社会发展的本质动力，以市场经济为平台的资本主义经济运行体制是整个资本主义社会发展的基础前提。

城市宏观层次规划是对城市空间资源的合理配置和高效利用，空间资源是以私有制为基础的，宪法授权私有制经济制度的核心是私有财产神圣不可侵犯，规划空间资源就必然涉及不同利益主体之间、不同私有财产之间的矛盾冲突，规划师也必须合法、合情、合理地处理这些矛盾冲突，为政府空间资源的规划调控提供法定依据。然而，这种以私有制为基础的不同利益主体之间的矛盾冲突，是市场经济制度运行的必然结果，即利益是从市场中产生和发展的。

因此，欧美日等发达国家的城市宏观层次规划的经济制度根源是私有制和市场经济制度，这也决定了城市宏观层次规划的编制与实施必须以私有制与市场经济制度为红线，贯穿于整个规划过程，否则，就很难保障规划的实施。具体来说，主要体现在以下几个方面：

第一，决定了发达国家的宏观层次规划必须是民主规划，广大公众是规划编制与实施的重要主体。因此，从规划编制、实施、管理、监督等环节都充分体现了民主模式的公共参与，使得不同利益主体充分享有和维护自身私有财产空间不受侵犯的权利。

第二，决定了发达国家的宏观层次规划必须是政策引导规划，政策规划是规划编制与实施的重要载体。政府对于这种复杂的空间利益冲突，良好的途径是通过市场化手段和政府调控能力，以空间政策、经济政策、土地政策、税收政策、区域补贴政策、政府转移支付、公共基础设施建设等形式杠杆加以解决。

第三，决定了发达国家的宏观层次规划必须是法定规划，规划法定化是规划编制与实施的重要表现手段。发达国家的经济制度决定了规划必须法定化，否则，将在司法程序上不具有法律效应，进而也就保障不了广大公众、利益主体的合法权益。

第四，决定了发达国家的宏观层次规划必须是可操作性规划，可实施性规划是规划编制与实施的重要目标过程。发达国家的经济制度决定了规划必须是可实施的，否则，将会极大影响规划使用期限和规划效益的发挥。

第五，决定了发达国家的宏观层次规划必须是市场思维主导的规划，这是规划编制与实施的重要环境平台。发达国家的经济制度决定了规划编制与实施的灵魂必须贯穿市场体制机制思维，做到刚性与弹性、强制与引导、近期与远期等协调，在空间资源的市场配置中进行政府规划事权施政，在政府规划调控中促进空间资源的市场化高效流动，否则，很难保障规划实施的良好质量，既不能保障私有财产主体的空间利益，又不能保障城市规划建设的有序进行。

3. 发达的公共福利与完善的社会保障制度

欧美日等发达国家的近代城市规划诞生于城市公共卫生、交通拥挤、环境污染等社会问题，城市规划的发展历程都有社会经济制度演变的痕迹和烙印。当前，这些国家已经建立了发达的公共福利政策制度和完善的社会保障政策制度。

公共福利政策制度，主要包括公共医疗卫生福利政策制度、公共义务国民教育福利政策制度等，要求规划编制与实施必须充分保障城市公共整体利益，否则，规划编制与实施就会失去公众支持，失去实施的社会价值，更为重要的是规划很难得到立法机构的审批。

社会保障政策制度，主要包括社会保险、失业保险、养老保险、医疗保险等，也包括政府对弱势群体的救济政策制度等。对规划编制与实施影响较大的是弱势群体的救济政策制度，要求政府规划必须体现社会公正与公平，规划编制与实施中充分关注城市弱势群体对空间资源的需求。

当前，欧美日等发达国家的宏观层次规划更加强化了公共福利、社会保障制度法规对规划编制与实施的影响作用，规划师也逐步倡导社会公正性规划理念。

综上所述，私有制和市场经济制度是发达国家宏观层次规划体现发展政策的制度根源，公共福利与社会保障制度是发达国家宏观层次规划体现公平政策的制度根源，现代公众民主与行政权力制衡制度是发达国家通过规划调控手段体现发展与公平规划的政治制度根源。因此，政治经济社会制度是现代城市宏观层次规划发展演变的最本质的推动力，规划编制与实施机制的架构设计也是基于相应的政治经济社会制度体系。

以美国政治经济社会制度对城市规划制度机制影响为例分析

1. 政治制度

美国是一个联邦制国家，在纵向层次上，采用的是联邦政府与各州分权而治的政体；在横向层次上，联邦、州和地方等各级政府均采用了立法、行政、司法"三权分立"的模式。在国家运作法律依据上，联邦的职能和权力是各州通过联邦宪法赋予的，基层（市、镇、县）地方的职能和权力是本州宪法授权确定的。美国联邦宪法在本质上是州与州之间的契约，主要是从军事、外交等国家层面上赋予的权力和职能，而州宪法才是各州经济社会发展的基本法律依据。因此，美国两个层面的宪法与三权分立的联邦制政体，导致一个层面上内部范围的管理机构有必然的联系，相互制约；而纵向层次上的管理机构和一个层面相互之间的管理机构基本上没有关系，不成体系。其中主导思维理念是自己的事情自己管理，纵向层次的矛盾关系靠不同层次的法律规定间接管理和解决，横向层次的矛盾关系以共同上一级法律规定为基础协商共同解决。

不言而喻，各级政府的规划活动都深深地扎根于这一政治体系之中。三权分立的运作体制，不仅把美国城市规划中的法规制定、行政管理和执法监督三个相互制约的因素紧密地联系起来，而且使得规划活动在联邦、州和地方的每一个层面内，都能进行有效的自我修正和调整，形成良好的内部运行循环，不需要很多自上而下的行政监督和强制干预❶。所以，地方城市的规划法规基本上是建立在州立法框架之内的❷，联邦政府仅能通过经济杠杆间接制约和控制地方城市的城市规划活动，这是我们认识理解美国城市规划运作体系的首要前提（图4-1）。

2. 经济制度

美国是一个以私有制经济制度为主体的国家，具有高度发达的市场经济运行的体制环境。美国经历了自由化市场经济和调控化市场经济两个不同历史阶段，与此同时也代表了城市规划发展的历史过程。在自由化市场经济时期，政府无权干预经济，城市各物质要素和组成部分是在自由化无序的市场机制中形成发展的，从而导致19世纪末、20世纪初的美国城市问题的相继出现。在政府宏观调控进入市场经济运行过程之后，城市的各物质因素和空间组成部分也相应地步入了规划有序的轨道。因此，以私有制为基础的调控化市场经济制度，一方面，使城市和区域的各物质要素和非物质要素等基础性的资源，如资金、人才、技术、土地、管理等，按照市场运行规律、配置

❶ 陈发辉. 关于城市规划行政许可若干问题的思考［J］. 城市规划，2004，(9)：71-75.
❷ 张庭伟. 城市发展决策及规划实施问题［J］. 城市规划汇刊，2000，(3)：32-36.

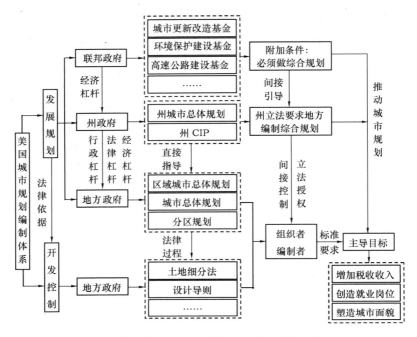

图 4-1　美国城市规划编制体系运作机制框架分解图

到最能发挥效益的空间地域上，实现产业结构和空间结构的最优组合；另一方面，从私人财产和安全神圣不可侵犯的角度，激发了城市居民为维护生命安全、生态安全、空间安全等方面的权利意识，促进了以私有制为基础、以市场经济机制为灵魂的城市发展和规划的公众参与、决策、监督意识，推动了各级政府对城市和区域经济社会发展的宏观调控力度。在此基础上，美国各州、各地方政府所形成的分配制度、税收制度、财政制度、流通制度等一系列法律法规，是城市经济社会发展的经济制度基础，是各地方城市规划政策法规制定的经济依据。因此，美国联邦宪法规定的基本经济制度和州、地方基层的具体经济制度，是理解美国城市规划体系的核心前提和基础。

3. 社会制度

美国是一个移民国家，主要以英国移民为主体，从而决定了以基督教为主导的宗教制度。1935 年，美国国会制定并通过了《社会保障法》，这标志着美国的社会保障制度从法律上得到确认。经过 60 多年的发展，美国目前已经形成了一个以法律为基准，以全社会公民为对象，以体现社会公平为原则，以多种筹资方式为途径，以多层次管理为手段的社会保障管理体系。美国的社会保障制度主要包括社会保险和社会福利两个部分，核心是社会保险，主要项目是养老、失业和医疗保险。美国社会制度体系是市场经济建立和发展的必要条件之一，是实现社会公平的调节器，是实现社会稳定的安全网和减震器❶。

城市规划不仅是经济利益的调控过程，更多还是社会利益的协调过程。对于美国来说，经济地位、家庭类型、种族背景所带来的社会空间分异对城市空间结构形态影响最大。经济地位的不同使城市空间呈扇形分布，家庭类型的不同使城市空间呈圈层分布，种族背景不同使城市空间呈多核心分布❷。另外，随着美国人民生活水平的不断提高，人们的社会居住心理、生活消费观念、生态环境意识都在发生深刻变化，尤其是老龄化问题、生活闲暇化问题、居住环境绿化问题、生态开敞空间问题等都构成了城市社会问题的主导方向，同时，也必须在城市规划过程中得到解决。美国许多城市规划法规政策实质上是解决上述社会问题的。因此，美国社会制度和社会环境，是理解美国城市规划体系的重要前提和基础。

二、城市问题分析

城市规划编制与实施机制演变是一部对城市与区域问题演变的响应史，这在宏观规划领域表现更为突出。在工业化与城镇化的不同发展阶段，城市和区域问题的演变，促使宏观规划目的、目标、内容的改进，推动了规划编制与实施机制的创新。

1. 城市公共支撑不足日益显现，城市社会矛盾日益尖锐

17～18世纪是自由市场经济发展的黄金时期，西方在工业化、国际贸易、科技进步各个领域都取得了长足进展，也带来了城镇化的快速推进。进入19世纪以后，工业化的弊端逐渐显现，城市贫富差距与社会不公日益尖锐。19世纪的市场失败（market failure）带来了城市环境卫生危机、城市拥挤、住房短缺与城市贫民窟，还有城市经济的衰退、城市政府的腐败、城市犯罪率的上升、城市居民失业及收入水平差距的扩大等城市经济社会问题。因此，城市公共支撑体系不完善日益显现，城市社会矛盾冲突日益尖锐。针对日益恶化的城市社会和公共问题，政府界与规划学术界都作出了较为强烈的反思与响应。

规划学术界提出了重建城市秩序的规划理论，譬如欧文（Robert Owen，1817）的"和谐村"（the Village of Harmony），傅立叶（Charles Fourier）的"法朗吉"（Phalanges），卡贝的"伊加利亚"（Icaria），这些19世纪乌托邦城市建设思想，推动了现代城市规划的诞生。

---

❶ 赵民. 城市规划行政与法制建设问题的若干探讨 [J]. 城市规划，2000，(7)：8-12.

❷ 张康之. 公共行政：朝着追求公正的方向. http://www. weisheng. com/wsjds/xz005. htm，2005.

国家政府也提出了一些改良法律政策和建设行动，譬如英国 1848 年的公共卫生法律、城市公园运动，1853 年的巴黎改建等。这些法律的制定和城市建设行动，有力地推进了发达国家的城市规划编制与实施机制的完善和发展。

2. 大城市病更加聚合，更加具有危害性

资本主义社会的改良运动，并没有促进城市社会问题的解决，这些城市问题反而更加聚合、更加严重并具有相应的危害性。伴随着工业化与城镇化，由于规模集聚效应与土地竞租机制客观上主导着城市的"理性"发展，所以城市膨胀过程中，必然伴随了许多滞后显性的城市社会问题。城市规模膨胀越大，这些城市问题就越多，聚合破坏能力就越强。

针对上述更为严重的城市问题，霍华德（Ebenezer Howard）期望能够通过开敞空间建设控制城市用地无限扩张，通过改变城市土地产权限制城市土地投机，从而创造一个经济与社会、人与自然相和谐的城市。在这一时期，规划编制与实施的基本目标已经形成，并提出协调私有产权与城市公共利益是规划得以实施的基本手段。继"田园城市"之后，"卫星城镇"、"柯布西耶理论"、"广亩城"、"邻里单位"、"有机疏散"、"理性主义规划"、"多元规划"等规划理论，都是要解决大城市的经济与社会问题而相继提出的。

因此，在这一时期，发达国家的城市规划编制与实施，不是仅仅简单解决局部的公共卫生、环境美化、居住改善等问题，而是演变为城市政府整体宏观管理调控和解决城市问题的主要手段，规划编制与实施机制上更多注重"理性"规划模式。

3. 大都市区蔓延日益突出，城乡对立日益尖锐

二战以后，在新技术革命的推动下，西方国家又进入一个黄金发展期，工业化逐步进入后期发展阶段，汽车与郊区别墅步入平民家庭，中产阶级逐渐形成，城市居民开始大规模迁往郊区，大都市区逐渐形成。但是，1980年代以后，随着越来越多的人迁向郊区，郊区无限制蔓延，带来大量土地被占用，社会的空间对立越来越尖锐化，大城市的内城区逐步走向经济与社会衰退。

随着工业化、城镇化的推进，大城市运行效率、居住适宜性、社会公正、大都市区蔓延、城市的全球竞争等新的城市与区域问题不断涌现。在城市规划领域，又陆续出现了"当代城市"、"倡导规划"、"公正理论"、"可持续规划思想"、"全球城"等多种新理念、新方法。

大都市区蔓延导致的各种城市区域问题，直接推进了发达国家城市规划编制与实施机制的创新，把问题、目标导向的建设性规划编制与实施机制推向倡导公正的政策规划编制与实施机制模式。

综上所述，欧美日发达资本主义国家城市宏观规划制度机制是在特定的工业化、城镇化过程中逐步探索形成的。既有国家基本制度方面的原因决定城市宏观规划制度机制的形成发展，也有随着工业化推进呈现的城镇化问题方面的原因影响城市宏观规划制度的完善提升。

第三节　城市宏观规划制度机制体系评价

一、功能类型体系分析

国外宏观层次规划的诞生晚于微观层次规划，由此决定了国外宏观层次规划酝酿于政府公共政策的环境氛围。所以，国外宏观层次规划的功能效用必须与微观层面的城市开发控制规划相互协调。由于各国社会经济背景的差异，国外宏观层次规划的功能作用可以归纳为公共政策导向型和法律政策导向型两种。

1. 公共政策导向型

公共政策导向型是指宏观层次规划由上级政府编制完成之后，主要通过公共政策引导性形式，结合上级政府的公共投资计划，对下级政府所辖区域的空间资源进行优化配置和宏观调控，进而发挥宏观层次规划的功能效用。公共政策导向型的宏观层次规划主要有美国的综合规划、德国的空间规划法等。

德国：大分散小集中的开发模式

疏密相间的空间开发格局。德国的人口密度较高，但各地的差异性很大，成片或单独的人口密集区与人口稀少的空间相区分，大体形成三种空间类型。中心空间由突出的几个较大的密切关联的城市化区域构成，以11%的领土面积聚集了49%和57%人口和从业人员。边缘空间远离大的中心区域，约占领土的60%和总人口的25%。二者之间的是过渡空间，占总领土的30%和人口的25%以上。由于采取大分散小集中的开发模式，德国的平均国土开发强度为12.8%，对自然环境的保护非常重视并行之有效。

完整的空间规划体系。德国的空间规划具有很典型的高度地方自治型特征，分为联邦、州、区域和地方四级规划。联邦政府负责确定空间开发利用规划的基本原则和大政方针，制定规划的总体框架，由交通—建筑和住房部与各州定期共同编制《空间发展报告》。州级空间规划是综合性的上位空间规划，包括空间结构和居民点结构，主要阐述州的城镇体系、工业发展重点、减负分流地点以及发展轴、开敞空间结构和开敞空间的保护。区域规划是跨行政区的，考虑地方对上位规划的接受程度，包含《州发展规划》中涉

及本地区的目标，还有一些具有跨地区意义的决定。地方政府（指城市和镇）制定具有法律约束力的土地利用规划和建设规划。❶

2. 法律政策导向型

法律政策导向型是指宏观层次规划由上级政府编制完成之后，主要通过政府法律法令政策强制性形式，对下级政府所辖区的空间资源进行优化配置和宏观调控，进而发挥宏观层次规划的功能效用。一般来说，城市宏观层次规划法律政策导向侧重于对国土开发基本原则性的规定和约束，不直接作为地方政府进行土地开发许可的依据，但对土地开发许可会产生直接的决定性的决策作用。法律政策导向型的宏观层次规划主要有新加坡的概念规划、英国的结构规划、日本的国土开发规划等。

新加坡概念规划

新加坡的城市规划主要由四个层次的规划组成：概念规划、发展指导蓝图、总体规划（实为分区规划）和城市设计。其概念规划是一个创新、弹性的规划形式，以城市发展面临的主要问题为规划导向，其主要作用是：确定城市的长期发展目标，提出城市发展的宏观框架和需要解决的问题，指导基础设施和公用设施建设，以及下一层次规划的编制❷；虽然概念规划不足以指导具体的开发建设，但对下一层次开发性规划编制具有强制性指导作用。1991 年新加坡对其第一个城市发展概念规划进行了调整，形成了 2000 年、2010 年和 X 年三个阶段的形态发展构架。其中 2001 年新加坡概念规划（The Concept Plan 2001）提出了 7 个方面的规划要点：在熟悉的地方建设新组屋；高楼城市生活更多的休闲选择；商业用地更加灵活；形成全球的商业金融中心；建设更加密集的轨道网络；更强调各地区的特色。

二、编制技术体系分析

纵观西方发达国家城市规划编制历程，在编制技术体系上大致可归纳为规划过程导向、综合理性导向、公共参与导向三大类。每一导向的发展都对城市宏观层次规划的编制理论与实践起到了重大推动作用。

1. 规划过程导向的编制技术体系

格迪斯(P. Geddes)的经典线性规划模式：调查—分析—规划方案—实

❶ 袁朱. 德国、法国、荷兰实施国土开发战略与规划的经验和启示 [N]. 中国经济导报，2011-6-24.

❷ 何安萍，夏杰. 2001 年度新加坡概念规划基本理念 [J]. 江苏城市规划，2009，(2).

施评价—新一轮修编—调查—…。这种模式的特点是将编制与实施按照时序递进的关系，分割成前后两个阶段，规划修编过程具有完全的可复制性，即下一轮的修编完全"克隆"上一轮修编的过程模式。[100]

连续性城市规划是伯兰奇（MelvilleC. Branch）于 1973 年提出来的有关城市规划过程的理论。他的立论论点在于对总体规划所注重的终极状态的批判。伯兰奇认为成功的城市规划应当是统一地考虑总体的和具体的、战略的和战术的、长远的和短期的、操作的和设计的、现在的和终极状态的等。❶[101]因此，对于规划而言，最为重要的是需要考虑今后几年的近期发展规划。从城市政府实施城市规划的财政能力出发来考虑规划的内容，是保证城市规划可操作性的关键[102]。

线性模式具有诸多优点，例如逻辑主线简单明确、规划易于组织、拥有完整的操作过程、规划方法具有普适性等特点。但是缺点也非常明显，由于规划实施的评价—反馈—修正重要环节没有建立动态的评价反馈体系，规划实施情况不能够迅速地得到有针对性的研究，导致规划与实施的脱节，因而很难把握规划修改时机与修改程度。连续性规划模式是对线性规划模式的改进和完善，重点强调近期、中期、远期不同方面因素对规划实施可操作性的影响，重点落实近期可预控的规划因素对城市空间发展的影响。[103]

另外，1959 年林德布罗姆从政策研究角度发表了《"得过且过"的科学》，认为对城市的分析和规划是不可能做到全面而综合的，尤其是在面对城市中多种多样的价值观和未来的不确定性的情况下。只有通过局部的和小范围的改进来处理城市整体问题。[104]虽然这一观点相对保守，但也对过程导向的编制技术体系发展提供了宝贵思想。

2. 综合理性导向的编制技术体系

规划编制与实施是紧密联系的，编制是实施的依据，实施是编制的基础。由于城市是典型的开放的复杂巨系统，具有复杂性、动态性、突变性特征，将规划的编制与实施理解为可复制的阶段性过程，是用理解元系统的简单性方法套用于复杂系统，显然是不可能成功的。解决开放的复杂巨系统问

---

❶ 伯兰奇所提出的连续性城市规划包含两个特别值得重视的部分。首先，他认为在对城市发展的预测中，应当明确区分城市中有些因素需要进行长期的规划，有些因素只要进行中期规划，而不是对所有的内容都进行统一的以 20 年为期的规划。其次，伯兰奇认为连续性城市规划注重从现在开始并不断向未来趋近的过程。长期规划不应当是制定出一个终极状态的图景，而是要表达出连续的行动所形成的产出，并且表达出这些产出在过去的根源以及从现在开始向未来不断延续的过程。编制长期规划如果不是从现在通过不断地向未来发展的过程中推导出来的话，那么，这样的规划在分析上是无效的，在实践上是站不住脚的。因此，对于规划而言，最为重要的是需要考虑今后的最近几年，将会发生的事对以后可能发生的事具有的深远影响，而未来的进一步发展是在此基础上的逐渐推进。

题，要采用"从定性到定量的综合集成"方法（钱学森），未来的城市总体规划过程，要从线性模式向基于系统论、控制论的系统规划程序模式转变：战略目标罗列—评价预测—方案比较—实施结果评价—反馈—目标修正—……。❶

综合理性导向的规划模式在 20 世纪前 60 年得到了快速发展，从 1905年格迪斯的调查—分析—规划编制的三阶段规划方法，发展到 1961 年芒福德的调查—评估—规划编制—接受审查、修改的四阶段规划方法，直至1969 年哈艾塔沃把规划视为"有关过程"的理论[105]，综合理性导向的规划模式初步实现了编制与实施一体化发展。

综合理性规划模式基本延续了英国发展规划和美国总体规划的思路，强调对城市作系统的整体分析，通过研究城市系统的组成要素及其结构，作为规划的依据或指导，综合性、长期性和总体性是综合规划的基本特点和最基本的要素。综合理性规划模式与线性规划模式在处理编制与实施关系上的最大区别在于编制与实施不是两个递进阶段，而是两个平行而又密切相关的过程。规划编制是动态的，规划实施和实施评价也是动态的，这样的系统能够及时地互相矫正、反馈，从而实现编制与实施的动态一体化互动。总体来说，综合理性规划模式的规划编制过于复杂，由于忽视了行政权力、社会价值、组织制度等因素影响，而这些因素又影响或者支配规划过程，导致规划实施过程中的结构性变革非常困难，进而影响规划编制和实施效能。[106]

另外，1967 年爱采尼发表《混合审视：第三种决策方法》，不像综合规划方法那样对领域内的所有部分都进行全面而详细的检测，而只是对研究领域中的某些部分进行非常详细的检测，而对其他部分进行非常简略的观察以获得一个概略的、大体的认识；它也不像分离渐进规划那样只关注当前面对的问题，而是从整体的框架中去寻找解决当前问题，使对不同问题的解决能够相互协同，共同实现整体的目标。运用混合审视方法的关键在于确定不同审视的层次：最为概略的层次和最为详细的层次，主要由基本决策和项目决策两部分组成。其中，最概略的层次要保证主要的选择方案不被遗漏，主要是整体性的战略性的基本决策；最详细的层次应保证被选择的方案是能够进行全面研究的，主要是微观的项目决策。[107]爱采尼的混合审视决策方法既是对规划过程导向的改进，也是对综合理性导向的完善，对后来的城市宏观规划编制发展发挥了重大影响作用。

---

❶ B. McLoughlin, G. Chadwick, A. Wilsom 提出的三种概念是这类模式的代表. Hall. P. Urban and Regional Planning, third edition[M]. Routledge, 1992:231.

理性的综合城市规划模式及综合城市规划的失败

综合规划模式诞生于 19 世纪末、20 世纪初，盛行于 20 世纪前 60 年，分别在大萧条时期和二战后的一二十年内迎来了两个鼎盛时期。

（1）综合城市规划模式

综合城市规划的核心思想是"理性"。综合规划的理性首先表现在决策的程序上，即采用先确定目标、定义问题，然后寻找解决问题的多种方案，并对各种方案进行评估，最后得出解决问题的最佳方案。其次，表现在思考问题的方法上，即在解决特定问题时要考虑与其有关的方方面面，也即是采用"综合"的方法。再次，理性隐含了"规划师价值中立"，即规划师利用专业化的科学知识，制定规划方案，规划师不对特定的社会阶层负责，规划师代表的是"公共利益"。

综合规划具有三个特点。第一，它是物质规划。综合规划主要通过指导城市空间的发展，来得到广泛的社会目标。第二，综合性。综合性一方面体现在它是一个完整的城市的规划，不只是考虑城市社区的一个部分；另一方面指它包括城市的土地利用、住房、交通、公用事业、娱乐等方面，而且更关注这些方面的综合协调。第三，长期性。综合规划一般都是 5 年以上的规划，甚至是 20 年、30 年的规划。❶

（2）芒福德的调查—评估—规划编制—接受审查、修改的四阶段规划理论方法

芒福德认为，真正的规划并不是随意地展示现实，而是要弄清现实，牢牢地抓住所有能够使各种地理、经济实际适应于人类意图的各种必要因素。为此，规划应分为四个阶段：

第一阶段，调查。这是用第一手的实地观察和系统地搜集实情来揭示地区内所有各种有关数据的重要手段。即使地理常数随着时间的推移有这样或那样的一点变化，和绘制基本地形图一样，也有必要进行历史变迁的调查。用地图、统计图和照片来整理和表现这些数据，是避免思想混乱、观察片面以及因证据不足而形成的错误概念的重要辅助手段。

第二阶段，评估。根据社会理想和目标有分析地列出各种需要和措施。他认为规划不仅要通过调查使资源、措施和建设程序形象化；它还要求对现行的社会准则进行认真的排序和审查。

第三阶段，编制规划方案。根据已知的现实、看到的趋势、估计的需要和认真罗列的目标，就呈现出一幅生活的新景象。

---

❶ 史舸，吴志强，孙雅楠. 城市规划理论类型划分的研究综述 ［J］. 国际城市规划，2009，
(1)：52-59.

第四阶段，实施。调查、评估和编制规划方案这三个阶段只不过是序幕，还必须有一个最后阶段，那就是要让社区理智地接受规划方案，并转化为相应的、政治经济部门的行动。规划方案必须允许作进一步的调整。不给修改留出路的规划只能比无目的的经验主义稍有一点秩序。更新、灵活、调节是所有有机规划的基本属性❶。

（3）综合城市规划权力的扩张以及综合城市规划的失败

综合城市规划经过两次世界大战后至20世纪60年代，已经发展成比较宏大的理论体系和工作方法。规划的方法从静态发展到动态的互动过程；规划的范围从土地利用，扩展到经济、社会、管理，甚至政治等领域；规划的深度向微观和宏观两个层次扩展；规划的空间范围也从城市扩展到区域，乃至国家；规划的时间维度也从过去的终极的发展蓝图模式，发展到动态的实时监控的规划模式；规划的价值取向从美学价值，扩展到功能价值、社会价值以及经济价值；规划的维度从土地利用，发展到经济、社会以及管理的维度，并建立了从地方到区域、中央的庞大的规划官僚体系。随着综合规划权力和范围的扩张，规划逐步取代了市场对空间配置的作用。同时，规划失败现象也凸现出来。

由于强调规划的理性和综合性，从规划调查，到规划研究、规划编制、规划的公共审查，直至规划的批准，是一个"长耗时"的过程。在英格兰，规划编制的平均耗时约五年半。规划编制的"复杂性"与"长耗时性"使得地方社区对规划失去了信心。由于规划从中观的城市空间向宏观和微观两个层次纵深发展，并发展了一套规模庞大的以规划项目审批与审查为主要工作内容的规划官僚体系，使得规划丧失了灵活性，难以应对瞬息万变的市场。在实践中，由于规划师和规划部门本身并不掌握实施宏大的综合规划的资源，规划经常与掌握开发资源的开发商之间脱节，规划的"资源约束"使得综合规划难以有效地执行，这加剧了人们对规划的不信任。由于综合规划涉及许多垂直的和水平的相关部门，"协调失败"是规划工作的常见现象。此外，规划师在改造城市物质环境中也暴露出许多不尽人意的地方，功能分区不仅没有解决城市问题，而且增加了城市通勤，丧失了社区的多样性。20世纪60年代后，学者们的反规划呼声也越来越高，雅各布斯反对传统的理性的综合规划方法，主张建立一种自我批评的和渐进主义的规划方法；查尔斯王子谴责现代城市规划毁掉了传统的城市社区，代之没有灵魂的、机械的城市环境；后现代主义者文丘里指出"我宁愿要世世代代相传的东西，也不

---

❶ 金经元. 芒福德和他的学术思想［J］. 国际城市规划，2009.

要经过设计的"。❶

3. 多元价值导向的编制技术体系

倡导规划模式是多元价值导向编制技术体系的典型代表。理性的技术必须有社会性的决策过程作为保障。戴维多夫（Davidoff）认为应将城市规划作为一种社会服务提供给大家，通过吸取社会各阶层、各利益集团的意见进行平衡，从而达成一个大家共同遵守的"契约"，获得了社会普遍认可后，再通过舆论宣传、政府和立法干预，引导社会向新的社会价值准则和行为方式转移，从而达到对整个社会环境质量的改善。

因此，戴维多夫的倡导规划模式，是典型的公共政策导向的规划编制与实施关系的反映。规划编制不应该以一种价值观压抑其他多种价值观，而是应该为多种价值观的体现提供可能，规划师要表达不同的价值判断并为不同的利益团体提供技术帮助。规划实施要融入广大公众的决策意见，并成为规划行动的组成部分。倡导规划理论所倡导的规划方式深刻地体现了城市规划越来越不仅仅是一个理想、一种技术、一门科学，而更应当是一种覆盖全部社会团体、覆盖全部城市知识领域的社会政治行为了。[108]

倡导性规划（advocacy planning）的理论

20 世纪 60 年代初期，美国掀起了一系列民主、民权运动，充满了政治多元化的空气。在现实生活中，美国社会底层（grass root）的需求不能得到重视，城市又面临着"更新计划"的大面积动迁。为了使城市规划接受社会价值观的影响，并使其与社会价值观保持一致，以便规划师能更客观、中立地对待城市各种问题，在多元思想的影响下，戴维多夫和 Reiner 于 1962 年提出了"规划选择理论"（A Choice Theory of Planning）：在对不同价值观的矛盾进行讨论的基础上，运用其多元主义的思想体系，将选择的决定权推给社会，规划师就是要提供尽可能多的方案供社会选择。之后，戴维多夫于 1965 年确立了其倡导性规划（advocacy planning）的理论，促进了城市规划师有意识接受并运用多种价值判断，以此来保证某些团体和组织的利益，从而担当起社会利益代言人的职责。

鉴于对城市规划行为日益与社会生活和政治权利紧密结合的共识，戴维多夫指出了传统理性规划对平等和公正的严重忽视：公众利益的日益分化使任何人都不能宣称代表整个社会的需求，"精英"式的规划并未将注意力放

❶ 易华，诸大建. 学科交叉以人为本制度创新——中国城市规划学科发展论坛观点综述 [J], 规划师，2005，(2)：24-26.

在对复杂的城市社会的认识上，规划的技术理论体系缺少民主政体和民主决策机制作为保障。❶

三、编制事权体系分析

自 20 世纪 60 年代以来，城市规划已经将规划理念从规划图（Plan 和 Plans）的编制转向对规划过程（Planning）的重视，认为规划的关键在于规划的实施（Hall，1992）[109]。因为规划理念的转变，促使规划师编制规划必须考虑更多的不同社会阶层利益，真正体现规划师的公共代表性，由此引发了国外城市规划编制事权体制的改革，逐步构建了适应公共利益机制的规划编制事权体系。纵观国外编制事权演变过程，可以归纳为政府主导型和立法主导型两种编制事权体系。

1. 政府主导型

政府主导型的规划编制事权体系指在立法机构的授权下规划编制核心事权由政府掌握，规划编制倡导权、组织权、协调权等都由政府控制；但是，在立法机构的授权下又给广大公众、社会团体等注入了规划编制过程中的参与权、监督权、知情权等程序化事权机制。因此，政府主导型的规划编制事权体系主要以市场调控和干预理论为基础，以公共利益为出发点，以一系列主动性的行动实现其规划目标，强调宏观调控与规划引导，强调城市发展的全局谋划，强调规划行动的可实现性和可操作性。譬如英国、新加坡、日本和我国香港特别行政区等都是典型的政府主导型的规划编制事权体系。

以新加坡为例：

由于历史原因，新加坡的城市规划体系明显地受到英国影响。作为一个城市国家，新加坡面临着国土狭小和资源匮乏的特定制约，政府在土地资源配置方面起着绝对的主导作用。规划工作由国家发展部（Ministry of National Development 简称 MND）统一领导管理。国家发展部是城市规划、市区建设、公共工程等的主管部门，负责制定土地使用、公众房屋、公共设施、市区再发展、公园设施以及主要生产行业等领域内的长期规划，通过合理的远期规划来建设发展新加坡，使新加坡成为一座独具特色的现代化城市。办事机构是规划局（1960 年成立），并设有总体规划协调委员会，主要任务是：预测人口发展，制定战略规划，草拟和修改总体规划，审批政府部门及法定机构提出的发展图，检查落实规划法令等。具体职能部门是城市重建局（Urban Redevelopment Authority），具体任务是规划、管理和实施新加坡中心区域的综合重建。

---

❶ 杨帆. 让更多的人参与城市规划——倡导规划的启示［J］. 建筑论坛，2005.

地方政府（town councils）不具有规划职能。规划法授权国家发展部部长行使与规划有关的各种权力，包括制定规划法的实施条例和细则、任命规划机构的主管官员、审批总体规划、受理规划上诉、直接审批开发申请。从而，国家可以对规划体系进行高度整合，建立职责清晰、有序衔接的规划体系，避免各级规划部门之间相互交错甚至彼此矛盾的局面❶。

2. 立法主导型

立法主导型的规划事权体系指立法机构充分尊重不同社会团体、公众、企业、个人等的利益，规划编制核心事权由立法机构规定的相关法律条文掌握，政府没有充足的规划编制倡导权、组织权、协调权等；并且在规划编制过程中，在立法机构的授权下充分注入了市场机制、公众机制、公平机制等程序化事权体系，充分体现规划的民主性和公众性。立法主导型的规划编制体系以自由市场主义理论为基础，从保障不同社会阶层利益为出发点，强调规划规则和程序的建立，强调城市发展中的市场选择，以完善的法律体系和程序规则保障规划目标的实现，强调规划行动的规则性和程序化。譬如美国（见图 4-2）、德国等都是典型的立法主导型的规划编制事权体系。

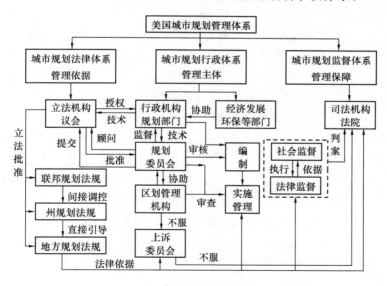

图 4-2 美国城市规划管理体系运作机制框架分解图

四、实施事权体系分析

目前，国外的微观层次的城市开发控制规划的实施事权体系主要有通则

---

❶ 武文霞等. 新加坡政府在城市规划中的作用及启示 [J]. 东南亚纵横，2010，3.

式和判例式两种模式。然而，国外宏观层次规划实施事权体系是战略性规划对实施性规划的对接，是上级政府意志对下级政府的传达，国外宏观层次规划实施事权体系的建立涉及上下级政府之间的事权明晰，涉及地方区域的发展利益。因此，国家政治结构制度直接决定了宏观层次规划实施事权体系的构建。总的来说，可以归纳为审批核查和投资引导两种实施事权体制。

1. 审批核查事权体制

审批核查事权体制主要是针对构成国家城市规划概念体系的国家或地区，在立法机构授权上级政府能依法干预下级政府规划的情况下，通过立法授权要求下级政府编制本地城市规划必须申报上级政府进行规划成果核查，通过行使对地方规划审批、审查、核查、监督的实施权力，掌控国家区域建设资金分配权力等途径，建立相应的法定程序化机制，以保障宏观层次规划的实施，维护区域利益的综合平衡和区域协调发展。譬如法国、新加坡等。

以法国为例：

法国是一个高度中央集权的国家，历史上就形成了国家干预的传统（17世纪建立了建筑红线制度）。法国行政体系为国家、地区、省、市政四级，而"区"则是作为经济规划区（Economic Planning Districts）于1952年广泛设立的。从中央至各级政府都建立了由上至下紧密制约的规划机构。中央政府在各省政府中任命了专项负责规划的官员，他们有多重职责，既可作为中央政府的代表行使规划权力，又可作为地方公务员负责某些规划方面的领导工作，同时又兼任地方规划部门的专业顾问，全面监督各省的规划和开发控制工作。而省和中央政府则控制了城镇、区域建设大部分的资金分配权力。1959年以来国家有计划地在全国300多个市镇间设置了若干个辛迪加（syndicate）式的联合委员会，政府在各主要稽核城市地区设有区域研究协会（Regional Research Institute，RPI），因而中央政府、地区的整体规划观念基本可以得到层层的落实，从而有可能并实施诸如全国范围内的"平衡性大都市"规划（1965）以及对以巴黎为中心的城镇密集群体空间的轴向切线分解发展规划（1965），1979年和1980年又对此方案作过两次修订（孙坦，2000；唐子来等，2001）。❶

2. 投资引导事权体制

投资引导事权体制主要是针对不构成国家城市规划概念体系的国家或地

---

❶　中国城市规划设计研究院.《全国城镇体系规划》的专题研究报告《国外国家级城市规划编制与实施研究》，2006.

区，在国家宪法未授权上级政府干预下级政府规划公共事务的情况下，上级政府通过公共基础设施投资计划（CIP）和区域发展基金等投资引导的形式，在此基础上附加相应的规划条件，通过行使上级政府的财税经济支配事权和公共投资建设事权等途径，促进宏观层次规划的实施，达到解决区域问题、城市问题的目标。譬如美国。

以美国为例：

美国由于实行联邦制，中央对地方的管理权限很小。美国政府对城镇及城镇群体的发展几乎没有主动性的调控权力和规划权力，规划权力被下放给州政府，而州政府又将规划权力下放给州以下的各级自治机构。因此，美国政府对规划的控制是非常有限的，基本不编制区域性的规划，也没有统管各州和地方政府规划的国家规划，联邦政府在国内事务上的权力和影响主要是通过联邦基金的分配、引导来实现的（方创琳，2000；张京祥等，2002）。

虽然美国并不存在明确的区域规划，但有类似区域规划的文件法律或政策。譬如跨州的"区域规划"是规定全国大的公共工程，向州级政府发放补助资金，制定法律和规章，管理资源的开发利用和保护，环境评价与保护重大项目的技术援助，作为联邦政府的桥梁，其发挥了间接干预州级规划的作用。州级"区域规划"是调整本州的经济结构，协调对本州社会经济发展产生影响的各种矛盾。县级"区域规划"主要是实施州级规划的具体项目、措施和管理系统。

近些年来，美国政府有意识地强化政府的调控作用，提出"增长管理"的概念：在区域内跨行政区之间强调资源共享、功能互补、义务共担。针对区域的不受节制的无序发展，近年来政府鼓励建立各种各样的跨行政区的联合大都市协调管理机制，通过联邦基金的调配增加政府的调控能力，譬如规定：为了获得联邦的公路资金，地方区域必须做出一个综合性的规划。❶

3. 兼有审批核查与投资引导事权体制

对于审批核查事权与投资引导事权兼有的实施体制，主要针对国家立法授权既能够实行规划的统一干预，又能够掌控国家区域建设资金分配事权的国家或地区，主要有英国、德国、丹麦、意大利等。这些国家既拥有较强的中央政府，地方政府又有较大的自治权，但中央政府通过多种方式鼓励、帮助形成跨城镇的大区领导机构解决区域发展中出现的共同问题。中央政府对地方规划具

---

❶ 中国城市规划设计研究院.《全国城镇体系规划》专题研究报告《国外国家级城市规划编制与实施研究》，2006.

有一定的指导权，并在法律、政策、经济等多方面进行调控（见表4-1）。

以英国为例：

英国环境部是国家的规划管理部门。英国的城市规划包括三个层次：结构规划（Structure Plan）、地方详细规划（Local Plan）、单一开发规划（U-nitary Development Plan）。结构规划由郡规划局编制，但必须提交中央环境事务大臣批准方能生效，而在大都市地区还必须编制统一的发展规划。结构规划重点研究环境敏感区、历史重要地区和待开发地区资源开发利用和工业合理布局等问题，地方当局再具体制定地区行动规划（方创琳，2000；张京祥，2002；许莉俊，2000）。

国外主要发达国家规划编制与实施体系对比分析表　　　　　　　表 4-1

国家	规划事权体系	规划编制体系
美国	联邦政府：联邦政府在城市和住宅领域没有直接参与的法律基础，它参与城市规划相关活动的手段就是一些间接性的财政方式。 州政府：在州政府下设立了各级地方政府。地方政府拥有固定的自治权。一般而言，城市管理由立法机构、规划委员会、规划部门、区划管理机构和上诉委员会构成	综合规划、土地区划（zoning）
日本	中央政府规划职能：编制国土利用规划和审批城市规划；通过财政拨款促进各地区之间共同发展；设置了各种基金开发公司直接参与大型基础设施建设和大规模城市开发计划。 地方政府规划职能：根据城市规划法（1968年）的规划权限下放原则，地方政府的规划职能得到加强。都道府县政府负责具有区域影响的规划事务，包括城市规划区中城市化促进地域和城市化控制地域的划分、25万或25万以上人口城市的土地使用区划等；区市町村政府负责与市利益直接相关的规划事务，包括25万人口以下城市的土地使用区划和各个城市的地区规划，跨越行政范围的规划事务则由上级政府进行协调	土地使用规划、城市公共设施规划、城市开发计划。其中城市土地使用规划分为地域划分、区划制度和街区规划三个层面
德国	城市规划属于地方自治事务，各州的城市规划组织结构均有差异。联邦政府颁布的建设法规范约束了镇区地方政府在城市规划方面的行为。建设法规定可以发布禁止改建的命令和建设申请的搁置	建设法分为一般城市建设法和特殊城市建设法。一般城市建设法的主要法律手段是建设指导规划，预备性建设指导规划（土地利用规划）和约束性建设指导规划（建设规划）的两个部分

国家	规划事权体系	规划编制体系
英国	英国的地方议会没有规划立法职能,这是与中央集权的行政系统相一致。英国中央政府的规划主管部门不仅审批结构规划和受理规划上诉,并且有权干预地方发展规划和开发控制	英国的发展规划由战略性的结构规划和实施性的地方规划构成二级体系。结构规划需要上报中央政府批准,地方规划则是开发控制的主要依据
新加坡	中央政府在公共管理事务中起着主导作用。国家发展部主管形态发展和规划,具体执行部门是城市重建局。规划法授权国家发展部部长行使与规划有关的各种职能,包括制定规划法的实施条例和细则,任命规划机构的主管官员、审批总体规划、受理上诉、审批开发申请。城市重建局负责发展规划、开发控制、旧城改造和历史保护的规划机构。城市重建局的最高行政主管是总规划师。除了各个职能部门以外,还设置两个委员会,分别是总体规划委员会和开发控制委员会。地区政府不具有规划职能	概念规划、土地开发规划

第四节　借　鉴　与　启　示

综上所述,无论是哪种模式反映城市总体规划编制与实施之间的关系,未来城市总体规划的编制与实施的互动一体化,将要在全新的市场环境、高度的城市人文文明与空间资源稀缺背景下进行。

首先城市宏观规划制度机制建设不应仅仅是规划部门的职责,而是规划部门协同各部门、社会各团体、民众共同开展,编制与实施、监督是在更广阔社会结构范围内的一体化。其次,编制和实施、监督实现互动发展的关键,要能够有共同"语言",即两者都是政策,只是前者是制定政策,后者则是根据实际情况,将政策转化为管理、服务、调控,付诸实践,其中技术性政策向事权性政策的转化过程尤为重要。再次,编制与实施、监督的互动要有制度保障,尤其是在法律框架下,建立互动规划体系、规划行政体系(即将编制成果转化为实施过程)与制度性评价反馈体系。所以,综合概括为以下几点借鉴与启示:

一、促进规划编制与实施的法制化

西方国家城市规划发展历史表明,法制化一直是城市规划演变的基本途径。规划制度机制建设从城市行政性事务走向法制化轨道，也是近现代城市规划形成的标志。

虽然我国规划制度机制已经步入法制化轨道，但是，尚未形成较为完善的规划编制、实施、监督、管理的法规体制，且法制化轨道进程的规划事权尚未明晰。因此，促进规划制度机制的法制化是我国城市规划的一项长期艰巨的任务。

二、形成适合国情的规划事权机制

西方发达国家的规划制度机制是架构在明晰的事权结构基础上，进而保障了规划的编制、实施、监督。

当前我国城市总体规划的大部分事权高度集中在行政机构、上级政府，中央与地方、部门之间、区域之间的规划编制与实施、监督事权机制尚未清晰，进而出现了规划实施管理法律责任不清晰，存在许多规划真空或者复杂的规划纠纷。因此，形成适合我国国情的规划事权机制是当前规划体制改革的当务之急。

从我国现实情况来看，城市规划制度机制也在不断调整以适应城市发展需求，但是，当前我国城市规划已经发展到规划编制与实施、监督事权明晰化的关键时期，决定了城市规划编制体系、行政体系与法规体系的事权架构应有高效协调机制。因此，对于宏观层次规划，我国应该以事权为线索，整合城镇体系规划、城市总体规划以及其他相关宏观规划之间的编制技术内容与实施监督空间事权，以适应当前我国政府管理体制。

三、推动规划过程的多元协作和公众参与

迄今为止，西方国家经过政府、市场与公众三方力量的不断博弈，已经形成了几种比较有效的实现途径，譬如促进政府合作、加强规划对经营者的吸引力、推进公众参与等。因此，包括城市总体规划在内的我国城市规划编制与实施、监督过程，也要走向开放、多元的公众参与与政府协作，适应市场经济发展与政治管理体制改革，逐步扩大规划过程中公民的有序参与，加强规划民意基础与公众监督。

第五章 中国城市总体规划制度机制演变

第一节 城市总体规划制度历史演变

一、新中国建国以前

1. 封建礼制时期

在封建君主专政制度的影响下，我国古代的城市建设主要为封建朝廷政府服务，体现权力等级和军事防御支配城市总体布局标准。受封建社会等级制度的深刻影响，在周朝就形成了以《周礼·考工记》为核心的城市建设布局总体原则，重点体现了反映封建社会等级制度的城市规划编制技术体系；即使在后来的管子的天地合一理念、隋唐的里坊制理念、北宋的街巷制理念等都未突破封建社会最为核心的社会等级制度的空间反映。唐代工部郎中、员外郎"掌经营兴造之众务，凡城池之修浚，土木之缮葺，工匠之程式，咸经度之"，府县衙门分别设置工科、工房，掌水利、起盖城池、衙门、仓库等，具体执行朝廷各项建设政令。后来历代朝廷政府沿袭之。为此城市建设规划主要由朝廷的工部、府县的工科、工房负责。因此，中国古代城市总体建设规划的编制制度强调整体观念和严格有序的等级制度，实施制度强调朝廷政府专政主导，这在古代城市规划实施与建设实践中得到了充分的体现。

我国封建社会城市建设布局理念演变❶❷

我国拥有五千年的文明史，城市发展的历史也极为悠久。在公元前21世纪的夏王朝，就已经出现了一些具备城市雏形特征的居民点，最早的城市大约形成在公元前15世纪。西周王朝结束了游牧生活，形成了我国较为完整的社会等级制度和宗教礼法关系，陆续兴建了许多城市。这是中国历史上第一次有明确记载的城市总体建设规划编制并付诸实施的事件。

---

❶ 资料来源于《中国地理与资源文摘——社会、经济地理》，2006，（3）：40-61.

❷ 马继武. 中国古城选址及布局思想和实践对当今城市规划的启示. 上海城市规划，2007，（5）：21-25.

周王朝的城市建设拥有明确的规划原则。除考虑居住、防卫、生产等功能外，最为突出的是强调对社会关系的重视，要求城市建设布局能够强化"礼法"，即家庭和社会制度的宗法关系和伦理纲常。城市建设的基本空间布局原则、土地利用结构乃至不同等级城镇的建设方法都已经形成。《周礼·考工记》记述了关于周代王城建设的制度："匠人营国，方九里，旁三门。国中九经九纬，九涂九贵。左祖右社，前朝后市，市朝一夫"。《周礼·考工记》书中还记述了按照封建等级，不同级别的城市，如"周王朝"、"诸侯城"和"卿大夫都"在用地面积、道路宽度、城门数目、城墙高度等方面的级别差异，还有关于城市的郊、田、林、牧地的相关关系的论述。周王朝的城市建设活动奠定了我国古代城市建设规划的基础，是中国古代城市规划最早形成的时代。

战国时代，周天子的统治权威逐渐弱化，各地诸侯势力日趋强大，"礼崩乐坏"，《周礼》的城市规划思想受到挑战，出现了多种城市规划布局模式。《管子》是这一时期具有革命性的著作，它打破了单一的周制布局，从城市功能出发，确立了城市总体建设规划编制实施的理性思维准则，以及要实现与自然环境和谐发展的准则。《管子》认为城市选址"高勿近阜而水用足，低勿近水而沟防省"，城市建设"因天材，就地利，故城郭不必中规矩，道路不必中准绳"。如果说《周礼》是后世城市总体建设规划的第一准则，那么，《管子》就是第二准则。

在后世的各个王朝，我国城市建设规划不断发展。秦代发展了"相天法地"的神秘主义；曹魏邺城采用城市功能分区的布局方法；南北朝时期佛教、道教思想突破儒教礼制理论一统天下的格局，于隋唐确立里坊制度；北宋出现开放的街巷制；元代建设出现我国古代规划思想集大成的元大都，并由此延续到明清两朝。

2. 半封建半殖民地时期

鸦片战争以后，封建社会经济开始逐渐解体，半殖民地半封建社会逐渐形成，这种变化必然使原有城市发生不同内容和不同形式的发展。在约一个世纪的半封建半殖民地时期，我国城市规划制度机制建设基本处于停滞阶段，主要受西方列强影响的沿海、沿江、沿重要交通干线的城市引入了西方列强国的城市规划布局理念，譬如长春、青岛、大连、上海等。这些城市一般在西方列强的强制下成立了市政公用管委会或城市建设局等类似建设管理部门，具体负责城市规划的编制和实施。在编制技术上，主要引入了西方理性综合规划模式的编制过程方法；在编制和实施事权上，主要由西方列强掌控，地方城市政府无权干涉，仅有配合参与权力。

近代长春大新京都市计划案例分析

长春市的近代化建设是伴随着城市的殖民地化而实现的。1932年3月，南满铁道株式会社（简称"满铁"）经济调查会开始编制"新京"城市规划，随后成立的伪满国务院直属"国都建设局"承担了从"制定到实施规划的全部任务"。1932年11月，在关东军参谋长小矶国昭和副参谋长冈村宁次的主持下，伪国都建设局在借鉴19世纪巴黎改造规划、英国学者霍华德的"田园城市"理论，以及20世纪20年代美国的城市规划设计理论和中国传统城市规划理论基础上，制定出《大新京都市计划》，并由日本关东军司令部批准。这是中国第一个系统的城市规划方案，第一个完全由外国人设计的规划方案。

这份由日本城市规划专家设计、风格接近澳大利亚首都堪培拉的《大新京都市计划》，其规划控制区域为200平方公里，并以100平方公里为建设区域，其中原有建成区域为21平方公里，第一期5年建设区域为20平方公里，规划人口为50万。在规划中，道路系统采用直角交叉与方格状结合，设置环岛广场，加宽道路设计，绿化带结合公园形成绿化系统。

1941年，太平洋战争爆发，因财力紧张，"新京"城市建设的脚步也随之放慢。1945年，伪满洲国垮台，《大新京都市计划》终结。❶

在西方殖民国家城市规划制度渗透和影响下，清政府于1909年颁布了《城镇乡地方自治章程》，第一次从行政管理上将"城"和"乡"区分设置，标志我国城市建制的开端。1911年民国建立后，市政机构的设置逐渐形成。1921年7月北洋政府颁布《市自治制》，同年9月颁布《市自治施行细则》，这是我国第一个由中央政府颁布的关于市制的正式文件。其中，以西方"自治城市"的概念为核心，强调在城市行政体制中立法和行政的分离和制约，提出"自治公所"、"自治会"、"参事会"、"法人"等一系列新理念。[55]根据这一城市建设体制，城市规划编制与实施主要由市政公所负责，但需要市自治会、市参事会决议通过批准。总体来说，民国时期的38年中我国城市规划制度机制建设已开始起步，但由于脱离中国国情，完全照搬西方模式，未得以快速发展。

民国时期的《市自治制》及北京城市管理制度

市自治会职权是：议决市公约；议决市内应兴应革及整理事项；议决以市经费筹办之自治事务；议决市经费之预算及决算；议决市自治税规费使用之征收；议决市之募集公债及其他有负担之契约；议决市之不动产买卖及其

---

❶ 张俊峰，杜俐. 长春"满洲式"建筑遗存述论［J］. 建筑文化，2010，(10).

他处理事项；议决市之财产、修造、公共设备之经营及处理。

市长职权是：执行市自治会议决事项；办理市自治会选举事宜；提出议案于市自治会，但特别市须经市参事会之议决；管理或监督市之财产、修造及公共设备；管理市之收入与支出；依法令及自治会之议决，征收市自治会及其他规定费用。

市参事会职权是：议决市自治会之议案；议决市自治会所委托之事项；议定市规则；议决其他依法令属于市参事会之事项。❶

北京是最早建立近代市政管理的城市。清末时期，在京城设置内外巡警总厅，负责道路交通、市政工程、保养路桥沟渠等，是向近代化迈出的第一步。1914年，设立京都市政公所，朱启钤兼任督办。主要管理都城市政，统辖市政职权，负责北京的规划与建设、经费筹措、卫生行政等。成立之初，测绘市区道路、沟渠；贯通道路，修整城垣；开放皇宫苑圃；改良城市卫生环境等。北京城市面貌发生深刻变化。市捐局开征市建捐税，每年百万元，为市政建设提供经费来源。

北京近代城市管理体制的主要特点是：借鉴西方城市理念，形成自治会、市政公所、参事会互相制约、互相协作的三驾马车，对近代城市发展起到积极的作用。❷

二、新中国建国以后

新中国建国以后，我国先后经历了五次较大规模的城市总体规划修编，相应的城市规划制度机制建设也经历了三次调整和修订。

1. 改革开放之前

新中国建国之后，我国城市发展建设百废待兴，原来民国时期的城市规划制度机制已不能适应新中国城市建设总体要求。1952年9月，新中国第一次城市建设座谈会召开，会议决定建立健全从中央到地方的城市建设管理机构，要求制定城市远景发展的总体规划，规划内容参照《中华人民共和国编制城市规划设计与修建设计程序（初稿）》。这标志着中国的现代城市总体规划工作在政府主持下正式系统地开展起来。

在这一发展阶段，新中国城市总体规划制度机制建设处于起步时期，编制技术主要沿用了苏联"地域生产综合体"的城市总体规划理论，重点强调重点企业的生产配套和生活配套建设，初步尝试了理性综合规划模式。编制

---

❶ 张静如. 北洋时期社会 [M]. 北京：中国人民大学出版社，1994.

❷ 孙希磊. 民国时期北京城市管理制度与市政建设 [J]. 北京建筑工程学院学报，2009，(3)：52-54.

和实施事权强调地方政府编制主导、国家投资引导的事权体制，兼有审批核查和投资引导的双重特点。由于新中国城市规划制度机制处于摸索阶段，第一阶段的城市规划体系尚未建立，所以城市总体规划往往直接作为城市建设审批依据，城市建设主管部门负责城市总体规划实施。另外，由于我国是高度计划经济体制，所以城市总体规划所确定的建设目标基本能够实现。新中国第一次城市总体规划主要是为国家156个重点建设项目以及后续的国家地方重大项目落位而服务，在规划方法上照搬了苏联的模式。这次规划编制主要解决了新中国城市总体规划编制和实施的"有无"问题。

建国后至改革开放之前的城市规划演变事件

"一五"时期（1953～1957），我国总体规划实践体系逐渐形成，开展了第一轮大规模总体规划编制。一是规范城市规划的行政机构，1953年中共中央要求建立健全各大区及工业城市的城市建设局（处、委员会），1956年成立城市建设部，内设城市规划局，专门负责城市规划技术与政策工作。1955年，国务院颁布设置市、镇建制的决定。二是总体规划的编制与实施有了法律依据，1956年国家建委颁发了第一部城市规划立法——《城市规划编制暂行办法》，详细规定了总体规划及其他规划的内容及设计文件、协议的编订办法，国务院还颁布了另一部有关规划实施的重要法规——《国家基本建设征用土地办法》。三是大规模开展了总体规划的实践工作。"一五"期间全国共计有150多个城市编制规划，国家先后批准了西安、兰州等15个城市的总体规划，这一时期的总体规划编制实施承袭了西方1950年代以前的综合理性规划模式，强调以加强城市生产生活设施配套建设为重点，拟定与实施城市发展的理想目标。

1958年7月，在青岛召开了全国城市规划工作座谈会，会议总结交流了各地建国近十年来的经验。但随之而来的"大跃进"运动，使青岛会议上的一些正确认识未能得以推行。从1958年开始，国家各项事业历经艰难，城市总体规划工作也一波三折。"大跃进"时期，许多省会和部分大中城市修订总体规划，盲目扩大规模，大量征用土地，造成极大的资源浪费，城市发展失控。1960年却又草率宣布"三年不搞城市规划"，规划机构被撤销，规划人员精简，从此，尽管在1962～1963年、1972～1974年等短暂时期内，城市规划工作有不同程度的恢复，但是直至改革开放，总体规划工作基本上一直陷于停顿状态。❶

---

❶　全国城市规划执业制度管理委员会. 城市规划管理与法规［M］. 北京：中国计划出版社，2011.

1971 年 11 月，国家建委召开了城市建设座谈会，桂林、南宁、广州、沈阳、乌鲁木齐等城市的规划工作先后开展了起来。到 1972 年 12 月，国家建委设立了城市建设局，统一指导和管理城市规划、城市建设工作，并于 1973 年 9 月在合肥召开了城市规划座谈会，这是自 1960 年桂林城市规划座谈会后的又一次城市规划座谈会，这次会议讨论了《关于加强城市规划工作的意见》、《关于编制与审批城市规划工作的暂行规定》、《城市规划居住区用地控制指标》三个文件，对全国城市规划及管理工作是一次有力的鼓舞和推动，会后西安、广州、天津、邢台等城市陆续开展规划工作，不少城市开始成立了城市规划管理机构，多年来被废弛的城市规划编制和管理工作开始出现转机和复苏，如天津市在 1973 年 6 月成立了规划设计管理局。在城市规划实施管理方面，各城市虽然能够逐渐按照有关规定进行管理，但并未完全纳入正常的轨道，这种状况一直延续到 20 世纪 80 年代中期，在《城市规划条例》颁布以后，才有了基本好转；在指导思想上也还基本停留在原有规划的认识水平上。❶❷

2. 改革开放至 21 世纪初期

改革开放之后，我国重新向以经济建设为中心的发展方向转移，并提出了坚持改革开放的经济发展方针政策，同时也恢复了基础设施投资。随着经济发展体制改革的逐步深入完善，城市规划被提到龙头地位，并于 1980 年出台了《城市规划编制审批暂行办法》和《城市规划定额指标暂行规定》，为总体规划的编制和审批提供了法律和技术的依据，且掀起了第二次城市总体规划编制高潮。到 20 世纪 80 年代后期，随着经济飞速发展，城市总体规划已经难以适应城市建设发展，城市总体规划直接作为审批依据的做法难以为继，为此向上开始出现了区域规划、国土规划，向下开始推出城市详细规划。在此形势下，通过两个规章制度的近十年的实践，国家于 1989 年颁布了我国第一部《城市规划法》，进而奠定了城市总体规划的法律地位。1992 年实行社会主义市场经济体制以后，在新的规划法律和新的经济体制的推动下，我国掀起了第三次城市总体规划的高潮。这次城市总体规划主要是对规划法所确定的内容进行一次有益的尝试，建立了较为完善的法定的城市规划编制体系；并在市场经济体制驱动下，城市总体规划从计划性投资的增长供给向调控性增长的集约理念转变，很好促进了城市规划宏观调控职能的完善发展。

---

❶　在周总理的关心过问下，1971 年 6 月北京市召开了城市建设和管理工作会议，决定恢复城市规划工作机构。此次会后不久就恢复了北京市城市规划局的建制。参见：曹洪涛，储传亨 . 当代中国的城市建设［M］. 北京：中国社会科学出版社，1990：96.

❷　高中岗 . 中国城市规划制度及其创新［D］. 同济大学，2007.

在这一发展阶段，城市总体规划主要是为城市经济发展和建设服务，改变计划经济时期仅为项目落位服务的格局。在功能定位上，明确了城市总体规划是对城市发展的中长期综合部署和布局，明确了城市总体规划是城市建设管理的基本依据；在编制技术上，我国大量引入了西方规划的先进理念和做法，其核心仍然是理性综合主导的编制技术模式；在编制事权上，城市总体规划编制仍然以政府组织为主导，但融入了编制成果需要本级人民代表大会常务委员会审查的程序；在实施事权上，城市总体规划更加强化了审批核查事权体制，强调必须有国家规定的上级政府批复方可实施。总体来说，改革开放至 21 世纪初期，大致经历了法律颁布之前、之后两次较大规模的修编过程。这两次修编主要解决了我国城市总体规划编制和实施的"内容架构"的建立和完善问题。

《城市规划法》颁布实施以后，城市规划体系基本建立，城市总体规划实施需要通过分区规划、详细规划编制来实现。由于城市规划职能越来越重要，规划在城市建设中的龙头地位日益突出；所以，规划法规颁布实施以后，各地城市政府把规划与建设职能分开，相继成立了城市规划主管部门，主管城市规划编制、实施工作。由于市场经济体制逐步建立和完善，对城市发展的不确定性因素越来越多，因此城市总体规划所确定的终极蓝图目标与现实发展出现了严重背离，加快推进了城市总体规划功能定位向宏观调控方向的转变。

改革开放至 21 世纪初期城市规划演变事件❶❷

1978～1979 年是我国总体规划的恢复时期。1978 年召开第三次城市工作会议，强调要重视城市规划工作，要求全国城镇都要认真编制和修订城市总体规划、近期规划及详细规划，要求加强规划审批、规划实施的严肃性和权威性，1979 年，国务院及主要城市的规划管理机构相继恢复和建立，并开始酝酿《中华人民共和国城市规划法》。

从 1980 年全国城市规划工作会议开始，总体规划进入了法制化、规范化建设时期。同年 12 月《全国城市规划会议纪要》第一次提出要尽快建立我国的城市规划法制，提出"城市市长的主要职责，是把城市规划、建设和管理好"，肯定了城市规划的"龙头"地位。会后国家建委颁发了《城市规划编制审批暂行办法》和《城市规划定额指标暂行规定》，为总体规划的编制和审批提供了法律和技术的依据。

1980 年颁发的《城市规划编制审批暂行办法》与 1956 年制定的《城市

---

❶　吴良镛. 世纪之交论中国城市规划发展 [J]. 城市规划，1998，(1)：10-12.
❷　邹德慈. 中国现代城市规划发展和展望 [J]. 城市，2002，(4)：4-8.

规划编制暂行办法》相比，在城市规划的理论和方法上都有很大变化，总体规划编制实施与西方国家1960年代以后的现代规划体系逐渐接轨。第一，总体规划已经不被认为是最终的设计蓝图，而是城市发展战略，指明了总体规划变革创新的方向；第二，明确规定了城市政府制定总体规划的责任，以法制化手段将总体规划的编制实施纳入政府管理职能；第三，界定了城市政府和规划设计部门的关系，为建立规划师独立制度奠定了基础；第四，强调了总体规划审批的重要性，把审批权限提高到国家和省、自治区两级，还规定总规在送审之前要征求有关部门和人民群众的意见，提请同级人民代表大会及其常委会审议通过，这就具备了现代规划法制化、民主化的基本雏形；第五，强调城市环境问题，政府协调问题，这与国外重视加强环境保护、提倡政府协作的发展动向是一致的。

全国各地城市在两个规章的指导下，开展了我国第二轮总体规划编制工作，城市建设普遍进入按照规划进行建设的新阶段。

1984年《城市规划条例》颁布，系统总结了建国30年城市规划工作正反两方面的经验，1989年《城市规划法》颁布、实施，完整地提出了城市发展方针、城市规划及总体规划的基本原则、制定和实施的制度以及法律责任等，标志着总体规划的编制实施正式步入法制化道路。

1990年代是我国市场经济体制逐渐形成的时期，城市总体规划的性质、功能、内容、方法、途径、策略都在新的制度框架下不断摸索前进。1991年的全国城市规划工作会议提出要完善总体规划。1991年9月3日建设部颁布的《城市规划编制办法》，对我国城市总体规划制度第一次比较系统完善地进行了规定，对我国城市总体规划制度建设具有重要里程碑意义。在1990年代的上半叶，市场经济蓬勃发展，而政府宏观调控机制转型落后，总体规划时效严重滞后，引导控制功能逐渐弱化。1996年《国务院关于加强城市规划工作的通知》，规定要"切实发挥城市规划对城市土地及空间资源的调控作用，促进城市经济和社会协调发展"，这是在市场经济条件下对城市规划的新定位，具有重要的意义。为强化城市总体规划管理工作，1999年4月5日建设部发布《城市总体规划审查工作规则》，进一步规范了城市总体规划的报批程序。

1990年代中期，由于上一轮总体规划普遍不能适应城市快速发展势头与市场经济环境，各城市纷纷开展了新一轮总体规划编制工作。该轮总体规划的突出特点，一是适应城市区域化、区域城市化的发展趋势，重视区域的、宏观的规划视角，市域、县域城镇体系规划广泛开展；二是更为细化，大中城市普遍开展了分区规划；三是重视经济、社会问题的总体研究；四是通过控制性详细规划的全面推广，促进了市场经济体制下总体规划的实施；

五是遥感和计算机技术在规划编制实施中广泛应用。❶

3. 21世纪初期至今

进入新世纪，我国的社会主义市场经济体制基本确立。在全面建设小康社会目标的指导下，2000年《国民经济和社会发展第十个五年计划纲要》明确提出要"加强城镇规划、设计、建设及综合管理"、"消除城镇化体制和政策障碍"，同年《关于促进小城镇健康发展的若干意见》提出"当前加快城镇化进程的时机和条件已经成熟"。所以，新世纪我国总体规划编制与实施重点要解决两大方面的问题：一是如何适应快速城镇化趋势，二是如何适应市场经济体制。在此形势下，国务院下发了《关于加强城乡规划监督管理的通知》（国发〔2002〕13号），于是2000年左右掀起第四次城市总体规划修编浪潮，强化了近期建设规划、强制性内容的编制；在规划方法内容上进行了各种探索，尤其是对前三次总体规划进行反思以后进行了战略规划编制的探索。在总结经验教训基础上，国家于2008年1月1日颁布实施了新的《城乡规划法》，对城市规划的功能、任务、内容、方法、审批、实施、监督等做了更加详细规定。由于城市建设速度加快，各大城市纷纷突破上版总体规划批复的2010年发展规模，所以在新的城乡规划法律颁布之后又掀起了第五次城市总体规划修编高潮。

在这一发展阶段，城市总体规划功能定位实现了项目布局、城市布局向公共政策的转变，出现了四区四线❷、强制性内容和近期建设规划的规定，这为城市总体规划后续的制度机制建设奠定了基础。在编制技术上，经过改革开放近20年的引用西方规划理念制度实践证明，完全照搬西方规划制度模式难以适应中国城市规划制度机制的建设发展。为此2000年左右的第四次城市总体规划修编开始，我国已经开始在吸收国外经验基础上摸索符合中国国情的城市总体规划制度机制，但目前的城市总体规划编制技术仍然停留在理性综合规划模式层面。在编制事权上，仍然以政府主导为主，但增加了公众参与、规划修改的制度建设；在实施事权上，仍然强化了审批核查事权体制建设，但增加了实施责任的制度建设。总体来说，新法律颁布之前、之后的两次城市总体规划修编（修改），主要是针对上一轮城市总体规划滞后，尤其是用地规模预测不足等问题。但是，单纯扩大规模不应该成为这两次修编的主要目标，这次修编一方面应该调整规划内容体系，另一方面更要着力

---

❶ 全国城市规划执业制度管理委员会. 城市规划管理与法规〔M〕. 北京：中国计划出版社，2011.

❷ 四区四线是指禁建区、限建区、适建区、已建区和黄线、蓝线、紫线、绿线。

解决规划编制和实施的体制、机制、理念以及与之相适应的实践技术和管理操作支撑系统，使城市总体规划制度机制得到完善和补充。总体来说，城乡规划法颁布实施后，我国初步建立了城乡规划法律体系，给我国城市总体规划制度机制建设指明了方向。

21 世纪初期至今的城市规划演变事件

改革开放以来，尤其是到 20 世纪末，我国在城市规划和建设中出现了一些不容忽视的问题。譬如一些地方不顾当地经济发展水平和实际需要，盲目扩大城市建设规模；在城市建设中互相攀比，急功近利，贪大求洋，搞脱离实际、劳民伤财的所谓"形象工程"、"政绩工程"；对历史文化名城和风景名胜区重开发、轻保护；在建设管理方面违反城乡规划管理有关规定，擅自批准开发建设等。为进一步强化城乡规划对城乡建设的引导和调控作用，健全城乡规划建设的监督管理制度，促进城乡建设健康有序发展，2002 年国务院发布了《关于加强城乡规划监督管理的通知》（国发〔2002〕13 号），提出了编制和调整近期建设规划，明确了城乡规划强制性内容，严格了建设项目选址与用地的审批程序，强化了历史文化名城保护和风景名胜区的管理工作，重视了镇、城乡结合部的规划管控，重申了规划的集中统一管理，建立健全了规划实施监督机制❶。因此，国发 13 号文件是世纪之交我国城乡规划史上的一次重要事件，其观点和制度为后来的新的城市规划法的修订提供了参考借鉴。

为落实国发〔2002〕13 号文件，2002 年 8 月 29 日建设部发布了《近期建设规划工作暂行办法》、《城市规划强制性内容暂行规定》（建规〔2002〕218 号），从端正城市建设指导思想，明确近期城市建设重点，加强规划规范性的高度，突出强调了近期建设规划工作和城市规划强制性内容的重要性，对 2002 之后启动修编的城市总体规划产生了深刻影响。

为落实国发〔2002〕13 号文件，2002 年 9 月 13 日建设部发布《城市绿线管理办法》（建设部令第 112 号），2003 年 11 月 15 日建设部发布《城市紫线管理办法》（建设部令第 119 号），2005 年 12 月 12 日建设部发布《城市蓝线管理办法》（建设部令第 145 号），2005 年 12 月 20 日建设部发布《城市黄线管理办法》（建设部令第 144 号）。"四线"管理办法的制定，为城市总体规划编制、实施和监督提供了更为明确的法规依据，对后续的城市总体规划制度建设产生了深远影响。

---

❶ 资料来源于 http：//www. mohurd. gov. cn/zcfg/jsbwj＿0/jsbwjcsgh/200611/t20061101＿156859. html.

在总结世纪之交近十年的规划经验和教训的基础上，2007 年 10 月 28 日第十届全国人民代表大会常务委员会第三十次会议通过《城乡规划法》，并于 2008 年 1 月 1 日付诸实施。《城乡规划法》分七章，重点对城乡规划的制定、实施、修改、监督检查、法律责任进行了全面系统的规定。这是我国城乡规划制度建设史上的关键性转折点，将我国城乡规划由单纯的技术管理工作推向综合的行政管理工作。依据《城乡规划法》有关规定，2009 年 4 月住房城乡建设部制定了《城市总体规划实施评估办法（试行）》（建规〔2009〕59 号）。2010 年 3 月国务院办公厅下发了《城市总体规划修改工作规则》（国办发〔2010〕20 号）。对城市总体规划实施情况的评估和修改，是城市人民政府的法定职责，也是城乡规划工作的重要组成部分。

4. 小结

综上所述，我国城市规划制度机制建设经历了从国外引进和自我建设的不断完善的过程。一方面，我国城市总体规划编制制度建设逐渐走向科学化，城市总体规划编制框架内容逐渐满足社会经济发展需求。另一方面，城市总体规划制度机制逐渐法制化。在国家层面颁布的一系列的规划法律、规定、说明的指导下，地方性规划法规体系也日益健全。法律法规详细规定了总体规划活动主体的责任和义务，明确了总体规划的程序和过程。总体规划的编制过程基本做到了有章可循，有法可依，形成了一套较为固定的编制程序，并且编制程序的合法性得到普遍尊重。另外，在市场机制下，如何发挥对城市发展的调控作用，成为城市总体规划改革的重要内容。城市各类团体和个人日益关注城市总体规划，各个城市的规划展、规划公示等活动也逐渐开展起来。由于规划内容、规划体系与规划管理体制的原因，目前总体规划的实施还存在很大的空白之处。

虽然权力等级化的封建城市布局和城市管理已经不复存在，但在我国城市总体规划编制中仍然有显著的痕迹，譬如城市行政中心广场建设。虽然西方的规划理念和前苏联的规划方法难以适应我国国情，但在我国城市总体规划制度建设上仍然具有较深远的影响。总体来说，在功能定位上，我国城市总体规划实现了建设布局向公共政策的转换；在编制技术上，我国城市总体规划仍然处于理性综合规划模式层面，但已经开始摸索适应中国国情的编制技术体系；在编制事权上，我国城市总体规划仍然以政府主导为主，但强化了公共参与制度、成果审查制度等建设；在实施事权上，我国城市总体规划仍然以审批核查事权体制建设为主，但也兼有国家投资引导的事权体制。

第二节 现行城市总体规划制度机制建设

一、现行制度机制的理论支撑

1. 法律理论支撑

目前城市规划学界关于城市规划法的研究还没有涉及法律价值这个领域，可以说没有现成的路径可走。❶ 我国城市总体规划活动主要的成文法律依据是《宪法》、《地方组织法》、《城乡规划法》、《土地法》、《环境保护法》、《合同法》、《行政监察法》、《行政许可法》、《行政诉讼法》、《行政复议法》等。根据《城乡规划法》，总体规划制定所涉及的主体，包括规划的组织编制机关、规划的审批机关、规划编制单位，他们之间的法律关系要执行《宪法》、《地方组织法》规定的下级服从上级、地方服从中央的原则。

纵观法律制度建设历程，城市总体规划法律理论支撑仍然处于公共行政法律理论、公共服务法律理论等方面，而公共政策法律理论、社会法律理论等方面对城市总体规划制度机制建设支撑甚少。

2. 规划理论支撑

我国目前的城市总体规划还处于物质规划阶段，主要有两大理论系统在发挥支撑作用：西方 1960 年代以前的理性综合规划理论体系与产业布局理论体系。理性综合规划理论体系包括空间组织模式、编制方法论与实施模式三大子系统，产业布局理论则包括区位理论、产业区理论、地域生产综合体理论、集聚—扩散理论等。

理性综合规划理论的空间组织模式是目前我国城市总体规划空间结构、功能布局、空间形态研究的基本支撑。其中，田园城市理论主要被用于规划的理念发挥以及城郊的空间组织，雅典宪章的功能主义理论则主要用于城市的功能布局，中心地理论主要用于城镇体系规划，城市土地利用理论（主要是同心圆学说、扇形学说和多核学说）主要用于城市的空间结构与空间形态描述。

综合规划编制的方法论主要是沿用了芒福德"调查—评估—规划编制—接受审查、修改"的四阶段方法，而哈艾塔沃的"过程"理论还多停留在学术探讨层次，1960 年代以后国外盛行的系统规划理论在我国则更多地用于交通规划方面，总体规划还没有比较系统的研究和实践，目前的总体规划编制仍停留在静态层面，远没有发展为动态过程。

---

❶ 张萍．社会学法学与城市规划法法律价值的研究．http：//www.chinacity.org.cn/csfz/cs-gl/40793.html.

我国总体规划的实施模式，基本具备了国外1960年代以后普遍实行的双层规划（战略规划——实施规划）体系的基本框架。但是，我国的详细规划仍然偏重空间设计，更多的是总体规划的细化，而不是可以直接用于政策执行的法定空间区划，规划实施主要要由"一书两证"来承担。同时，我国的总体规划范围过细过宽，导致我国总体规划的实施模式徒具双层规划体系的外观，实质上仍是综合规划的实施模式，即由详细规划对总体规划实施内容分解（但不是性质转化），再通过构筑相关的政策体系加以实施规划，这种政策体系类似于英国的"逐一审批"制模式，而与美国、德国的"分区制"存在很大不同。

产业布局理论在我国的城市总体规划中应用非常广泛。虽然总体规划不涉及微观的企业区位分析，但是总体规划功能布局、基础设施与市政设施布局，都要充分考虑到为主要工商企业提供尽可能优越的区位环境，尤其是开发区的规划建设、老工业区改造基本上都是以产业集群理论为支撑的。农业区位论是郊区空间规划的基本理论，地域生产综合体理论是工业城市、大城市总体规划的重要理论依托，对城市发展态势与发展规律的预测，则往往要用到要素、产业的集聚—扩散理论以及城市化阶段理论（向心城市化－郊区城市化－郊区化－再城市化）。

3. 管理理论支撑

规划管理（在我国是城市规划行政管理的简称）是城市规划编制、审批、监督和实施等管理工作的统称，是政府管理行为。政府管理理论包括古典理论、行为理论和现代技术理论三大体系。在我国的总体规划管理中，主要是应用古典管理理论。古典理论最关注政府效率问题，包括立法研究、行政规律、行政结构以及行政过程。我国总体规划管理的应用，主要侧重于规划立法与规划行政结构两个领域。

在"政府管理本身就是政府官员依法行使其职权的活动"的理念推动下，我国初步建立了完整的规划行政法律法规体系，使得总体规划的编制实施机制基本做到了有法可依。

行政结构的核心是行政机构的事权划分。我国总体规划现行机制的行政结构是与计划经济相适应的。从纵向看，主要可以划分为四级行政机构。住房和城乡建设部作为国务院城市规划建设行政主管部门，主要负责制定总体规划编制实施的原则、方法、重点，审查规划提议、规划纲要，以及会同其他部门审查规划成果。省（自治区）、直辖市的住房和城乡建设厅负责相关城市总体规划成果审查。市、县（区）的规划管理部门尚未列入地方政府的必设机构，但是都设有建设机构或规划机构主管总体规划的提议、编制组织、报批、规划实施、监督等内容，是总体规划机制的主要行为主体。乡

（镇）规划建设所（站），一般通过接受区县规划主管部门领导来开展总体规划工作。

从横向看，主要可以划分为四个管理系统，包括决策系统、执行系统、反馈系统、保障系统，主要体现在直辖市以及市、县（区）一级。由于我国的总体规划主要通过指导分区规划及详细规划发挥规划功能，因而规划管理的四个横向系统，基本上都集中于一、两个职能部门，主要是由负责规划编制的机构来承担。也就是说，我国总体规划的编制管理、实施管理、反馈管理、监督管理没有明确的横向分工机制。

随着我国市场经济体制的逐渐完善，传统的管理体系越来越不适应城市发展与建设。原来的行政结构体系在逐渐发生变化，地方自治管理是行政垂直层级变化的主导趋势，规划管理在逐渐将权力下放，这在特大城市层次表现最为突出，尽管总体规划仍然是城市全权政府的特定职能，但是规划审批、详细规划编制等权力的细化，不可避免地促使区、县管理机构对总体规划作出有利于本地区发展的解释，从而影响到总体规划实施。另一方面，各个城市普遍加强提升规划管理机构的行政地位和行政权威，突出表现为规划管理机构的独立设置，以及规划委员会的建立实践，目前阶段的规划委员会只是承担部门协调与技术建议功能，还无法真正承担规划作为城市管理"龙头"的功能。

另一方面，随着民主要求的增加，强调社会沟通的行为管理理论逐渐被引入，典型的应用是公众参与的扩大。同时，现代技术方法，例如城市地理信息系统、城市规划模型、"3S"集成技术也越来越多地用于总体规划的编制实施过程。

二、现行制度机制的主要内容

1. 编制过程：技术理性编制模式

（1）编制类型：编制、修改

1989 年的《城市规划法》确定的城市总体规划编制类型主要有编制、修编、调整三种。2008 年的《城乡规划法》确定的城市总体规划编制类型主要有编制、修改两种。但针对按照旧法组织编制的城市总体规划，新法没有给予按照新法程序批复后应如何与新规定的修改程序衔接的规定。

城市总体规划编制是针对没有制定城市总体规划的城市，或者针对新设城镇。

城市总体规划修改是针对已批准的城市总体规划内容进行变更的城市，包括局部性的变更，也包括强制性内容的修改。若涉及城市总体规划强制性内容修改，需按照《城乡规划法》和《城市总体规划修改工作规则》严格执行，规划调整程序非常严格。

《城乡规划法》关于编制类型的规定：

第十四条　城市人民政府组织编制城市总体规划。

第四十七条　有下列情形之一的，组织编制机关方可按照规定的权限和程序修改省域城镇体系规划、城市总体规划、镇总体规划：……。

（2）编制内容：空间布局－专项规划－三区四线－交通网络

根据1989年的《城市规划法》和1999年的《城市总体规划审查工作规则》，我国城市总体规划的编制内容可概括为性质职能－目标规模－空间布局－基础设施－近期建设。

进入新世纪后，为适应城市发展与管理的新形式，城市总体规划的内容构架出现了一些新的发展趋势。一是有关经济社会发展的内容在增加，尤其是强化了区域地位、产业战略的研究；二是普遍增加了环境保护与生态建设规划；三是增加了实施政策；四是加强了空间控制与引导规划，主要表现为各类"管制、图则"规划的出现；五是增加了区域协调发展的内容。为此，2006年的《城市规划编制办法》和2008年的《城乡规划法》将城市总体规划编制内容进行了修改完善，可概括为空间布局－专项规划－三区四线－交通网络。从内容变化上看，城市总体规划增加了空间政策管治内容，强化了专项规划编制，弱化了宏观规划内容的强制性。

《城乡规划法》关于编制内容的规定：

第十七条　城市总体规划、镇总体规划的内容应当包括：城市、镇的发展布局，功能分区，用地布局，综合交通体系，禁止、限制和适宜建设的地域范围，各类专项规划等。

规划区范围、规划区内建设用地规模、基础设施和公共服务设施用地、水源地和水系、基本农田和绿化用地、环境保护、自然与历史文化遗产保护以及防灾减灾等内容，应当作为城市总体规划、镇总体规划的强制性内容。

城市总体规划、镇总体规划的规划期限一般为二十年。城市总体规划还应当对城市更长远的发展作出预测性安排。

（3）修改模式：实施评估－专题论证－规划修改

为强化城市规划的法律权威性，新的《城乡规划法》明确了城市规划修改的条件、程序和步骤，可概括为实施评估－专题论证－规划修改的三个基本步骤。对应每一步骤都规定严格的审批审查程序，以保障原来总体规划的严肃性和权威性。

《城乡规划法》关于修改模式的规定：

第四十七条 有下列情形之一的，组织编制机关方可按照规定的权限和程序修改省域城镇体系规划、城市总体规划、镇总体规划：

（一）上级人民政府制定的城乡规划发生变更，提出修改规划要求的；

（二）行政区划调整确需修改规划的；

（三）因国务院批准重大建设工程确需修改规划的；

（四）经评估确需修改规划的；

（五）城乡规划的审批机关认为应当修改规划的其他情形。

修改省域城镇体系规划、城市总体规划、镇总体规划前，组织编制机关应当对原规划的实施情况进行总结，并向原审批机关报告；修改涉及城市总体规划、镇总体规划强制性内容的，应当先向原审批机关提出专题报告，经同意后，方可编制修改方案。

修改后的省域城镇体系规划、城市总体规划、镇总体规划，应当依照本法第十三条、第十四条、第十五条和第十六条规定的审批程序报批。

（4）编制审批：分级审批模式

城市总体规划编制实行分级审批模式。过于集权的城市总体规划分级审批制度与现代公共行政事权不协调。

当前，我国城市总体规划实行的是过于集权的分级审批制度，但是，这种上级集权审批制度，基本上与地方政府公共行政事权相互脱节，主要表现在城市总体规划编制的内容上，我国《城市规划编制办法》规定的城市总体规划编制内容基本上是包揽了城市建设的所有内容，包括宏观、中观、微观的城市空间建设规划。因此，当前城市总体规划编制与实施制度，没有明晰上级审批事权的政策导向与地方审批事权的建设导向之间的关系，导致城市总体规划编制难、审批更难、实施难上加难。

《城乡规划法》关于编制审批的规定：

第十四条 城市人民政府组织编制城市总体规划。

直辖市的城市总体规划由直辖市人民政府报国务院审批。省、自治区人民政府所在地的城市以及国务院确定的城市的总体规划，由省、自治区人民政府审查同意后，报国务院审批。其他城市的总体规划，由城市人民政府报省、自治区人民政府审批。

第十五条 县人民政府组织编制县人民政府所在地镇的总体规划，报上一级人民政府审批。其他镇的总体规划由镇人民政府组织编制，报上一级人民政府审批。

104

（5）修改报批：请示上级－审查函复－分级审批

根据《城乡规划法》第四章城乡规划的修改的规定，2010年国务院办公厅印发了关于《城市总体规划修改工作规则》的通知，明确了城市总体规划修改报批的具体程序和步骤，以指导各地城市总体规划修改工作。修改报批程序主要增加了修改请示的程序内容，包括修改请示、修改审查、修改函复等。对于请示修改总体规划的城市，若按照规定程序得到原审批机关的同意，方可进行城市总体规划修改；后续的编制规划修改方案的报批程序，基本与编制城市总体规划的报批程序一致，仍实行的是分级审批制度。

《城市总体规划修改工作规则》关于修改报批的规定：

六、修改城市总体规划，应按下述程序进行：

（一）省、自治区人民政府所在地的城市人民政府以及国务院确定的城市人民政府，向省、自治区人民政府报送要求修改城市总体规划的请示，经审查同意后，由省、自治区人民政府向国务院报送要求修改规划的请示。直辖市要求修改城市总体规划，由直辖市人民政府向国务院报送要求修改规划的请示。原规划实施评估报告和修改强制性内容专题论证报告，应作为报送国务院请示的附件，一并上报。

（二）国务院办公厅将省、自治区、直辖市人民政府要求修改规划的请示转住房城乡建设部商有关部门研究办理。住房城乡建设部应及时对申报材料进行核查，提出是否同意修改及修改工作要求的审查意见，函复有关省、自治区、直辖市人民政府，并将复函抄送国务院办公厅。其中，对拟修改城市总体规划涉及强制性内容的，住房城乡建设部应组织有关部门和专家，对原规划实施评估报告和修改强制性内容专题论证报告进行审查，提出审查意见报国务院同意后，函复有关省、自治区、直辖市人民政府。

（三）城市人民政府根据住房城乡建设部复函组织修改城市总体规划，编制规划修改方案，进行公告、公示，征求专家和公众意见，并报本级人民代表大会常务委员会审议。修改后的直辖市城市总体规划，由直辖市人民政府报国务院审批；修改后的省、自治区人民政府所在地城市总体规划以及国务院确定的城市的总体规划，由省、自治区人民政府审核并报国务院审批。报批材料包括：城市总体规划文本图纸、修改方案专题论证报告、专家评审意见及采纳情况、公众意见及采纳情况、城市人民代表大会常务委员会审议意见及采纳情况和省、自治区、直辖市人民政府审查意见。

（四）国务院办公厅将省、自治区、直辖市人民政府的请示转住房城乡建设部商有关部门研究办理。住房城乡建设部应及时对报批材料进行初步审核，对有关材料不齐全或内容不符合要求的，应要求有关方面补充完善。

（五）住房城乡建设部组织专家和有关部门召开审查会，对修改后的城市总体规划提出审查意见。有关城市人民政府按照审查意见对城市总体规划进行修改完善后，由住房城乡建设部报国务院审批。

（6）成果考核：政府主审模式

从相关的城乡规划法律法规规定来看，我国城市总体规划编制和修改成果的考核主要是政府主审模式，人大❶、专家、公众的考核意见仅是研究处理，不具有决策性作用。总体来说，城市总体规划编制和修改成果的考核机制主要是三个层次：

一是专家参与层次：我国城市总体规划编制和修改成果的专家考核机制都是在政府主导下进行，没有法律授权的论证、评审的事权机制，尤其是专家选择具有较大随意性，专家权威性很难保障，专家意见的跟踪事权机制不健全。

二是政府参与层次：我国政府既是城市总体规划编制和修改的组织者，又是城市总体规划编制和修改的考核者，由政府常务会、政府部门领导的论证评审会都是政府主审的成果考核机制。因此，论证评审会就成为了政府领导干预城市总体规划编制和修改的工具，成为政府领导意志干预规划的载体平台。

三是人大参与层次：地方同级人民代表大会常务委员会对城市总体规划进行审议，常务委员会组成人员的审议意见交由本级人民政府研究处理。然而，这个审议会议是在规划编制事后进行的，没有形成动态跟踪和考核监督机制。因此，地方同级人民代表大会常务委员会的审议意见对城市总体规划编制和修改成果考核意义不大。

《城乡规划法》关于成果考核的规定：

第十六条　省、自治区人民政府组织编制的省域城镇体系规划，城市、县人民政府组织编制的总体规划，在报上一级人民政府审批前，应当先经本级人民代表大会常务委员会审议，常务委员会组成人员的审议意见交由本级人民政府研究处理。

镇人民政府组织编制的镇总体规划，在报上一级人民政府审批前，应当先经镇人民代表大会审议，代表的审议意见交由本级人民政府研究处理。

规划的组织编制机关报送审批省域城镇体系规划、城市总体规划或者镇总体规划，应当将本级人民代表大会常务委员会组成人员或者镇人民代表大

---

❶ "人大"是人民代表大会的简称。

106

会代表的审议意见和根据审议意见修改规划的情况一并报送。

第二十六条　城乡规划报送审批前，组织编制机关应当依法将城乡规划·草案予以公告，并采取论证会、听证会或者其他方式征求专家和公众的意见。公告的时间不得少于三十日。

组织编制机关应当充分考虑专家和公众的意见，并在报送审批的材料中附具意见采纳情况及理由。

第二十七条　省域城镇体系规划、城市总体规划、镇总体规划批准前，审批机关应当组织专家和有关部门进行审查。

（7）技术程序：典型的理性综合规划方法论

在1990年代以前，城市总体规划的主要功能是国民经济发展计划的落实，规划技术程序处于政府行政管理的末梢，城市总体规划编制技术程序也相对较简单，就是现场踏查——项目空间布局方案——审批——实施。

1990年代以后，根据《城市规划法》及相关编制办法、解说的规范要求，城市总体规划编制逐渐形成了较为清晰的技术程序机制，核心是典型的理性综合规划方法论的中国化，重点技术程序是调研——专题分析——规划方案——纲要——成果。虽然2008年新的《城乡规划法》确定了编制、修改两种基本类型，但编制类型的城市总体规划技术程序仍以典型的理性综合规划方法为主，修改类型的城市总体规划技术程序增加了多元价值、规划过程导向的技术程序，譬如实施评估、涉及强制性内容修改的专题论证、修改请示的专家审查、公众参与等。

总体来说，目前城市总体规划编制和修改的技术程序仍以理性综合规划方法论为主导，与此同时西方多元价值导向、规划过程导向的技术方法也开始渗透到城市总体规划的技术过程。

《城市规划编制办法》关于技术程序的规定：

第三条　城市规划是政府调控城市空间资源、指导城乡发展与建设、维护社会公平、保障公共安全和公众利益的重要公共政策之一。

第六条　编制城市规划，应当坚持政府组织、专家领衔、部门合作、公众参与、科学决策的原则。

第九条　编制城市规划，应当遵守国家有关标准和技术规范，采用符合国家有关规定的基础资料。

第十二条　城市人民政府提出编制城市总体规划前，应当对现行城市总体规划以及各专项规划的实施情况进行总结，对基础设施的支撑能力和建设条件做出评价；针对存在问题和出现的新情况，从土地、水、能源和环境等城市长期的发展保障出发，依据全国城镇体系规划和省域城镇体系规划，着眼区域统筹和城乡统筹，对城市的定位、发展目标、城市功能和空间布局等战略问题进行前瞻性研究，作为城市总体规划编制的工作基础。

第十四条 在城市总体规划的编制中，对于涉及资源与环境保护、区域统筹与城乡统筹、城市发展目标与空间布局、城市历史文化遗产保护等重大专题，应当在城市人民政府组织下，由相关领域的专家领衔进行研究。

第十五条 在城市总体规划的编制中，应当在城市人民政府组织下，充分吸取政府有关部门和军事机关的意见。

对于政府有关部门和军事机关提出意见的采纳结果，应当作为城市总体规划报送审批材料的专题组成部分。

2. 实施管理：理性综合规划的实施延续

（1）实施路径：依据式制定下一层次规划或判例式提供规划条件

从1989年的《城市规划法》到2008年的《城乡规划法》，"一书两证"一直是目前城乡规划实施的主要工具，但并不是城市总体规划实施的直接手段。根据《城乡规划法》第三十七条、第三十八条、第三十九条规定，城市总体规划不能直接对开发建设发挥调控作用，而是通过其他下一层次的控制性详细规划间接发挥作用。然而，由于我国还有很多城市控制性详细规划编制滞后，城市建设又发展迅速，所以还是出现了依据城市总体规划的基本原则判例式提供规划条件的现象。总体概括起来主要有以下两种模式：

第一种依据式制定控制性详细规划、近期建设规划以及各专项规划。一是发挥城市总体规划对分区规划、详细规划的法定指导作用，城市总体规划是分区规划、详细规划编制的基本依据。然后，以控制性详细规划为依据，通过"一书两证"的行政管理，来实现对开发建设活动的管制。二是制定近期建设规划，指导城市各专项规划的编制，例如土地利用规划、环境保护规划等，以及为经济社会发展规划提供参考。

第二种判例式提供规划条件。在没有制定控制性详细规划的地区，依据城市总体规划提出开发地块的规划条件，以此为依据，颁发"一书两证"。但是，我国仍然有不少地方政府直接把城市总体规划作为建设项目审批的法定依据。

从目前实施来看，通过控制性详细规划、近期建设规划等下一层次规划，改变城市总体规划内容的现象屡见不鲜。其核心原因是对城市总体规划实施路径缺乏深入研究，造成当前的法律法规表达仅仅是技术逻辑的理想状态，而在现实操作中很难实现。

《城乡规划法》关于实施路径的规定：

第十九条　城市人民政府城乡规划主管部门根据城市总体规划的要求，组织编制城市的控制性详细规划，经本级人民政府批准后，报本级人民代表大会常务委员会和上一级人民政府备案。

第三十条　城市新区的开发和建设，应当合理确定建设规模和时序，充分利用现有市政基础设施和公共服务设施，严格保护自然资源和生态环境，体现地方特色。

在城市总体规划、镇总体规划确定的建设用地范围以外，不得设立各类开发区和城市新区。

第三十四条　城市、县、镇人民政府应当根据城市总体规划、镇总体规划、土地利用总体规划和年度计划以及国民经济和社会发展规划，制定近期建设规划，报总体规划审批机关备案。

近期建设规划应当以重要基础设施、公共服务设施和中低收入居民住房建设以及生态环境保护为重点内容，明确近期建设的时序、发展方向和空间布局。近期建设规划的规划期限为五年。

（2）实施程序：技术路径的延续，没有明确的法律规定

根据城乡规划法律法规，我国是以建设项目"一书两证"为核心的实施体制，并形成了较为完善的实施程序机制。城市总体规划是一个综合性、政策性、远景性的建设发展规划，不能直接进入建设项目"一书两证"的实施体制。城市总体规划在审批通过之后，即进入了实施阶段。但是目前还没有建立比较完善的实施程序，只有编制技术路径的法律解释，还没有具体实施管理程序上的解释。

从编制技术路径的法律解释来看，城市总体规划实施路径是依据性模式，城市详细控制性规划仅仅是根据城市总体规划的总体要求进行组织编制，换言之，没有体现其强制性执行的法律解释。因此，当前有些城市出现有总体规划无控制性规划的现象，即使住建部出台了关于编制控制性详细规划的一些规定，但地方政府仍然有应付检查的嫌疑，而不是真正作为城市总体规划实施的延续。

（3）实施监督：行政监督模式，法律规定比较笼统

根据城乡规划法律法规，我国城市规划实施监督是行政监督模式，并且仅仅规定了违反"一书两证"制度的建设工程的监督，而不是对城市空间资源的宏观调控监督。城市总体规划实施监督的主体是县级以上人民政府及其规划主管部门，同时地方政府接受本级人大监督。但是我国城乡规划法律针对城市总体规划实施监督的规定相对较少且不明确。主要有城市总体规划编

制、审批、实施、修改的监督检查，城市总体规划实施情况的人大报告和监督检查，然而至于地方政府怎么监督检查、地方人大怎么监督地方政府等具体法律细节规定是空白。

《城乡规划法》关于实施监督的规定：

第五十一条 县级以上人民政府及其城乡规划主管部门应当加强对城乡规划编制、审批、实施、修改的监督检查。

第五十二条 地方各级人民政府应当向本级人民代表大会常务委员会或者乡、镇人民代表大会报告城乡规划的实施情况，并接受监督。

2006年我国启动了城乡规划督察制度的建设，根据《城乡规划法》第五十一条"县级以上人民政府及其城乡规划主管部门应当加强对城乡规划编制、审批、实施、修改的监督检查"，城乡规划督察制度在制度上对城乡规划实施、修改的监督检查的职能进行了完善。根据督察工作的实际，住建部相继出台了《住房和城乡建设部城乡规划督察员管理暂行办法》和《住房和城乡建设部城乡规划督察员工作规程》，对督察员的工作进行了制度化的规范和规定。在七年的时间里，初步建立起了一套符合我国制度特征、国情特征的城乡规划督察制度体系，为推动我国城乡规划制度的完善和进步发挥了积极的作用。随着国家城乡督察制度建设的完善，国内有些省级政府也出台了省级督察员制度，负责监督检查省级政府批复城市的城乡规划的实施。从现状看，城乡规划督察制度仍存在以下问题：

一是督察事权界定不明晰，法律地位缺失。国内城乡规划法中对于规划督察工作的权利与义务缺乏明确表达，城乡规划督察工作的法律基础缺位，难以有效地支撑目前城乡规划督察的工作。目前具体界定规划督察员工作事权和程序的《住房和城乡建设部城乡规划督察员工作规程》，仅作为部门内容的工作规程，缺乏明确的法律效应，也缺乏细致的责权界定，难以有效地支撑督察员在地方城市顺利开展有关工作。

首先，我国督察工作的事权界定过于宽泛，主要事权内容的界定又缺乏细则。因此，一方面导致督察员在实际工作中很难落实所有职责要求；另一方面在履行职责的时候又缺乏明确的细则指引。例如《住房和城乡建设部城乡规划督察员工作规程》第五条的第四点内容，关于如何判定是否重点建设项目即缺乏更明确的界定，督察员在选择和监督有关重点项目时缺乏足够清晰的依据。

其次，督察事项与地方政府事权有重复，界限不清，也是影响督察效能的重要方面。督察工作的重点本应放在中央事权上，但从督察手册的工作内

110

容上看，有些工作内容属于中央事权，有些内容却和地方事权重复——督察事权与地方行政工作者的管理和执法事权存在不明晰的模糊空间，导致督察工作存在争议或者盲区：一方面，地方执法人员"以罚代管"的现象突出，影响城乡规划督察工作；另一方面，部分地区的督察工作有开始渗透地方规划行政许可事权的"越位"倾向。

二是督察程序界定不规范，体制外运作为主。目前，我国督察的工作机制外部循环，很难获取地方规划建设管理的内部信息，导致事前、事中督察很大程度上变为事后稽查。督察员发出督察意见的方式主要包括约谈、信函、督察建议书、督察意见书，其监管力度虽层层递进，但总体来看仍体现出临时性和体制外运作的特点，缺乏有法可依、严密而行之有效的工作方法和程序规范。

在《住房和城乡建设部城乡规划督察员工作规程》中，仅对督察员的主要工作方式进行了简要的分类描述，对每一种工作方式并未规定具体的操作程序、时间节点和有关各方必须履行的责任，因而对地方规划的监督缺乏足够的权威性和威慑力，督察员在地方上履行督察职责时往往会碰到信息屏蔽、敷衍搪塞等问题。具体问题表现为：

一方面，规划督察员在开展信息获取、事前参与等方面工作时遇到诸多阻力和制约，部分地区甚至出现了"拒绝接见"、"拒不告知"等现象，许多督察员获得信息也只能通过间接性手段和"个人"方式获得，既保证不了信息的及时性，也保证不了准确性。另外，尽管规划督察员可以使用规划督察建议书和规划督察意见书，但对于意见答复缺少"时间要求"、"程序要求"，难以保证督察应有的震慑力与"事前制止"的效果，严重影响整体的督察效能的提高。

另一方面，规划督察员在实际督察工作中由于缺少明确的制度约束，也出现了"越权"、"非标准化手段"等一些现象和苗头，需要进一步在制度层面对事权、程序等一系列内容予以明确。

从欧洲国家的督察制度来看，组织听证会、公众调查和规划审批介入，均有严格的操作规程和制度，并且程序的每一步骤和时间节点都有相应法案规章可以依循，督察工作所涉及的各利益相关方（包括政府部门在内）都必须严格遵守。与此同时，督察案例判定过程中的程序合法性也成为评估和监管督察员工作的核心内容。我国在规划督察工作全面展开后，其工作量相对较大，以目前的组织和服务能力无疑将难以应付。因此，如何保证督察工作的工作效率，形成规范化的工作流程，通过服务能力的提升强化督察工作的效能与影响力，将是今后国内城乡规划督察工作所面临的重要内容。

三是督察机构制度不健全、不完善、不明确。首先，督察任务的综合性与督察部门单一职能的矛盾，呈现督察机构缺乏统筹。规划督察工作的业务领域涉及环境、水利、绿化、防灾、市政、文物保护等方面面，特别在具体案例研判时需要与相关部门进行协调和统筹，保持密切联系。而目前各部门之间缺乏有效的监督协调机制，仍然是各自为政、条块分割的局面，规划督察工作局限在住建部单一职能系统内部进行，部分督察工作难以深化和展开，影响了督察效能的实现。

其次，督察工作的权威性与正式督察机构缺位的矛盾，呈现督察机构设置缺乏合法性支持。督察工作目前规划督察制度覆盖的城市达到103个，基本实现了对除直辖市外的国务院审批总体规划城市的全覆盖，各地督察员受住建部稽查办直接委派和领导。但是，除了将督察工作组作为一种半正式的区域性协调和交流组织之外，尚未在地方层面（省或市级）设立正式的规划督察机构。这在很大程度上影响了督察员在地方开展工作的效率和监管权威性的树立。

再次，督察工作复杂性与督察岗位短缺和非职业化的矛盾，呈现岗位设置缺乏技术职业性支持。我国的规划督察岗位设置严重不足，整个岗位系统建设还处在试点时期的临时状态。我国国土面积数十倍于英法两国，英国规划督察制度系统内雇有超过750名工作人员，法国国家建筑师制度系统内也有近800名工作人员，而我国督察员总共只有110余名，绝大部分城市只有1位督察员（均为60岁以上的退休返聘人员）在履行规划督察的职责，工作量和工作难度之大远远超出了单个督察员的能力范围。

从督察岗位系统建设来看，一方面，督察员的选拔、培训、聘用和考核机制有待正式化和职业化（英法两国均将经过严格选拔考核的专业督察人员纳入国家公务员系统，并给予优厚的职业待遇，有效保障了督察人员的专业素质和工作热情）；另一方面，除住建部稽查办的若干后勤组织和管理人员外，各地督察员缺乏相应的辅助工作人员配置，督察工作效率难以提高，部分工作甚至难以开展。

综上所述，督察工作长期依赖非职业化的督察员单兵作战，缺乏强有力的工作团队和辅助性工作人员，督察工作任务难以在现有条件下高效完成，严重影响了督察工作效能的发挥。

《住房和城乡建设部城乡规划督察员工作规程》关于实施监督的规定：

第一条　为加强对国务院审批的城市总体规划、国家级风景名胜区总体规划和有关方面批准的历史文化名城保护规划的监督管理，规范住房和城乡建设部城乡规划督察员工作，根据《中华人民共和国城乡规划法》的有关规定，制定本规程。

第五条　督察员主要对下列事项进行督察：

（一）城市总体规划、国家级风景名胜区总体规划和历史文化名城保护规划的编制、报批和调整是否符合法定权限和程序；

（二）城市总体规划的编制是否符合省域城镇体系规划的要求，是否落实省域城镇体系规划对有关城市发展和控制的要求；

（三）近期建设规划、详细规划、专项规划等的编制、审批和实施，是否符合城市总体规划强制性内容、国家级风景名胜区总体规划和历史文化名城保护规划；

（四）重点建设项目和公共财政投资项目的行政许可，是否符合法定程序、城市总体规划强制性内容、国家级风景名胜区总体规划和历史文化名城保护规划；

（五）《城市规划编制办法》、《城市绿线管理办法》、《城市紫线管理办法》、《城市黄线管理办法》、《城市蓝线管理办法》等的执行情况；

（六）国家级风景名胜区总体规划和历史文化名城保护规划的执行情况；

（七）影响城市总体规划、国家级风景名胜区总体规划和历史文化名城保护规划实施的其他重要事项。

第八条　督察员使用的督察工作文书包括《住房和城乡建设部城乡规划督察员督察建议书》（以下简称"《督察建议书》"）和《住房和城乡建设部城乡规划督察组督察意见书》（以下简称"《督察意见书》"）。督察工作文书应以有关法律、法规、政策、强制性标准以及经过批准的城乡规划为依据，说明被督察对象违反相关法律法规、城乡规划等的具体内容和条文，并提出整改意见。

《督察建议书》和《督察意见书》稿纸由住房和城乡建设部统一印制。

（4）实施处罚：行政处罚模式，法律规定的层面较窄

根据我国城乡规划法律法规，针对城市总体规划的编制、监督检查出现违规行为做出了明确的实施处罚规定。但其规定主要停留在是否编制层面、编制单位资质层面；而技术成果层面的违规行为、技术成果如何落实贯彻的违规行为尚未做出具体的实施处罚规定。也就是说，城市总体规划被上级政府审批之后，虽然名义上转化为行政法规，但是实际上仍然是一个技术文本，没有转化为真正意义的行政法规制度。城市总体规划有了法律地位保障，却没有具体实施法律权力保障。

因此，城市总体规划作为一种抽象行政行为，不属于行政许可范畴，城市总体规划实施处罚被依附在建设项目审批实施体制中，这就很难保障城市总体规划的公共利益空间布局。然而，对于抽象的行政行为，也要有相应的

实施处罚制度，来保障城市总体规划的实施。

《城乡规划法》关于实施处罚的规定：

第五十五条　城乡规划主管部门在查处违反本法规定的行为时，发现国家机关工作人员依法应当给予行政处分的，应当向其任免机关或者监察机关提出处分建议。

第五十六条　依照本法规定应当给予行政处罚，而有关城乡规划主管部门不给予行政处罚的，上级人民政府城乡规划主管部门有权责令其作出行政处罚决定或者建议有关人民政府责令其给予行政处罚。

第五十七条　城乡规划主管部门违反本法规定作出行政许可的，上级人民政府城乡规划主管部门有权责令其撤销或者直接撤销该行政许可。因撤销行政许可给当事人合法权益造成损失的，应当依法给予赔偿。

第五十八条　对依法应当编制城乡规划而未组织编制，或者未按法定程序编制、审批、修改城乡规划的，由上级人民政府责令改正，通报批评；对有关人民政府负责人和其他直接责任人员依法给予处分。

第五十九条　城乡规划组织编制机关委托不具有相应资质等级的单位编制城乡规划的，由上级人民政府责令改正，通报批评；对有关人民政府负责人和其他直接责任人员依法给予处分。

(5) 实施保障：有法律、行政保障，但没有社会经济生态支持保障

目前，我国城乡规划法律法规已经赋予了城市总体规划的法律地位，有较高的立法保障，由此各级政府也把规划提升到社会经济发展的"龙头"地位。城市总体规划实施的行政保障也得到了相应的建立，譬如为规划实施提供组织保障、人力保障、财力保障、技术保障等。但是，我国城市总体规划编制与实施与国家的公共投资计划是相互脱节的，政府规划事权尚未与保障规划实施的财政公共投资审批行政事权实行无缝衔接，进而导致城市总体规划实施较艰难。譬如社会方面的文化教育、体育医疗；经济方面的重大项目投资；生态方面的生态水利工程建设等。

另外，我国城乡规划法律行政保障仅仅是针对"一书两证"实施制度系统来规定的，也就是说仅仅针对开发商行为、建设项目。而对于公共投资行为违反规划的行政、司法保障尚未做出明确的法律规定，或者各自的法律层面存在一些交叉和矛盾，导致公共利益空间落实难，比较典型的是历史文物保护、文化设施建设等。

3. 编制与实施的主体要素

在我国城市总体规划的编制与实施过程中，政府、规划师、公众、专

家、开发商等诸多组成要素在事权结构体系中的地位和作用差异较大。其中关键主体要素为政府、规划师。

（1）政府：高度集权地参与编制与实施全过程

目前，我国城乡规划法规定❶，城市政府是城市规划编制的主体。在现行政府管理体制下，政府仍是城市总体规划编制与实施的最核心要素，总揽规划编制与实施的全过程。政府综合运用行政权力、法律权力与公共投资引导干预权力，发挥对规划编制动议、编制组织、编制审批、规划实施、规划监督、规划处罚的全方位功能作用。

《城乡规划法》关于政府事权的规定（摘录）

第二条（第三款：规划区由政府确定）　本法所称规划区，是指城市、镇和村庄的建成区以及因城乡建设和发展需要，必须实行规划控制的区域。规划区的具体范围由有关人民政府在组织编制的城市总体规划、镇总体规划、乡规划和村庄规划中，根据城乡经济社会发展水平和统筹城乡发展的需要划定。

第四条（第三款：规划标准由政府确定）　县级以上地方人民政府应当根据当地经济社会发展的实际，在城市总体规划、镇总体规划中合理确定城市、镇的发展规模、步骤和建设标准。

第六条　各级人民政府应当将城乡规划的编制和管理经费纳入本级财政预算。

第十一条　国务院城乡规划主管部门负责全国的城乡规划管理工作。

县级以上地方人民政府城乡规划主管部门负责本行政区域内的城乡规划管理工作。

第十四条（规划倡议由政府确定）　城市人民政府组织编制城市总体规划。

第十六条（人大建议由政府处理）　省、自治区人民政府组织编制的省域城镇体系规划，城市、县人民政府组织编制的总体规划，在报上一级人民政府审批前，应当先经本级人民代表大会常务委员会审议，常务委员会组成人员的审议意见交由本级人民政府研究处理。

第十九条　城市人民政府城乡规划主管部门根据城市总体规划的要求，组织编制城市的控制性详细规划，经本级人民政府批准后，报本级人民代表大会常务委员会和上一级人民政府备案。

---

❶　《城乡规划法》中涉及"政府"一词出现 99 次，"公众"一词出现 4 次，"规划师"、"编制单位"一词各出现 2 次，"专家"一词出现 4 次，"开发商"一词没有。

第二十八条（规划实施由政府确定）　地方各级人民政府应当根据当地经济社会发展水平，量力而行，尊重群众意愿，有计划、分步骤地组织实施城乡规划。

第五十一条（规划监督检查由政府负责）　县级以上人民政府及其城乡规划主管部门应当加强对城乡规划编制、审批、实施、修改的监督检查。

（2）规划师：积极被动地参与编制技术过程

在传统体制下，政府控制一切的社会生活，规划师是政府行政机构的重要成员之一，代表、服从、服务于政府的规划目的与规划目标，主要是落实政府的发展与建设计划。

在城市总体规划编制与实施中，规划师的价值导向与政府的价值取向往往存在较大差距，导致体制性矛盾扼杀了规划师的价值导向，而不具有独立的功能地位，只能被动地参与城市总体规划编制的技术全过程，规划师处于一个非常尴尬的状态和地位。由于城市总体规划编制与实施是政府行为，在现阶段民主体制还不健全的环境下，在城市总体规划编制实施过程中，规划师还只能承担实现政府发展意志的功能，而很难根据城市的客观发展趋势实现自身的规划价值导向。

（3）公众：没有法律程序化，实践在探索

根据我国城乡规划法的第八条、第二十六条的规定，城乡规划报审前依法公告，批复后应当公布。无论是报审前还是批复后，这仅仅是规划编制的事后公布，对于公众来说，没有实质性的法律意义。换句话说，公众自总体规划编制开始就没有诉求的通道和需求的表达，导致没有沟通的规划公示制度安排，公众所提建议无法体现在规划方案之中。

自20世纪80年代开始，我国城市总体规划的公众参与问题就已经有所讨论，但至今只是在局部的范围内、在特定的层次上有一些零星的尝试，主要集中在少数大城市总体规划的编制阶段，在参与形式上局限于完全被动的方式，公众被动地接受调查、了解官方宣传信息和规划成果，在制度和实践的整体上尚未全面推行。

《城乡规划法》关于公众参与方面的规定

第八条　城乡规划组织编制机关应当及时公布经依法批准的城乡规划。但是，法律、行政法规规定不得公开的内容除外。

第九条　任何单位和个人都应当遵守经依法批准并公布的城乡规划，服从规划管理，并有权就涉及其利害关系的建设活动是否符合规划的要求向城乡规划主管部门查询。

第二十六条　城乡规划报送审批前，组织编制机关应当依法将城乡规划草案予以公告，并采取论证会、听证会或者其他方式征求专家和公众的意见。公告的时间不得少于三十日。

组织编制机关应当充分考虑专家和公众的意见，并在报送审批的材料中附具意见采纳情况及理由。

（4）专家：被动纳入程序，对于否决权没有法律规定

根据《城乡规划法》第二十六条、第二十七条、第四十六条的规定和《城市规划编制办法》第六条、第十四条的规定，专家已经成为城市总体规划制度建设的重要因子，主要参与城市总体规划编制的前期研究、规划方案的论证、审查。

在现行机制中，专家能够发挥的作用是有限的，只能是对规划的技术细节提出修改建议，建议的依据主要包括规划的标准规范和专家自身的专业见解。现行的规划法律法规没有赋予专家对规划的否决权或部分否决权，这与国外的专家独立考评机制存在较大差距。同时，专家只在规划编制阶段能够发挥一定作用，在规划实施阶段基本上无法参与机制运行。

《城乡规划法》关于专家参与的规定

第二十六条　城乡规划报送审批前，组织编制机关应当依法将城乡规划草案予以公告，并采取论证会、听证会或者其他方式征求专家和公众的意见。公告的时间不得少于三十日。

组织编制机关应当充分考虑专家和公众的意见，并在报送审批的材料中附具意见采纳情况及理由。

第二十七条　省域城镇体系规划、城市总体规划、镇总体规划批准前，审批机关应当组织专家和有关部门进行审查。

第四十六条　省域城镇体系规划、城市总体规划、镇总体规划的组织编制机关，应当组织有关部门和专家定期对规划实施情况进行评估，并采取论证会、听证会或者其他方式征求公众意见。组织编制机关应当向本级人民代表大会常务委员会、镇人民代表大会和原审批机关提出评估报告并附具征求意见的情况。

2006年《城市规划编制办法》关于专家参与的规定

第六条　编制城市规划，应当坚持政府组织、专家领衔、部门合作、公众参与、科学决策的原则。

第十四条　在城市总体规划的编制中，对于涉及资源与环境保护、区域统筹与城乡统筹、城市发展目标与空间布局、城市历史文化遗产保护等重大

专题，应当在城市人民政府组织下，由相关领域的专家领衔进行研究。

（5）开发商：虽不享有规划参与的权力，却对规划产生相当大的影响力

城市总体规划编制审批之后，一方面要靠政府公共投资的注入；另一方面要靠开发商的社会投资的注入。但是，在城市总体规划的法律法规制度中，仅仅规定了开发商违规的条文，而没有规定开发商规划参与的权力。然而，在现行的行政体制下，开发商却对规划编制与实施过程产生相当大的影响力。

若要通过城市总体规划对空间资源的调控手段，促进城市资源空间的高效利用，就必须让包括开发商在内的广大城市建设者融入到城市总体规划的编制与实施机制体系中，而不是仅有规划法律执行的义务，这也是市场经济制度下政府公共行政理念转变的关键。

第三节　现行城市总体规划制度机制的结构

现行城市总体规划制度机制主要从法律功能结构、编制技术结构、实施事权结构三个方面进行深入剖析，以探究当前城市总体规划制度机制建设的根本问题所在。

一、法律功能结构分析

以前城市总体规划的概念主要是城市空间建设规划，调控对象是城市土地空间资源的配置。所以，从专业设置、人员培养、行政管理等各个方面都纳入了国家建设系统范畴，城市总体规划也只能在建设系统行业中找到自身的位置，进而掩盖了城市总体规划综合性的法律地位和功能作用。

1989年的《城市规划法》的第一条是制定目的：为了确定城市的规模和发展方向，实现城市的经济和社会发展目标，合理地制定城市规划和进行城市建设，适应社会主义现代化建设的需要，制定本法。2008年的《城乡规划法》的第一条也是制定目的：为了加强城乡规划管理，协调城乡空间布局，改善人居环境，促进城乡经济社会全面协调可持续发展，制定本法。从法律目的的变迁来看，虽然实现了从技术目标向管理目标的转变，但是无论是"确定城市的规模和发展方向"，还是"协调城乡空间布局，改善人居环境"，我国城市规划整个法律目标仍是建立在技术目标之根本上，这也就从法律根源上决定了我国城市总体规划编制机制的技术性和实施机制的行政审批性，而非对城市空间资源调控的政策性和公共性。

1. 编制功能作用

（1）具有一定的行政功能作用，但没有行政决策职能

城市总体规划编制纳入到了行政管理体系，处于行政管理的层级尾闾或者技术支撑，没有决策职能，而仅有建议职能。我国城市总体规划编制主要为行政管理服务。因此，城市总体规划编制是各级政府执政的技术支撑。

（2）具有较高的法律地位，但法律权威性不够

虽然我国《城乡规划法》赋予了城市总体规划编制的法律地位，处于立法序列的第二层次，但是法律权威性尚未完全建立起来。目前，各级政府擅自修改规划的违法行为屡见不鲜，法律权威性不够。主要原因是城市总体规划仍然是处于规章级别的法律效力和强度状态，在程序性制度安排上存在较大的缺陷。

（3）处于空间建设规划体系的核心地位

城市总体规划处于支撑全局、承接上下的枢纽性地位。城市总体规划是我国空间建设规划体系中最核心的部分。但是，城市总体规划编制主要为政府行政管理提供技术服务，受城市政府的行政领导，导致城市总体规划编制成为了政府意志蓝图实现的技术手段或工具，而规划编制单位仅仅是参谋咨询的部门。所以，城市总体规划编制地位一直处于被动的状态。城市总体规划是在我国城乡发展建设中起到了巨大的控制和引导作用，是其他任何行业、任何专业无法替代的，也是其他非城市规划行政部门不可代替的。

（4）社会经济功能作用较低

由于计划经济体制的影响，城镇国有土地都是无偿、无限期的使用，城市总体规划编制主要是物质性建设规划，且完全是政府行为，建设规划未能与经济、社会等充分结合起来，导致城市总体规划编制的社会经济功能效用相对较低。也就是说，空间布局方案最优并不代表空间效益方案最优，空间效益方案最优也并不代表社会空间方案最优。城市总体规划对城市空间资源的优化配置，应该是空间布局、空间效益、社会空间、生态空间等多层次空间叠加后的优化方案和相对较佳方案。然而，目前受一些地方政府领导的影响，以及规划队伍专业结构不够合理，导致城市总体规划一味追求城市土地利用总平图的美观，忽视了对社会经济生态空间方案的评估。

总之，受计划经济体制的影响，我国城市总体规划编制地位整体上以行政地位为主要特征，法律权威地位有待进一步加强，社会、经济地位有待进一步形成，编制工作一直处于被动的状态。

2. 实施功能作用

（1）空间发展目标导向的功能作用较强

在现行的城市总体规划编制与实施机制体系中，政府可以借助规划行政事权的实施，为达到预定的城市发展目标提供规划途径保障。由于政府是规划的编制组织者、决策者，政府行政行为的目标导向、发展意志很容易贯彻

到规划价值取向之中；由此政府也很容易达到规划的空间发展目标。譬如，城市总体规划中确定的新区开发，只要政府有强烈的规划空间意向并在规划中确定，新区开发就很容易推动。

（2）作为扩大城市用地规模的功能作用较明显

目前，城市总体规划编制与实施机制体系，极其有利于政府强化城市空间资源的配置。由于政府掌控城市总体规划编制和实施事权的核心部分，政府为了实现自身的发展目标，必然会借助规划行政权力，强化配置空间价值较高的城市土地资源，在规划实施中以经营城市的途径，增加政府财政收入来源，而不关注城市公共空间的配置，进而呈现出城市总体规划作为政府扩大建设用地规模的功能效用。因此，在当前机制下，城市总体规划已经成为了部分城市政府城市建设用地扩模、城市土地经营增收的工具，作为扩大建设用地规模的功能作用较强，而保障公共空间的功能作用较弱。譬如，近十年第四次、第五次城市总体规划编制修改高潮，主要原因是政府想继续加大扩展空间的速度，取得更多的土地发展产业。

（3）作为审批建设项目的功能作用较强

目前，现行运行机制延续了计划行政权力的体制架构，整个机制体系都是以政府掌控行政审批事权为中心线索而展开。对于编制自身，就是上级对下级的行政审批事权；对于实施自身，就是政府掌控项目建设的行政审批事权。

由于城市总体规划是经过严格法定程序的规划建设法规文件，因此，不少地方政府把城市总体规划直接作为审批建设项目的重要依据，而没有作为城市空间资源配置和调控的重要依据。

由于现行的城市总体规划的实施机制不健全，导致城市总体规划实施功能效应较低，仅仅停留在作为政府审批建设项目、扩大用地规模、发展终极蓝图等方面。因此，通过城市总体规划达到调控城市空间资源、保障社会公众空间的目的很难达到，由此脱离了预定目标和作用。

综上所述，我国城市总体规划法律线索仍然是项目导向型，城市各部门报项目计划，规划落实项目。很显然，城市总体规划与公共政策导向、法律政策导向的差距还很大。

二、编制技术结构分析

1. 规划内容：覆盖城市建设各领域的、缺乏统筹协调的全能规划

我国传统城市总体规划的内容构架有两个逻辑渊源，一个是在规划思想和规划方法上继承了 1900～1950 年间的综合规划理念，另一个是在实践功能上承担了计划体制下的城市生产力布局与城市建设空间安排的功能，由此导致城市总体规划囊括了城市发展与建设的各个领域，包括经济社会发展战略、空间格局与功能布局、土地利用区划、基础设施建设、市政设施建设、生态环境保护等内容。因此，这种内容体系很难适应市场体制的要求，导致了城市总体规划的"错位"（包办了许多专业规划的内容）、"越位"（步入微观经济领域）、"缺位"（对总体发展的协调战略与实施措施研究非常薄弱）现象。

从规划层次来看，目前我国城市总体规划内容中，除了城市总体规划自身内容外，还包括市域城镇体系规划、乡村规划等内容。造成城市总体规划内容日益庞杂的主要原因：1980 年代中后期受市场经济影响，我国政府开始重视城市经济发展，忽视了区域规划的作用，城市总体规划缺乏区域规划支撑。所以，当前我国城市总体规划囊括区域规划、城市规划、乡村规划、风景名胜区规划、历史名城保护规划等在内的不同层次规划的内容。但是，随着区域规划的日益完善，城市总体规划是不是要回归到自身的内容体系上来，而不是目前庞杂内容的强化态势，这是目前值得深入研究的课题。

2. 时间维度：僵化的刚性静态规划

受到法律制约（城乡规划法）与技术习惯影响，传统城市总体规划的时间维度研究极其僵化，即无论城市大小，发展速度快慢，都遵循 20 年远期——10 年中期——5 年近期的时序目标规划体系，并以此主导规划内容构筑。规划过于刚性化，不合乎城市发展实际，这是城市总体规划普遍迅速失效的重要原因。城市总体规划没有建立动态滚动规划编制实施机制，规划的内容体系没有构筑能适应市场经济发展而进行后续修改的灵活构架，每一次的重大修改，都必须重复一次完整的编制过程。

另一方面，《城乡规划法》及相关法律法规对城市总体规划的内容乃至技术规范规定过细、过于僵化。我国地域辽阔，东、中、西之间，南、北之间，新兴经济区域与传统产业区域、农业区域之间，农区与牧区之间，都存在巨大的区域差异，各区域的发展阶段、发展趋势、发展特点很不相同。因此，用统一的技术结构模式编制与实施适合每个城市的城市总体规划是很难做到的。

3. 空间维度：唯中心城市的总体规划而非城乡互动空间规划

由于区域城市的自组织机制不为人们所了解，因此，在传统城市总体规划的空间维度研究中，城市总体规划几乎没有深入进行区域研究。1980 年代以来，随着规划界对城镇体系重要性认识的逐步深化，促使城市总体规划开始研究区域经济与区域空间问题。但是，在实践中，市域城镇体系的格局往往是中心城市来决定的，即点和面的关系本末倒置。

重城市轻区域的城乡割裂型城市总体规划模式，无法摆脱就城市论城市的狭隘视角，以及导致城镇资源恶性竞争、基础设施重复建设等问题。另外，由于我国经济发达城镇地区已逐渐进入城市群、城市连绵带的发展阶段，在物质景观上城乡之间界限、城镇之间的界限已经逐渐模糊。如果仍然继续受制于城镇行政区划，采取重城市轻区域的规划技术结构，不仅影响到规划编制与实施效果，而且很难做到完全覆盖规划区的规划编制和实施。

总之，以线性规划模式为主导的编制技术结构，其核心重在技术过程、项目布局；然而程序导向、公共参与导向尚未扭转目前城市总体规划编制技术过程。

三、实施事权结构分析

我国城市总体规划制度机制是典型的政府主导型的事权体系，以审批核查事权体制为线索。政府投资重点是落实项目，而不是引导城市结构高效扩展。

1. 上级与下级：政府审批型而非调控型垂直事权结构

目前，我国城市总体规划编制与实施机制体系中，上级与下级之间的事权结构是审批为线索的体制，而不是上级、下级事权明晰的调控型线索的体制。上级政府对下级政府的编制事权进行审批和决策，对下级政府的实施事权进行监督和指导，并且微观到城市建设的具体项目的布局。然而，由于城市建设事项较多，上级政府无能为力做到对城市总体规划的实施事权的监督和指导，进而演变成为简单的审批事权关系。

目前，我国城市总体规划体制是在中央政府（建设部）主导下建立的，中央政府通过掌握规划立法权、部门规章制定权、相关法律法规解释权、行政督导权以及城市总体规划的最终决策权（审批）、考评权，来界定城市总体规划的编制内容构架与编制原则，并通过内容审查机制引导和控制地方城市贯彻中央的相关政策意图。

2. 部门与部门：各自为政审批而非协调合作的水平事权结构

目前，我国政府部门之间的职能分工基本上处于各自为政的状态，以项目审批事权为核心的依法行政，由于缺乏必要的协调合作机制、宏观调控机制等，由此导致整个城市发展的不协调。

虽然城市总体规划囊括了城市建设、城市社会经济、城市生态等各个方面的内容，但是建设规划部门的行政事权是有限的，加上城市总体规划很难做到与其他部门规划之间的完全协调。因此，导致城市总体规划审批内容较多，实施内容较少，出现可操作性较差的现象，主要原因是政府各自为政的审批制度、协调合作的公共行政调控制度尚未建立。

3. 政府与社会：规划行政高度集权而非公共民主的横向事权结构

《城乡规划法》规定，城市总体规划由城市人民政府负责组织编制和实施。我国城市总体规划编制与实施事权是在高度行政集权下进行的，由此导致城市总体规划编制与实施机制很难注入公共民主的事权要素，当前政府主导的专家、公众参与程序也不是法律程序机制上的公共民主，只是社会公共自发的规划建议权。

即使《城乡规划法》规定了在城市总体规划上报上级政府审批之前，须由同级人大常务委员会审议的法律程序，但是，相对于规划行政高度集权的政府来说，这一审议程序起不到实质性的事权作用。

在规划行政高度集权模式下，城市总体规划编制和实施的制约与监督不足，有效的监督只有上级政府对下级政府的垂直制约，然而，这种制度安排具有渠道狭窄、权力单向实施的特征，因而很难保障城市总体规划的有效实施。近几年，规划督察员制度、规划委员会制度、垂直管理制度的开展，都是对此种制约监督模式的调整，而不是对现有体制的重大突变，是"体制内"的变革努力，很难从根本上解决城市总体规划监督制约问题。

从制度机制演变历程看，我国城市总体规划在1990年代以前的主要功能就是国民经济发展计划的落实，规划的体系结构并不是很清晰。1990年代以后城市总体规划的地位大大提升，各方对总体规划都抱有很大的期望，城市总体规划的内容构架日趋庞大，对规划深度与可操作性的要求也越来越高，再加上城乡规划法规及相关编制办法、解说的规范要求，总体规划编制逐渐形成了较为清晰的层次体系，主要可以划分为四层：规划纲要层、规划专题层、规划说明书以及规划文本。近些年战略规划的兴起，以及近期建设规划地位的提升，在规划编制的内容体系上，实质上又增加了铺垫性的战略研究层与实施性的近期建设规划层，不过战略规划与总体规划的关系并没有得到合法界定与认可，近期建设规划已经得到了2008年《城乡规划法》的法律认可，但与城市总体规划的技术关系也仍然有待厘清。纵观历程，虽然我国城市总体规划是一部技术线索快于管理线索、法律线索演变的历史，但是城市总体规划的发展加快了城市规划法律地位的确立，推动了城市规划技术快速发展，保障了城市有序扩张和健康发展，对我国城乡建设和城乡规划事业发展做出了不可磨灭的贡献。

第六章 现行城市总体规划制度机制困惑

第一节 城市总体规划制度存在问题

通过 1990 年代以来各地城市总体规划编制与实施以后，一方面，城市总体规划对城市建设、城镇化推进、城市经济社会、城市环境建设等都起到了巨大推动作用；另一方面，城市总体规划也凸现出相应的问题和矛盾，主要有以下几点：

一、存在制度结构断裂现象

从现行体制看，当前城市总体规划在功能定位、规划事权和技术内容之间存在制度结构断裂现象。

1. 审批性功能强于调控性政策

通过最近二十年多年的城市总体规划的编制与实施，可以判断我国城市总体规划编制与实施的功能定位不清楚，功能作用较为模糊。主要体现在以下几个方面：

一是有 1/3 的城市把城市总体规划直接作为审批项目的主要规划依据。[111] 一方面，说明了我国城市总体规划在政府、公众的法律地位已确立；另一方面，说明了我国城市总体规划编制与实施的功能定位存在严重问题。审批以后的城市总体规划是为建设项目审批服务，还是发挥空间资源调控功能？若发挥空间资源的政府宏观调控，就需要继续下一层次规划的支撑。

"城市总体规划是城市规划的第一阶段，是城市发展的战略部署，不能解决城市发展所有的具体布局问题。它不能直接指导城市建设。现在有一种倾向，不管什么内容，都要求'纳入城市总体规划'，这是一种误解。总体规划只是为下一阶段的规划提供依据，并非有了总规就完事大吉，重要的还在于在总体规划的基础上开展分区规划、详细规划，才能有效地指导各项建设"。（赵士修）❶

---

❶ 中国城市规划设计研究院.《城市规划编制办法》修编调研报告，2002.

124

二是城市总体规划是战略性法律定位，还是审批性法律定位，目前一直尚未理顺。根据目前规划实践来看，大部分城市都作为审批性的法律定位，虽然有战略性研究，但是更多注重研究性的结果，即终极蓝图目标。

三是城市总体规划内容体系定位非常模糊，有很多内容都超出了规划事权范围。同时，城市总体规划图纸内容很难指导下一层次规划，由此导致很难实施。只有城市总体规划的功能定位清楚、功能作用明晰，才能对城市总体规划内容体系定位作出选择。

2. 技术内容扩张快于规划事权界定

1990 年《城市规划法》颁布实施以后，城市规划提升到城市建设的龙头地位，政府对城市总体规划的法律地位提升给予了很大的期望，城市总体规划的内容构架日趋扩张，譬如市域城镇体系、市域基础设施、生态环境保护规划、城区基础设施专项规划和专业规划等。但是，政府管理体制的事权释放没有跟上城市总体规划内容扩张，导致城市总体规划实施的艰难。即使 2008 年 1 月 1 日颁布的《城乡规划法》也仍然未解决技术内容扩张快于规划事权界定的问题，且技术内容增加了城乡统筹、重点镇的用地布局、新农村建设等规划内容，但规划事权也没有及时跟上和补充。

3. 编制技术制度详于实施事权制度

在整个城乡规划法规体系中，规划编制规定较系统，而规划实施规定较粗糙。也就是说，"一书两证"的规划实施制度系统，不能代表整个城市规划编制成果的实施，仅仅是一部分。规划的选址、建设用地规划许可证、建设工程规划许可证，主要是城市详细规划的实施。然而，城市总体规划的实施，在法律层面出现了"真空"，仅仅规定了城市总体规划编制完成之后，继续深化城市分区规划、城市控制性详细规划，这是在技术编制层面上的延续，核心是土地利用规划的延续，以及相关公共设施、道路交通、基础设施等方面的延续；但是，其他的专项规划的实施，譬如旅游规划、环境保护规划、生态规划、风貌规划、防洪规划、防灾系统规划、近期建设规划等，规划主管部门有没有管理事权，建设事权如何规定，城市规划法律没有回答。

在法律责任里面，也仅对"一书两证"的问题提出了法律要求，而对城市总体规划实施、编制等行为提出的法律责任要求甚少，主要在未依法编制、未依法委托方面做出法律责任的界定。实质上，由于受到以经济建设为中心的影响，这部法律对开发商行为、建设者行为考虑较多，而代表其他社会阶层的行为考虑较少，甚至没有。当前城市总体规划编制内容庞杂，真正具有法律实施要求的内容体现较少，除了与"一书两证"有关之外，其他都很难通过法律付诸实施。这就必然造成"规划规划，墙上挂挂"的"残局"。

再如，市域城镇体系的城市总体规划文本条文，谁来保证实施，当前实施事权是否与法律规定吻合？虽然每个规划法律规章中，都规定了相关规划的协调，但是事实并不这样。[112]

4. 技术文件替代实施制度

目前我国城市总体规划技术文件还未成为法律条文。这也是制度结构断裂的很重要方面，也是城市总体规划很难实施的主要原因。主要表现在：

一是规划接口机制不健全，影响规划效能。城市总体规划成果转化成为法律之后，有的可以直接实施，譬如重大行政区划调整、水源地空间确定等；有的还需要下一个层次规划的继续深入，而这部分又是主要的、核心的内容，这部分内容的实施几乎是一个"空白"，这就需要为各层次规划（纵向规划、横向规划）留出"接口"作为实施监督的法律依据。目前，城市总体规划的接口机制很不健全。

二是政策保障措施的缺乏，影响规划效能。政府的公共政策是保证城市规划实施的最有效手段。总体规划确立的目标与战略需要政府及其各部门的政策支持才能最终落实；而总体规划作为城市空间发展的指引，也应当成为整个城市及其各部门制定政策的依据。但目前我国城市总体规划由于与政府公共政策的基本要求和运作过程不相匹配，难以纳入其他部门的政策制定和执行系统中，规划的原则和思路在城市各部门、机构和经济实体发展的政策中难以得到全面体现。

三是经济保障措施的缺少，影响规划效能。城市总体规划以社会整体利益为基本原则，为保证规划不偏离社会整体价值的取向，化解来自其他部门或开发商在经济利益上的挑战，保持其主动权和引导性，总体规划必须得到充分的经济保障和财政支持。但目前规划部门对公共投资决策过程并不具有强大的影响力，也缺乏足够的能力协调平衡城市公共资金的投入方向、区位和时间，难以通过对这些资金安排与规划过程的结合实现建设过程与总体规划的协同。

综上所述，城市总体规划到底应该承担哪些功能，应该构筑怎样的技术结构来支撑功能的发挥，一直是城市总体规划改革争论的焦点。现行机制的事权结构，至少在规划实施阶段是非常模糊的。城市总体规划编制与实施的时序关系到底如何协调，是前后递推，还是平行推进，尤其是实施如何作用于编制，都还没有定论。

在我国目前的制度安排与环境背景下，机制系统的组织关系是不完整的，在编制与实施之间、在制度变迁与规划体制之间、在发展环境与调控措施之间，都存在着结构断裂和过程错位的现象。因此，规划机制架构的法律空白较多。

二、规划事权体制不健全

1. 政府是规划事权的主导力量，现代化公共行政建设有待提高

目前，我国城市总体规划编制与实施机制构建是在高度集权的政府主导机制下进行的，这很难适应我国现代市场经济制度建设和社会经济发展水平的提升。具体表现在：

首先，政府与社会的公共事权划分不够合理，导致政府不堪重负，政府"越位"、"错位"、"缺位"现象时有发生，这是我国城市总体规划编制与实施机制运行较为严重的问题现象。譬如政府领导对规划的过度干预，政府对公共设施建设规划的不重视，政府对市场行为的行政命令管制等。

其次，很难建立规划编制与实施事权的制衡机制。在现行制度构架中，规划主管部门实质上垄断了规划编制实施从动议到反馈的一切权力。由于《城乡规划法》对城市总体规划的界定主要局限于规划过程与技术结构，而对规划的事权结构、功能结构界定很不清晰，并且此类界定也严重滞后于市场经济发展，因而现行的制度机制难以发挥有效的约束作用。这也是城市总体规划有法律地位而没有法律保障的制度原因。

第三，政府事权的实现手段组合不够合理。目前政府编制与实施城市总体规划，利用的权力资源主要是行政手段，包括行政命令与行政许可，而法律手段运用较少。在传统体制下，只需运用行政手段就能够实施直接干预，规划只需提供技术规范；而在市场体制下，更多的是运用法律手段，通过明确各行为主体的事权关系，来推动机制运行。

2. 上级集权的分级审批制度与地方建设的公共行政事权不协调

当前，我国城市总体规划实行的是过于集权的分级审批制度。但是，这种上级集权审批制度，基本上与地方政府公共行政事权相互脱节，主要表现在城市总体规划编制的内容上。我国《城市规划编制办法》规定的城市总体规划编制内容基本上是包揽了城市建设的所有内容，包括宏观、中观、微观的城市空间建设规划。因此，当前城市总体规划编制与实施制度，没有明晰上级审批事权的政策导向与地方审批事权的建设导向之间的关系，导致城市总体规划编制难、审批更难、实施难上加难。

3. 事权空间法律边界过于技术化

城市总体规划空间法律边界过于技术化，与公共行政事权界限不协调。当前，我国城市总体规划的空间法律边界是《城乡规划法》所规定的规划区。但是，规划区的规定过于技术化，没有与政府公共行政事权边界保持一致，进而很难保障城市总体规划实施。譬如城市总体规划中确定的城市水源地，一般不在城市行政区范围内，即使技术性划入了规划区，但是城市总体规划实施事权又无法触及，由此导致城市公共安全空间无法得到保障；由于

市域城镇体系规划实施缺乏相应的实施主体，导致城市总体规划中的城镇体系规划很难实施。

4. 部门协同事权机制的缺失

城市总体规划是综合性规划，涵盖了社会经济诸多方面的内容。城市总体规划的实施，需要依靠政府各个部门的协同配合。然而由于部门利益的牵制或者考虑问题角度和立场的局限性，不可避免地在城市中各系统、各部门与总体规划之间会产生不协调的矛盾。而在目前的行政体制框架下，规划部门也只不过是政府众多部门之一，既无权力也无能力在这一体系中真正承担全面的综合协调作用，难以确保各个部门的决策都以总体规划作为决策依据，使各个部门的行动都保持一致的方向。

5. 规划监察事权机制较弱

根据前述分析，城市总体规划整个机制系统尚未形成法律责任体系。主要表现在规划监察事权机制较弱。

一方面，公共参与制度机制严重不足，规划监察机制较弱。在传统体制下，社会整体制度中缺少公众参与的实质性内容，城市规划难以过度超越于其他制度层面；同时也缺少必要的社会组织基础而难以充分组织公众参与；另外，在城市规划制度中缺少相应的规定，缺少有关公众参与的可操作方式、方法、程序和准则。因此，在现行制度构架下，人大、社会公众、专家意见只能发挥有限的建议作用。

上级政府对下级政府的监督由于受经济机制和行政体制的现状影响，监督力量很弱。尤其是对于目前城市规划管理中的"两级政府三级管理❶"的体制，各级城市规划管理主管部门隶属同级政府，对同级政府负责。因此上级政府规划主管部门对下级政府规划主管部门进行监督，很难发挥监督的作用。

另一方面，城市总体规划编制与实施缺乏公共参与、多元监督的法律支撑。当前，除了在上报上级审批机关前须由同级人民代表大会常务委员会审议的程序以外，我国城市总体规划编制与实施的全过程基本上都是在政府系列中完成的。然而，同级人大审议的程序是在不参与城市总体规划编制过程的情况下进行的；专家参与也是政府聘请的，没有法律程序制约；部门参与也是上级与下级的参与，没有法律程序的约束。虽然我国城市总体规划编制与实施注入了公共参与的机制，但这是没有法律约束的公共参与机制，起不到对城市总体规划的监督、建议、决策等作用。总体来说，我国城市总体规划编制与实施机制缺乏人大、政协、社会团体、利益集团、学者专家等公共参与、多元监督的法律机制支撑，高度集权的城市总体规划编制与实施事权

---

❶ "两级政府三级管理"指市级、区级两级政府和市规划局、区规划分局、街道规划所（站）。

没有真正得到分化和组合。

综上，传统自上而下的、封闭的权力组织结构具有强大的体制惯性，城市总体规划是政府获取经济增长速度、增加政府经济收益的重要途径，而追求经济增长效率往往忽视了社会公平。20 世纪下半叶国外发达国家政府的城市规划正处于改革调整过程中，逐步强化了公共参与、社会问题等对城市规划机制的注入。我国城市总体规划编制和实施机制的构建是在 1980 年代以来吸收国内外成熟的城市规划实践经验基础上形成的，不是我国城市规划编制和实施经验教训的积累，另外，当时我国也没有形成倡导性规划编制与实施机制的宏观背景条件。因此，在较短的城市规划发展时期所形成的理性的综合城市规划模式，在较短的法制实践过程中已经凸现出诸多问题，这也是我国城市总体规划编制与实施机制需要创新的根源之一。

三、规划技术制度变革落后于规划价值导向变迁

1. 理性综合规划主导背后的城市问题研究不够，导致目标导向与现实发展差距较大

改革开放以后，我国城市规划编制、实施体系是在西方理性综合规划的引入、计划经济体制下建立的。现行城市总体规划编制成果涉及内容、范围日益庞大，从区域发展战略到城市环卫设施设置，综合性越来越强。总体规划各种内容过于全面，导致了对实际建设宏观指导不足，甚至丧失，微观操作不实，无法适应实际的两难。[113][114] 同时由于过于庞杂又加重了规划审批的负担，甚至出现审批结果未出，城市总体规划又需要修改的局面。因此，理论架构西方化，行政架构中国化。理性综合规划理论强调系统化的规划过程，规划编制与审批的重点是追求理想化的"终极蓝图"。然而，由于我国城市问题研究理论长期缺乏，城市总体规划编制过程中缺乏解决城市问题的支撑，由此导致综合性规划背后的内容冗长与审批瓶颈，脱离城市问题的理想终极蓝图很难实现，规划实施很难操作，核心是造成了规划与建设管理、财政能力的脱节。这是当前城市总体规划编制实施普遍存在的问题。

"城市的发展是长期的，是一个'量变'的过程，绝不是每进行一次总体规划修编就能发生一次'质变'。然而，在以往的总体规划编制中，往往是这种'质变'观念占据了主导地位，城市领导希望城市经过一次规划'大变样'，规划设计人员希望绘制出'宏伟蓝图'，结果在规划编制过程中，往往不重视城市的现状情况，现状调查流于形式，没有用'量变'的观念在现状和上一轮规划基础上进行规划"。（同济大学城市规划系 肖辉）❶

---

❶ 中国城市规划设计研究院．《城市规划编制办法》修编调研报告．

上轮城市总体规划主要基于我国城市发展方针，即严格控制大城市规模，合理发展中等城市，积极发展小城市。因此，导致过分强调城市规模的控制导向作用，主要体现在城市规模和空间布局两个方面。目前，各个省会城市、副省级城市、部分沿海大城市的第四次城市总体规划修编主要原因是城市用地发展空间不足，城市发展方向与规划预留用地空间出现错位等，主要是受到当时城市发展方针政策的规划判断的影响。

《长春市城市总体规划（1996—2010）》是1994年10月开始编制，1997年编制完成，1999年5月14日经国务院批准实施的。据统计，到2003年底，长春市中心城区（包括中心团和富锋团、兴隆团、净月团）建设用地规模达到220平方公里（中心团用地规模已达到210平方公里），城区常住人口达到250万人，已提前超额完成了原总体规划所确定的2010年建设用地规模200平方公里的控制量；根据统计，1995年城市建设用地为143平方公里，到目前为止，八年间新增城市建设用地77平方公里，年增长率为5.4％，年平均增加城市建设用地9～10平方公里，人均建设用地指标达到87.7平方米，其中2003年增加用地10.54平方公里，增长率为5.28％。❶

2. 过于重视经济发展价值导向，对公共政策导向关注不够，导致中央与地方博弈主要集中在城市建设用地规模

从现行机制看，过于偏重经济发展导向，对社会公平、生态环境保护明显缺乏应有的重视。法律控制存在很多盲区，例如如何直接界定、惩处职能部门违反城市总体规划的行为。在行政控制方面，城市总体规划的"龙头"地位与规划主管部门的行政地位之间存在较大差距，上下级政府尤其是中央和地方之间的行政利益导向严重错位。法律机制不健全的情况，就导致了重经济发展轻公共发展的规划实施"错位"。

当前城市总体规划凸现编制审批过程中的核心问题，主要表现为中央与地方在城市建设用地规模方面的博弈。目前，中央与地方的博弈不是在于城市空间布局、基础设施建设等方面，核心是在于国家能给予审批的城市建设用地规模的大小。在城市经济快速增长的初期阶段，土地是城市经济发展的关键性要素。因此，各级政府对城市总体规划的期望主要集中在城市建设用地规模上，这极大扭曲了城市总体规划的功能定位和作用，也是我国城市总体规划编制和实施机制需要创新的重要原因。譬如包头、合肥等市政府曾经以下达政府文件的形式确定了城市人口发展规模，迫使规划师在修编城市总

---

❶ 长春市规划设计研究院．《长春市城市总体规划（1996—2010）》．

体规划过程中实现政府意志，以达到扩大城市建设用地的目的。

3. 静态蓝图式规划面临"规划失效"

目前我国的城市总体规划重点在于对远期城市发展蓝图的描绘上，"城市规划即规划城市建设的蓝图"[115]是我国规划界的传统概念。然而随着市场经济的深入，城市化脚步的加快，这种以描绘蓝图为主，以静态形态为目标的规划体系越来越受到现实的冲击，不适应发展的"规划失效"相当程度上正在影响总体规划的权威性。城市总体规划编制对过程的干预，时序规划、动态规划的引入势在必行。

4. 现状规划编制存在精英模式且公众参与不足

由于我国城市总体规划理念主要是借鉴西方 20 世纪中叶的理性综合规划理论，即沿用了芒福德"调查—评估—规划编制—接受审查、修改"的四阶段方法，主要以规划师、政府的规划价值取向为核心。在编制与实施过程中，主要以政府部门调研为主，公众、开发商等社会需求调研几乎没有展开或者重视程度不够，重点技术程序是调研——专题分析——规划方案——纲要——成果。因此，城市总体规划中存在较多不符合社会价值观和居民需求的规划价值取向，一方面，受到公众、社会团体、开发商主观上的不认可；另一方面，严重影响城市总体规划可操作性。

城市总体规划对社会利益平衡具有巨大的调节作用，需要广大公众的广泛参与。但现行的总体规划编制本质上还只限于技术层面。由专业的规划设计单位编制，专家参与，最后领导决策。规划成果未能成为社会共识，规划可操作性较差，对规划的实施带来不利的影响。

陈秉钊认为，现行的城市规划几乎延续了半个世纪，可谓 50 年一贯制，这种凝固的、过细的、冗长的编制模式，在实践中已暴露出诸多的弊端。由于静态的规划、过细的规划在情况千变万化的现实中缺乏应变能力，同时冗长的、繁琐的编制模式旷日持久，等到被批准之时往往早已失去时效性。❶

邹兵认为，单从方法论而言，通过设定城市发展的目标来控制和引导城市开发建设的思路并不为错。但总体规划的实施期限大多是 15~20 年，规划设定的是城市发展远期要达到的目标，往往偏重于理想化而对于城市近期开发建设缺乏现实的指导意义。这种跨度 15~20 年的长远目标，也经常由于不可预测的形势或政府政策目标的变更而难以保持稳定性和连续性。政府应对城市发展的内外部环境变化和城市竞争而采取的一些重大举措，都不仅会对城市发展目标造成重大影响，而且将导致城市发展方向和总体格局的根

---

❶ 陈秉钊．新世纪初中国城市规划的改革［J］．城市规划．2000，（1）．

本性改变。❶

四、规划效能制度变革落后于公共服务导向的需求
1."全能"行政政府管理模式,公共政府管理理念不足

我国是计划经济体制实施近 40 年的社会主义国家,计划经济体制下的政府管理是全社会、全方位的审批管理模式,是典型的"全能"行政政府管理,政府是制定计划、审批计划、实施计划配置的政府。

我国城市总体规划的政府管理也是"全能"的,编制的内容体系包括了城市社会经济、城市建设等方方面面,使之不堪重负。而政府管理事权还不支撑编制内容所涉及的行政事权。在计划经济成长起来的城市总体规划经验、计划经济向市场经济转轨过程中吸收国外城市规划编制和实施模式基础上而诞生的城市规划编制和实施机制体系,不可避免地会延续当时的行政政府管理模式。

但是,随着市场经济制度的建设,经济发展水平的提高,当前我国"全能"行政政府管理模式,已经明显不适应社会经济发展需求。因此,必须实现我国政府由"无所不管、无所不能、无所不为"的全能政府,向"提供公共产品、管理公共事务、实现公共利益、行使公共权力"的公共政府转变。[116]

市场经济制度和公共生活水平的提高对政府管理的需求都是公共服务、公共安全、公共保障等公共服务行政产品需求。然而,这些公共服务产品的行政需求,都需要通过对城市空间资源的合理配置和调控才能实现,这是城市总体规划编制与实施必须的内容。因此,我国城市总体规划编制与实施必须建立在公共政府管理理念的基础上,才能适应市场经济制度建设,才能满足不断提高的广大公众的各种空间需求。

邓小平认为,在小康社会,政府管理环境将发生重大变化,主要表现在人民的需求将发生根本的变化,人们的温饱需要得到了解决,人们开始追求发展与享受的需要,要求政府提供更多的公共服务。因而,小康社会的政府管理首先必须满足人们的社会公共需要。

在说明小康社会政府管理环境将发生的重大变化时,邓小平举了苏州地区的例子。当时苏州地区的人均国民生产总值是 800 美元,苏州人民解决了温饱问题,苏州地区就能集中精力办教育和提高人民生活水平,满足人民的社会公共需要。1984 年 10 月 22 日,在中央顾问委员会第三次全体会议上,邓小平指出:"去年我到苏州,苏州地区的工农业年总产值已经接近人均八

---

❶ 邹兵. 探索城市总体规划的实施机制 [J]. 城市规划汇刊. 2003,(2).

百美元。我了解了一下苏州的生活水平。在苏州，第一是人不往上海、北京跑，恐怕苏南大部分地方的人都不往外地跑，乐于当地的生活；第二，每个人平均二十多平方米的住房；第三，中小学教育普及了，自己拿钱办教育；第四，人民不但吃穿问题解决了，用的问题，什么电视机，新的几大件，很多人也都解决了；第五，人们的精神面貌有了很大的变化，什么违法乱纪、犯罪行为大大减少。"❶

邓小平认为，小康社会的政府管理职能主要是提供公共产品和公共服务，政府要集中提供科技发展、义务教育和社会发展等公共产品，履行政府公共职能。

邓小平指出，当我国实现小康社会的目标之后，要集中精力办教育和改善人民生活，政府应集中精力于提供公共产品与公共服务。16年前，邓小平根据对苏州的实地考察，认为进入小康社会，政府的宏观管理的财政基础更加雄厚，可以拿出更多的钱来办教育和改善人民生活，提供更好的公共产品与公共服务。他说："我们的目标，第一步是到2000年建立一个小康社会。……那时我们可以进入国民生产总值达到一万亿美元以上的国家的行列……国家总的力量大了……拿出国民生产总值的百分之五办教育，就是五百亿美元，现在才七八十亿美元。如果拿出百分之五去搞国防，军费就可观了，但是我们不打算这样搞，因为我们不参加军备竞赛，总收入要更多地用来改善人民生活，用来办学。"❷

2. 编制审批时间较长，严重影响实施

编制组织、审批程序过于复杂，严重影响了城市总体规划的实施周期。编制与审批周期较长是我国当前城市总体规划普遍存在的问题，也是各级政府、规划界等共同关注的问题。总体来看，影响编制与审批周期较长的主要原因有中央与地方的建设用地规模的博弈、行政区划的调整、政府领导的换届等。解决编制审批周期问题，核心是解决规划体制问题，重点是规划事权体制改革（见表6-1）。

部分城市总体规划编制周期调查表　单位：月　　　　表6-1

项目名称	纲要阶段		成果阶段	
	编制周期	送审时间	编制周期	上报审批周期
舟山总体规划	3	1	4	8
郏县总体规划	4	1	8	1

❶ 《邓小平文选》第3卷，第89页。
❷ 《邓小平文选》第3卷，第161～162页。

项目名称	纲要阶段		成果阶段	
	编制周期	送审时间	编制周期	上报审批周期
曲靖总体规划	5	1	7	1
井冈山总体规划	5	1	5	5
丽水总体规划	3.5	1	4.5	8
千岛湖总体规划	6	1	6	4
上海	9 年			3 年
珠海	5 年			1 年

资料来源：中国城市规划设计研究院《城市规划编制办法》修编调研报告，2002。

3. 规划缺乏连续机制的法律保障和动态机制的信息保障

当前，虽然我国城市规划法律法规对城市总体规划编制修改有明确的法律规定，但是，由于高度集中的政府编制与实施事权机制和缺乏法律约束的监督保障，导致我国城市总体规划编制与实施缺乏连续性，修改就是编制，进而大大降低了城市总体规划的权威性。另外，虽然目前各级政府都建立了城市规划信息管理系统，但现行机制的信息系统还是一种非常零碎的、孤立的、被动的信息处理机制，还没有建立城市发展信息系统、规划实施动态监测信息系统、规划专家信息系统、规划决策信息系统、规划模型信息系统等，这是每次城市总体规划修改就是编制的一个重要原因。

传统的管理方式难以适应现代信息社会管理的需要。尽管各部门均拥有了较高的信息化技术手段，但均处于"独立"工作模式，政府决策者难以全面掌握整个城市完整的信息资料。政府各部门占有城市的部分信息资源，但局限于"部门利益"很难共享。因此，每次规划修改成为城市的"大事"，耗费大量人力、物力、财力，成为总体规划编制周期较长的一个主要原因。

综上所述，由于整个城市总体规划编制与实施机制系统结构的不完善，目前的运行机制远远不具有自组织调节能力，还难以做到能够根据外部环境的变化自行调整机制的构成要素与运行模式，机制的调节要由强势部门（政府）借助外部力量的支撑（例如对外开放，或者现行机制超过了经济社会环境容量的极限）才能够推进机制创新。但是需要付出的制度变迁成本、环境损失成本、时间机会成本也是巨大的。因此，目前整个机制系统的自组织能力有待提高。

五、问题总结

对于城市总体规划制度机制建设来说，主要存在如下几个特点或问题：一是编制组织、审批程序过于复杂，严重影响了城市总体规划的实施周期；二是编制、实施事权不清晰，导致城市总体规划落实难，与法律赋予城市总体规划的地位极其不协调；三是城市总体规划编制内容过于庞杂，技术组织不简练；四是城市总体规划缺乏强有力的保障机制；五是在规划编制体系中，城市总体规划过于包罗万象，这既影响城市总体规划自身的编制和实施，又影响了其他编制类型的正常编制和实施，进而影响了我国规划编制体系的正常作用。总的来说，我国城市总体规划编制和实施，表现出了一个"不协调"的运行格局，凸现出编制难、审批难、实施难、监督难的"四难"问题。这就需要一个有效的机制保障系统调整、改善当前的"不协调"格局。因此，我国城市总体规划编制与实施的理论和实践研究，尚需要相当长一段时间的研究和探索才能达到较成熟的水平。

第二节　城市总体规划制度机制产生根源分析

每个国家城市规划制度形成发展都有特定的社会经济制度背景和特定的国情发展阶段。由于建国之前的城市规划制度是在封建专制制度下形成发展的，对后续城市规划制度机制建设影响相对较弱，在此不做详细的论述。本书仅对建国之后的城市规划制度形成演变过程背景进行制度因素剖析，以便更深入阐述现行城市规划制度的机制结构。

一、行政体制的影响

一个国家的政治体制建设是影响政府行为各项制度建设的根本。因此，探索城市总体规划制度机制建设也要从这一根本制度影响分析入手，厘清我国城市规划制度机制受政治体制建设发展演变影响的线索。

计划经济时期，行政体系的纵向集权是我国政府的主要治理方式，地方城市政府很难干预城市的综合空间安排。这是城市总体规划侧重于规模控制的内容构架、分级审批制度、纵向实施监督制度的体制渊源。

1. 规划决策分散置于分级审批权力体系之中

在政府行政制度建设上，计划经济体制表现出了高度计划集权的审批制度体系。我国行政体系的纵向集权是主要的治理方式，行政上传下达是政府运行的主要途径，基本上形成了行政高度集权的计划审批制度。因此，地方政府执行上级行政命令，行使行政审批权力，对行政执行和审批不负法律责任，仅仅对行政操作违规负行政处罚责任。

我国城市总体规划制度机制是在传统计划经济体制下形成发展的，1989年诞生的城市规划法律法规、2008年颁布的《城乡规划法》都是建国以来我国城乡规划实践的总结与概括。城市规划作为政府职能，就融入了政府的建设职能部门，地方城市总体规划就成为了城市空间建设规划，对政府各个部门建设项目进行空间落实，政府规划建设职能部门难以对已审批的建设项目进行优化调整，导致城市空间资源的综合安排和战略部署难以实现。同时，对城市总体规划制度机制，仅仅是为政府规划行政审批服务，很少关注城市公共利益的监护；仅仅负城市建设责任，而不是负公共利益责任。在民主制度不健全、依法治国不完善的情况下，民主集中制的政治原则很容易造成"长官"规划。目前，城市总体规划就受这些"长官"意志的困扰，只有通过"规划向权力讲述真理"的道路，才能把规划编制好，实施好。这是城市总体规划侧重于规模控制的内容构架、分级审批制度、纵向实施监督制度、缺乏法律责任制度规定的体制渊源。

2. 规划事权集聚置于较强的行政管理体系之中

在我国现行的机制体系中，城市总体规划是政府行为、行政法律行为。因此，在当前的国家权力配置模式中，城市总体规划的编制与实施机制的构建主要在政府权力体系中，人大的权力配置很少，仅仅有全国人大对城市规划法的立法权力和地方人大对城市总体规划的审议权力。虽然政府行政机关必须向人大负责并受其监督，但是，这种规划体制的架构决定了地方城市政府主要是对上级政府审批机关负责，而非人大机关。同时，也决定了我国城市总体规划的公共参与与公共监督只能是行政机构内部的有限监督。

我国地方城市政府要同时向同级人民代表大会负责，又同时要向上级政府负责，但在实际运行中，相当程度上牺牲了权力机关对行政机关的监督制约作用，地方城市政府实质上更多地向上级负责。由于城市总体规划的编制实施主客体都是行政机构，所以，在编制实施过程中同级权力机关对城市总体规划发挥的作用非常之弱，只能由行政机构的内部监督实现有限督促。

3. 规划实施分散置于各自为政的行政部门结构之中

我国是部门过细的行政管理模式，相应的权力协调呈现"条块分割、条条矛盾、块块竞争"的行政权力结构。我国城市总体规划制度机制也深受这种根深蒂固的行政管理制度影响。譬如纳入国务院审批的城市总体规划，必须经过的 14 部委联席会议制度就是这种政治制度的权宜之计。有些微观层次的城市建设内容，也上升到了国家层级的审批范畴，无疑影响了"城市总体规划"的时效性。城市总体规划是调控手段，但仅仅靠行政手段是不能保障规划实施的。然而，规划的公共设施投资、道路交通投资等公益性投资是能够启动规划实施的引擎工程，却没有相应的财政投资计划权力，即经济杠杆作为保障。由于这种行政制度的弊端，使得规划、投资、政策、建设等相互脱节，各自为政，最终受损的是公共利益。

我国虽然普遍实行了市带县的管理体制，但是绝大多数城市的规划管理系统并没有实行垂直管理，城市规划力量要覆盖影响区域，一般还是要借助城镇体系规划的作用，总体规划的编制实施无法涵盖整个经济区域，这是导致总体规划城乡分裂的行政体制原因。我国一些城市采取改县设区的办法彻底解决这个问题，但是也带来一些城市过度扩张的弊端。另一方面，在发达地区，城市的经济功能区域超越了行政区域，经济发展趋势与行政区划的不协调导致了总体规划力不从心。

中国的政治制度概况：

我国是一个典型的中央集权的单一制国家，中央和地方是个上级与下级统一整体，而不是美国的联邦与州之间的契约关系（享有高度的自主权）。纵向上，是绝对服从关系，横向上，是相互平等关系，对中央负责。另外，我国是政治与经济管理权力高度合一的国家，并且还有计划经济体制下留下来的"条块分割、条条矛盾、块块竞争"的行政结构。

在民主集中的组织原则下，中央和地方的权力层级配置模式是单一制国家结构和人民代表大会制度。我国各级政府的行政权力是建立在单一制国家结构基础上的，决定了我国行政权力层级关系是自上而下的服从关系，而不是契约关系；立法权力是建立在人民代表大会制度基础上的，决定了我国人大的全权地位。[1]

虽然各级人民代表大会是各级地方的权力机关，对其他权力进行监督；但是，这种监督权力、立法权力、任免权力仅仅是静态的、政治事务性的事权，而不是动态的、公共事务性的事权。因此，各级政府的行政权力与立法权力机关之间是被动地履行政治制度程序，而对某个法律授权的行政行为进行动态跟踪的实质性制度发挥作用较弱，由此导致行政权力的无限膨胀、立法权力的有限监督，二者之间的相互脱节，人大的全权地位没有得到充分发挥。[2]

二、经济社会体制的影响

公有制与计划经济的融合形成的资源配置制度影响到了我国社会经济活动的方方面面，这是我国当前城市总体规划编制与实施机制体系构建的经济制度根源。

1. 单一公有制经济决定了规划责任事权弱化

从经济制度的本质上看，社会主义公有制经济制度的建立决定了我国地方城市空间发展主体的单一性，即国家。各地方政府都是代表国家行使城市

---

[1] 杨利敏. 论我国单一制下的地方立法相对分权. 厦门大学法律评论 [J]，2001，(1)：12-63.

[2] 熊建明. 论中央与地方权力的综合与分置—从单一制含义正误之思辨切入，法治研究 [J]，2013，(10)：5-18.

总体规划的各种行政事权，通过项目建设进行国家空间资源的开发活动。因此，在行使规划事权上，不同地区、不同级别的政府不存在本质性的利益冲突。在利益集团单一化的情况，政府只需要强有力的审批事权支撑，没有必要建立明晰的规划调控责任事权体系。这是形成强有力的规划建设审批事权体系的最根本的经济制度根源。

2. 计划性配置资源决定了规划技术导向工程化

计划经济时期，政府直接掌握城市建设的各种各类资源，城市资源配置主要由计划委员会掌握，规划部门只是负责项目"落地"，为城市建设划分各类用地空间。由于计划经济下政府集微观经济主体与宏观经济主体于一身，不存在宏观与微观的行为冲突，这种空间划分不需要转化为相应的政策就能够顺利实现规划目标，所以总体规划不需要承担政策调节功能，规划更多的体现为最优化空间配置的技术工程。

计划经济制度的建立决定了我国所有资源要素的供给都是通过国家或上级的计划指令进行配置，地方政府难以行使对本地区空间资源配置的计划决策权。所以，中央或上级拥有对空间资源配置的决策权力，地方政府或下级只能服从这种决策权力，中央与地方、上级与下级的行政权力架构是决策与执行的权力制约关系。作为规划师和规划主管部门，仅对计划制定的项目选址和布局的工程技术负责，而不对经济发展必要性、合理性、可行性负责。

3. 以单位为载体的社会资源配置制度决定了规划公共调控事权较弱

在传统体制下，城市一切的企事业机构都是以"单位"的形式存在的，"单位"的组织形式多种多样，各级各类单位都在政府统一领导下行使各自的社会事权。在这样的社会体制中，城市总体规划的编制实施勿需同任何其他社会力量协商，只需在政府相关机构的组织下由技术部门、管理部门开展编制、实施即可，并且由于没有"调控"的概念，只需要"落实"，因此也只需要规划的技术文本。

在公有制和计划经济制度下，我国基本上是以国家单位为载体的分化模式的社会制度体系。也就是说，国家社会制度在机关、企业、事业单位内实现，包括教育、医疗、卫生、福利、住房、养老、文化等。因此，政府的各种公共社会空间建设都以国有单位为载体，形成一个封闭的、工厂式的社会制度实施空间单元，通过行政权力最大程度消除障碍，实现资源要素的迅速、顺利、及时的供给和传递，实现最快、最圆满地完成各种工作任务。这就能够保障计划指令资源配置的供给模式，这与我国政治、经济制度是一脉相承的。

另一方面，广大公众享受社会保障、社会福利、社会公共服务等社会制度的第一心理目标是自身所处的单位，而不是通过规划行政事权导向的政府，由此掩盖了规划民主事权的架构。城市总体规划编制与实施主要是与单位实体沟通，而不是与广大享有社会公共利益的公众沟通。因此，当前的城市总体规划编制与实施机制体系对社会空间的规划行政权力关注不够。整个机制体系都是行政审批权力的架构线索，而不是公共调控权力的架构线索。

中国经济制度概况❶

社会主义公有制是我国经济制度的基础。国有经济，即社会主义全民所有制经济是国民经济的主导力量。国家保障国有经济的巩固和发展。

城镇中的手工业、工业、建筑业、运输业、商业、服务业等行业的各种形式的合作经济，都是社会主义劳动群众集体所有制经济。国家保护城乡集体经济组织合法的权利和利益，鼓励、指导和帮助集体经济的发展。

非公有制经济是我国社会主义市场经济的重要组成部分。非公有制经济包括劳动者个体经济、私营经济、"三资"企业等。

我国坚持按劳分配为主体，多种分配方式并存的分配制度。

三、规划制度建设的影响

综上，在单一制国家制度和公有制经济制度下，我国逐步形成了带有计划经济烙印的行政事权体制，也对城市规划事权体制的建立和发展产生了深刻影响。

1. 仍然是自上而下的上级决策权力体系

在自上而下的计划配置形成的上级决策权力体系中，对空间资源配置决策权力在中央或上级，对空间资源使用建设权力在地方或下级。因此，当前城市总体规划编制与实施机制体系是编制的决策事权在上级，实施的建设事权在下级，地方政府城市总体规划是城市空间建设规划，通过强有力的行政审批制度就能落实计划制定的各种建设项目。

2. 强有力审批事权支撑而非明晰责任事权支撑

在计划经济社会行使规划事权上，不同地区、不同级别的政府不存在本质性的利益冲突。在利益集团单一化的情况下，政府只需要强有力的审批事权支撑，没有必要建立明晰的规划调控责任事权体系。

以单位为载体的分化模式的社会制度，就决定了政府不需要通过规划控制来保障社会公共空间的建设，而是通过计划配置项目来保障空间上的落实，这就只需要强有力的审批行政权力体系的支撑。

我国城市总体规划的编制与实施是在公有制和计划经济制度基础上成长

---

❶ 资料来自于《中华人民共和国宪法》2004 年.

发育的，当前形成的机制体系深刻地体现了我国公有制和计划经济制度对政府行政权力架构的要求。面对纷繁复杂的市场经济体制，城市总体规划作为政府的一种战略管理职能，显然还没有寻找到有效的发挥调控功能的话语模式代替过时的技术功能。究其原因，一是没有实现城市总体规划的准确定位；二是没有找到适合的政策支点能够支撑城市总体规划功能；三是没有建立起相应的管理体制。

第三节　城市总体规划制度机制可延续点分析

虽然当前的城市总体规划制度机制与现代市场经济制度建设存在许多不适应性，但是，这种制度机制体系的架构毕竟是在特定的中国国情下成长起来的。因此，在这种制度机制体系内涵中，存在着许多符合中国国情的规划编制与实施事权内容，而且这些内容也符合当今的社会主义市场经济制度建设要求。具体来说主要有以下四点：

一、规划法律地位仍要延续，但需要继续巩固提升

当前，我国城乡规划法律法规明确规定了城市规划的法律地位，尤其是城市总体规划的法律地位，这极大地推进了我国城市总体规划的发展，带动了整个城市规划体系的改革与创新。

在市场经济制度下，我国城市总体规划的法律地位仍然需要延续。这是推进城市总体规划制度机制创新的根本，否则，规划行政事权的明晰化将会失去应有的法律基础。当前的核心任务是要继续巩固提升城市总体规划的法律事权地位。

二、规划编制体系仍要延续，但需要进一步理顺

我国城市总体规划阶段、城市详细规划阶段的"二阶段"模式，存在合理的内涵，即我国分宏观、微观层次规划的管理模式需要继续延续。但是，宏观、微观层次规划编制内容如何与不同级别政府管理事权相协调，尚需进一步理顺和梳理。譬如，目前城市总体规划包括市域城镇体系的宏观内容，又包括中心城区的建设布局内容，还包括市政基础设施的工程性内容，三层次融为一个城市总体规划编制中，规划实施事权很难划分，最后严重影响城市总体规划可操作性。

三、规划分级审批制度仍要延续，但需要明晰审批责任与内容

当前，我国城市总体规划建立了分级审批制度，主要是根据城市的地位、规模、行政等级规定城市总体规划的审批事权界限。分级审批制度是建立在上述分析的政治、经济、社会制度基础上的。审批内容非常庞杂，宏观、微观内容都进入了上级审批事权范围。但是，这种分级审批制度是适合我国国情的，适合我国国家结构形式和根本政治制度的。

在市场经济制度下，我国的根本政治制度没有发生改变，分级审批制度自身是适合我国的根本政治制度的。因此，分级审批制度仍要延续。但是，市场经济制度下的分级审批制度需要明晰中央与地方、上级与下级之间的规划事权的层级、空间界限。也就是说，变全能事权政府为有限政府，按照市场规律行使各自的规划事权体系，积极推进城市总体规划编制内容和编制体系的变革。

四、规划行政事权仍要延续，但需要扩大公共监督力度

当前，我国城市总体规划建立了高度集权的政府规划行政事权体系，政府是整个城市总体规划编制与实施机制体系的核心权力机关，这是由我国政治制度、经济制度和社会制度决定的。由于集经济与社会权力合一的政府是我国基本国情，政府仍然是公共行政权力的主体。因此，规划行政事权体系仍需要延续。但是，需要进行适当的分化，扩大法律授权的公共监督事权体系，建立法治政府。

我国城市总体规划基本上把握了工业化与城市化的大趋势，在引导生产力布局、协调城镇建设、提高城市空间运行效率、保护耕地与生态环境、提升城乡居民生活品质等方面，发挥了重大的调控作用。我国正式全面建设社会主义市场经济体制是从1992年党的十四大开始的，而我国目前城市总体规划编制和实施实践的基本依据则是1989年颁布的《城市规划法》。虽然2008年颁布了修订后的《城乡规划法》，但仍然沿袭了诸多1989年《城市规划法》的核心制度内容。面对日益精致成熟的市场制度体系，城市规划尤其是城市总体规划制度机制存在一定缺陷，日益凸显城市总体规划制度机制功能的力不从心，极其被动地不断修改就是典型例证。

第七章 现行城市总体规划制度改革影响因素

第一节 市场经济体制的影响作用

1992年党的十四大正式确定我国社会主义市场经济制度以后，我国城市发展逐步转向以市场经济体制为动力的城镇化、工业化、信息化快速推进轨道。在推进市场经济体制时，政府宏观调控干预是必要的，尤其是对城市空间资源、土地、环境、房地产等要素的调控。而城市总体规划是城市政府对市场缺陷遗留的公共安全、环境生态、基础设施、土地供给、道路交通、公共服务等城市问题调控的重要技术手段。因此，社会主义市场经济制度是分析我国城市总体规划制度机制建设的深层次影响因素。

一、市场体制下行政制度改革影响

为适应市场经济体制的发展要求，中共十六大报告中提出要加强政治文明建设，我国政治制度建设的核心是加强民主和法治建设。党的十六届四中全会通过的《中共中央关于加强党的执政能力建设的决定》提出：要加强执政能力建设，强调要科学执政、民主执政、依法执政，政府管理体制改革提出要建设法治政府、责任政府、服务政府。我国政治制度是城市总体规划制度机制改革创新的核心基础。在市场经济制度建设环境下，各级政府不断从管理型政府向服务型、调控型政府转换，其职能也不断从审批职能向法律职能、协调职能转变。对于城市总体规划来说，具体有以下两点：

1. 政府法治化建设促进了规划行为法治化

在市场经济制度下，法治政府建设与政府依法行政是我国政府管理体制改革的重点。市场经济是法制经济，政府管理也要依法行政，当前政府职能要彻底转变。城市规划是城市政府管理的重要部分，城市规划建设管理的法治化，要求有管理的法治依据，其需要通过城市规划编制实现。因此，政府职能的转变，要求政府规划行为必须法治化。

（1）强调政府规划行为的合法性、规范性

用法治的力量规制政府功能、约束政府行为是建设法治政府的基本要求。虽然城市总体规划已经被公认为政府的一项法律行为，但是政府发挥总体规划行为职能过于行政化，没有把城市总体规划法律政策性和城市控制性详细规划审批管理性区别开，导致难以适应法治政府建设要求。因此，在市场经济体制下建设法治政府过程中，对于城市总体规划法律行为来说，首先要强调城市总体规划法律政策行政行为和城市控制性详细规划审批管理行政行为的合法性、规范性。根本措施是加强能够真正反映公民多数意志的规划代议机构的建设，城市总体规划的编制倡议权、组织权、审核权、实施监督权等实现适当的分离。

"要提高依法执政水平"，"支持人民通过人民代表大会行使国家权力，支持人民代表大会及其常委会依法履行职能"，特别提到要"逐步加大党委、人大、政府、政协之间的干部交流"❶。这为未来的政治体制改革指明了一个重要方向，即在党的领导下，加强人大、政协的地位和作用。在这一发展趋势下，城市总体规划的编制实施机制从单纯的政府行政行为向法律行为主导下的行政行为转变将成为可能，即在人大、政府以及政协之间划分法律、行政、建议事权，构筑城市总体规划编制与实施的多元化动态监督机制。

（2）清晰界定规划行为的事权关系和界线

建设法治政府与责任政府将极其深刻地影响到城市总体规划编制与实施的运行机制。法治政府、责任政府要求政府依法行政、问责行政，首先就必须明晰界定城市总体规划编制与实施事权的责任和义务，彻底解决城市总体规划编制与实施责权不清、事权不明的状态，建立有效的制度化法律、行政、公共考评、监督、奖惩机制，促进规划编制与实施的公开化、透明化，以促使城市总体规划机制运行的每个环节都实现可考评、可监督、可问责。

要清晰界定政府与市场之间、政府与人大机构之间、政府职能部门之间、不同层级政府之间的权力与责任，加强行政管治、法律监督。政府编制与实施城市总体规划，并不是为城市空间资源市场化配置提供蓝图和依据，而是作为政府调控城市空间资源的工具和手段，城市总体规划编制和实施都要围绕政府能够提供的干预手段开展。同时，要在界定城市总体规划编制、实施、监督事权划分的基础上，发挥立法监督、公众监督以及行政监督的功能，确保城市总体规划编制、实施和监督做到依法行政。

从横向行政关系上，依法行政的关键是要有完善的监督机制体系。因此，这就需要改变传统高度集中的规划编制与实施的各种权力，对编制与实施各种事权进行重组。在保障政府施政规划调控权的同时，充分授予并发挥我国人大、公众等不同层次的规划事权，以保障城市总体规划的有效编制、实施和监督。

从纵向行政关系上，依法行政和政府法治化建设要求中央与地方政府之

---

❶ 摘自党的十六届四中全会通过的《中共中央关于加强党的执政能力建设的决定》。

间必须明晰城市总体规划事权的界限，这能为市场经济制度建设创造一个良好的规划法治的行政环境，同时也能保障地方政府城市总体规划的实施。

（3）建立有限目标调控的规划制度建设理念

在市场经济制度下，城市政府应是市场框架的建立者、市场秩序的维护者、经济周期的调控者以及社会公平的保障者；城市政府应该达到驾驭市场经济风险的能力，维护市场秩序的能力，保障社会公平的能力。然而，城市总体规划作为城市政府宏观调控的空间手段，现今城市总体规划编制围绕政府发展战略、规划实施完全围绕政府行政命令展开，难以满足市场经济发展的总体要求。

目前政府的城市总体规划职能异化为经济增长的促进者，推动城市经济增长成为政府成绩考核的主要依据，城市总体规划往往成为政府短期扩大土地和人口规模的工具。政府通过修改城市总体规划，利用有限的财政资源盲目扩大城市基础建设，扩大规划区范围，大量征用耕地用以土地批租，以促使城市 GDP 短期内快速增长，长期则导致城市发展背上沉重的财政拮据、产业失调、生态破坏、资源浪费的包袱。由于城市总体规划完全是政府行政行为，其外部力量对城市总体规划编制实施的话语权较弱，因此城市总体规划不仅不能发挥调控功能，而且还成为政府非理性行为的"帮凶"。

因此，要摒弃管制行政传统，代之以服务行政理念，这是政府职能再设计的核心价值。要改变"无限政府"模式，建设有限政府，防止政府权力窒息市场经济的活力。城市总体规划不是政府管理城市的工具，而是政府提供给城市居民的公共产品，它要反映的是城市居民的集体意志，或者说是多数人意志，政府也不可能大包大揽。当前城市总体规划制度机制建设理念要适应市场经济体制对政府改革的需要，核心是要建立全方位服务的规划行政制度环境，建立有限目标任务的规划动态管理的制度平台。

2. 决策民主化建设推进了规划事权机制的逐步完善

市场经济的核心是在平等的游戏规则上进行互惠互利的竞争与合作，必然需要有高效、透明、公平的政府管理体系作为支撑。城市总体规划是城市政府对空间资源的宏观调控的法律依据，涉及社会团体、利益集团、广大公众的不同利益。因此，多元化的利益主体决定了我国城市总体规划编制与实施必须建立在政府民主化管理体制之上，应该促进规划公众参与权的建设，以协调不同利益之间的矛盾冲突。主要表现在以下几个方面需要迫切推进改革：

（1）建立公开透明的公众参与事权制度机制

建设透明政府的核心思想是政府掌握的公共信息向社会公开。目前，我国城市总体规划初步建立了城市总体规划公示制度，但社会公众仅在城市总体规划公示之时参与规划过程，在不知规划编制前期过程的前提下所提建议很难发挥应有的功能作用。近些年来，我国规划编制实施的公众参与工作有了很大进展。但是，政府经常将公众参与仅仅理解为成果公示，以及建设透明政府的重要内容，这是远远不够的。公众参与应该是透明政府建设的重要组成部分，要创造条件促使公众全过程发表意见和建议，并被积极吸取、采纳，规划实施要能够充分接受公众监督。为此，城市总体规划公共信息、公开透明制度机制的建设还任重道远。

要"扩大公民有序的政治参与"、"建立健全党委领导、政府负责、社会协同、公众参与的社会管理格局"❶。因此，公民参与权力分享，公众参与社会管理，已经为城市总体规划的公众参与机制创造了巨大的改进空间。城市总体规划运行机制事权结构的改革，应在中央与地方、上级与下级、政府职能部门关系外，还要考虑到公众的事权地位与实现形式。

（2）建设高效的审批事权制度机制

要建设高效政府，政府行为必须是有效率的。我国城市总体规划编制审批是一个漫长而极其繁琐的过程，动辄耗时一年、两年，甚至数年，政府行为效率极为低下，必须对城市总体规划编制审批的内容构架与组织模式进行彻底改革。否则，城市总体规划必然会面对编制完成即过时的尴尬处境。

城市总体规划如果不能被审批通过，就只能再次修改编制。看似保障了上级审批部门对城市总体规划合法性与合理性的权威话语。但是由于下级政府知道报批失败后对城市发展的影响，便会竭力运用其他资源与上级部门达成默契，使得规划审批过程更多地成为规划技术指导，却使真正的审批价值流于形式。

通过层级立法体系、行政审批体系、业务指导或领导体系，上级政府仍然保持对地方或下级城市政府的强有力控制。地方城市政府总体规划受到上级政府的审批、监督等多种途径的管理。所以，尽管城市总体规划制度机制的运行主体是地方城市政府，但制度机制运行规则的制定者以及最终决策者是上级政府，这是导致城市总体规划审批时间较长的主要制度原因。在这种情况下，地方城市政府对战略规划等新型总体发展战略规划形式越来越感兴趣，而上级政府则不断强调加强类似于短期总体规划的近期建设规划，以此更加强化原来体制下的城市总体规划的技术制度实施。

（3）理顺不同层级、不同区域的规划协调职能的主体关系

改革开放以来，我国中央与地方之间的事权关系变化最为突出的主导趋势是中央向地方放权，尤其是经济管理权，主要体现在实施分税制、下放经

---

❶　摘自党的十六届四中全会通过的《中共中央关于加强党的执政能力建设的决定》。

济审批权限等。由于改革之后的财税体制、审批体制的相对独立运行，极大地刺激了地方城市政府推动经济建设的积极性。城市总体规划作为供给空间资源、优化城市资源空间配置的有效途径，其地位从仅仅作为经济社会发展计划的延伸提升为城市经营、城市管理的重要工具，这是地方城市政府越来越积极进行城市总体规划编制实施的根本原因。目前我国不同层级政府职能主体关系也正在进行相应调整，主要是在加强地方政府权力的基础上，强化了中央政府的宏观调控作用；同时，正在积极建立政府的横向沟通、协作机制。我国城市总体规划向上负责的主要对象是上级审批部门。由于住建部集立法提议、规章制定和行政审批权力于一身，对厘清自身的抽象行政（法律提议、法规制定）与具体行政（规划审批、实施建议、监督、诉讼、复议）就成为一大难题。

随着我国城市功能区域的扩大，跨越行政区的经济建设、环境保护问题日趋突出，如果与毗邻区域是上下级行政关系，城市总体规划还可以建议直接进行行政区划调整以解决问题。但是如果互不隶属，城市总体规划如何采取实施措施，甚至采取何种编制组织形式，都是当前城市总体规划编制实施机制面对的难题。

3. 影响分析

我国行政管理体制保证了我国总体规划编制与实施的集中组织与协调分工。虽然政府职能正在转变，但整个政府体制仍然改革缓慢，使得新的职能嫁接到老的政府体制内凸显出很多矛盾、冲突，现行城市总体规划制度框架也凸显若干问题。

城市总体规划作为城市政府调控城市空间资源的法律依据，是政府法治化建设的重要组成部分。政府对城市空间资源的调控也必须做到依法行政，而依法行政的依据是城市总体规划，然后依据城市总体规划编制城市控制性详细规划，落实城市空间各类建设规划的具体开发性条款规定。因此，城市总体规划制度机制构建必须放到政府依法行政的平台上。

要达到民主法治政府建设要求，必须是政府与广大公众具有互动性。而城市总体规划行为与广大公众的互动性，是规划公众参与事权渗透到不同的社会阶层和广大公众之中。另外，还要建立政府与人大、社会团体等之间的互动关系。政府民主化对城市总体规划制度机制建设的要求，具体来说，第一，公开透明是政府民主化建设的基本要求，这要求城市总体规划全过程都要体现公开、透明的机制。第二，高效公平是政府民主化建设的目标要求，这要求城市总体规划行为是建立在社会公平公正基础上的、建立在高效精简基础上的制度机制。

未来政府职能要从管理、治理走向公共服务，要为社会提供并实施公共政策，区别于传统的深入微观层面的审批权力。新公共政策主要是针对市场和社会无法自我供给的领域。城市总体规划也要实现从技术型行政管理行为向服务型政策法律行为转变。基于此认识，城市总体规划并不是直接调节在城市用地、工程建设等领域的微观政策，而是作为微观政策制定依据的宏观政策。

二、市场体制下的经济制度改革影响

1992 年党的十四大确立社会主义市场经济体制，1997 年党的十五大确立"以实现公有制多种形式为主体、多种所有制经济共同发展是我国社会主义初级阶段的一项基本经济制度"。2013 年党的十八届三中全会确立"使市场在资源配置中起决定性作用"，"公有制为主体、多种所有制经济共同发展的基本经济制度，是中国特色社会主义制度的重要支柱，也是社会主义市场经济体制的根基。公有制经济和非公有制经济都是社会主义市场经济的重要组成部分，都是我国经济社会发展的重要基础。"当前，公有制和非公有制经济是市场经济制度的重要组成部分，进而扭转了传统的计划经济与单一公有制的基本经济制度体系。

多种经济形式与市场经济制度的融合决定了我国政府管理与施政的观念变革，并赋予政府必须具有强有力的宏观调控能力。其中，对城市空间资源的宏观调控是城市政府的一项主要职能，调控途径是通过城市总体规划的编制与实施。因此，城市总体规划制度机制的构建，必须深入分析我国现代经济制度与市场经济制度相互融合对城市空间资源配置的影响，以适应我国现代经济制度体系，具体来说有以下几点：

1. 政府宏观调控的强化促进了规划地位的提升和规划责任的转换

（1）城市总体规划提升到"龙头"地位

对于城市规划编制的客体，城市尤其是城市土地空间资源，都引入了市场经济体制，这与计划经济体制下的城市规划编制存在本质性的区别。城市由直接管理变为了间接管理，间接管理主要是通过政府宏观调控，而城市规划是政府宏观调控的重要组成部分。因此，城市规划不仅要调控好城市建设，而且还要达到调控城市宏观经济的目的。在规划编制过程中，存在许多不确定因素，需要对市场进行分析预测，客观要求城市政府必须先有具备预测、调控市场的能力，才能降低市场风险，提高城市运作效率，促进城市可持续发展。因此，市场经济的建立提升了城市规划编制的地位，并被推向城市经济发展的"龙头"地位。

（2）经济制度转型加大了政府与规划师的责任感

以前，我国是单一的公有制，生产要素都是通过划拨，企业也是国有的，经济成分非常单一。改革开放以后，城市规划编制和实施的核心是对城市土地资源进行合理的控制、引导。在市场经济体制的多元化利益主体格局的情况下，原来在计划经济体制下形成的一套规划编制和实施机制难以适应市场体制发展需求了。从规划服务对象上，已经不是单一的国有经济单位；从规划内容要求上，政府应该为城市吸引外资、改革开放创造良好的规划环境；从规划效益上，政府应如何充分利用市场经济机制，通过土地征用，有偿使用的制度，把有限的、稀缺的城市土地资源空间配置好，发挥最佳的综合效益，既要满足多种经济成分的需要，发展城市经济；同时，还要满足城市公共利益的需要，保障城市社会生态安全，这是政府与规划师的职责。

2001年11月WTO的加入标志着我国已经走上世界经济历史舞台，并与国际经济发展相接轨。WTO制度对我国政府管理、经济发展与社会进步提出了国际标准要求。规划作为政府管理行为和社会经济发展的重要影响因素，使得城市总体规划制度应符合WTO游戏规则，核心是诚信、高效、公平、公正、公开。在计划经济体制下成长的城市总体规划编制与实施机制已经难以适应现代WTO制度对政府、社会、经济等发展的要求。因此，我国城市总体规划编制与实施应加快国际规范化机制的建设，树立规划行为的诚信，规划事权的公开、公正，规划管理的高效，规划政策的公平。

2. 市场化的配置模式要求规划技术导向的转型

（1）城市发展主体多元化要求城市总体规划应关注协调区域发展问题

随着市场经济制度的建立，城市发展主体已经由单一的城市政府转变为由多个下一级政府共同组成的发展主体群。每个城市发展主体都要在市场经济制度环境中发展本地经济，发展主体的多元化趋势客观要求城市总体规划必须赋予各个地区经济发展的空间资源配置权。因此，规划师对城市空间资源的引导和控制的技术要求以及提出相应的调控策略，都将会影响到地方区域的发展利益。这决定了规划师肩负着协调多个地区的发展问题，同时又肩负着整个城市区域的公共利益问题。

市场经济制度逐步调整了单一的国有经济发展主体格局，形成了国有、集体、私人、外资等多种发展主体共存的格局，决定了经济发展必须在同一游戏规则下进行，即平等的竞争与合作机制。对于城市空间资源的政府宏观调控来说，城市总体规划必须充分体现社会公平，为城市经济发展创造一个空间资源配置合理、高效的规划调控平台。从制度本质来说，在维护诸多经济发展主体核心利益不受侵犯的情况下，规划师肩负着维护公众利益的历史使命，肩负着对不同社会阶层、利益集团之间的矛盾冲突的协调任务。

在市场经济制度下，随着利益主体向多元化演变，政府已经不能代表国家利益以外的私人、外商、公众等合法权益，政府只能通过合法手段维护公共空间利益，以保障不同利益集团的合法权益，决定了现在的规划监督制约机制体系是不够的。因此，高度集中的代表国家所有利益的规划行政事权体系，已经难以适应社会经济发展需求，需要扩大法律授权的公共监督权。

因此，在市场经济制度下，我国城市总体规划制度机制必须强化规划知情权、许可权、参与权、监督权的透明程序理念，让规划编制与实施机制走向广大公众和社会不同阶层，以适应我国现代经济制度的建设。

（2）城市空间资源要素的市场化强化了城市总体规划的调控行为

我国城市土地归国家所有。在城市土地使用权市场化之后，城市土地批租、经营土地成为众多城市的重要财源，促进房地产业发展是城市总体规划修编与实施的重要潜在目的。我国经济体制转轨是"摸着石头过河"的渐进改革模式，设立了大量的特殊政策区域，例如开发区、保税区等，实行较为宽松、自由的经济管理政策，主要是减少税收、优惠出让土地、减少审批，进而导致城市总体规划的重要内容更多为这些特殊区域服务。

在市场经济制度下，实现以公有制经济为主、多种所有制经济共同发展的经济制度决定了我国城市空间资源要素不是靠指令计划流动，而是靠市场机制实现最高效组合配置。一方面，我国城市总体规划调控面对许多不确定性因素，当前以规划审批为核心的城市总体规划制度机制体系急需改革，转型到以服务、调控为核心的制度机制体系上。另一方面，公有制的多种形式、非国有经济发展的生产要素、流通要素实现了跨地域流动和配置，对我国城市总体规划编制提出了更高的要求，即必须把城市总体规划编制放到更高的区域空间尺度，分析域外资源要素对城市空间布局的影响，进而做出适合城市发展规律的规划调控。譬如人口规模问题、资金技术问题等。

例如对城市所在区域发展分析的深度及广度认识问题。尽管在编制方法上都会认为区域经济分析应该是城市总体规划中的一个重要环节，实际编制和管理过程却很少真正重视。究其原因，在市场体制下，目前的城市总体规划实施机制无法对区域要素流动、资源配置、产业布局与城镇建设发挥有效的引导和控制作用，因而形成区域分析价值不大的认识。

再如城市规模问题。人口规模以及由此决定的用地规模是城市总体规划最重要、最核心的要素，然而也是最不确定、随意性最大的要素。以往一直是按照城市户籍、公安部门提供的人口数量与结构资料，按照增长率法递推而得。在市场体制下，户籍制度必然会被淘汰，人口的流动空前增多，城市经济发展的不确定因素日趋增加，传统的人口信息获取、分析预测机制显然无能为力。

我国城市土地有偿使用制度已经初步形成，城市总体规划要将重心从空间布局转移到土地市场调控。由于城市土地市场系统极为庞大，并且总是处于激烈竞争、变化之中，因而城市总体规划的编制实施，不仅仅需要获取土地的静态资源信息，还需要建立全面的、动态的、可分析的、可预测的城市土地市场信息系统。

以往将城市和规划看成了静态或直线运动的过程，城市的发展也是均速的。各项指标是可以比较精确预测的，而且政府拥有完全的规划编制与计划调控手段，这恰是我国旧的规划编制实施机制所产生的必然结果。近些年来，规划师经常发现在经过一段时间的运行后，所编制的规划从性质、规模到用地布局，整个城市的发展速度、调控的效果力度都与实际发展需求具有相当大的差距。这主要是计划配置和市场配置的规律不同造成的，由此客观要求不是预测指标，而是提出调控方略。

3. 影响分析

我国市场经济体制基本建立但还不完善，目前还正处于转型期的攻坚阶段，计划经济体制的残留还很突出。毋庸讳言，我国目前的规划管理系统是计划经济思维还比较浓厚的部门。虽然我国经济发展在逐步转向市场化的宏观调控模式，但是，对于城市空间优化，"布局"、"布置"等话语仍然主导总体规划，严重地制约了总体规划编制与实施理念走向市场化、政策化的突破。这是城市总体规划的编制实施时限、目标模式、内容构架、实施途径不适应发展的重要原因。这种观念的落后，有体制与制度的制约，也有组织者、编制者、实施者的认识水平差距。

在现代经济制度下，在城市总体规划编制与实施中，产业布局、居住区空间分异、公共服务部门的产业化等新的规划问题应该如何解决，这些问题倒逼后是不是需要规划编制和实施机制的根本创新？当然，在市场经济制度中，也给规划编制和实施带来一系列的问题，譬如分税制。从经济发展角度，由于放大的区级、县级、镇级的财税权，确实调动了各级政府主体的地方积极性。但是，由于我国规划编制和实施的机制不健全，由于我国处于发展初期阶段，由于分税制之后没有相应的区域补贴制度，因此不管是大政府，还是小政府，在共同发展需求过程中出现了恶性竞争的局面。在规划层面，各级发展主体主要是扩大工业用地，扩大城市规模，从而严重影响了整个功能布局的"大盘子"。然而，规划师还要承担这个责任，尤其是对于城市水源地、自然保护区等代表公共利益的空间，通过目前的规划编制与实施机制就很难有效、长期控制。

三、市场体制下的社会制度改革

社会制度包括很广泛，我国宪法对就业、收入分配、社会保障、教育、体育、文化、公共卫生、人才、科技等方面都做了明确的规定。然而，城市规划的一个重要职能是维护城市的整体公共利益，而这些公共利益就是上述方面的内容。在依法治国的社会制度环境中，若规划师不了解这些社会制度，不理解对规划编制和实施的影响，将会导致城市规划可操作性较差，与现实发展不相符合。随着市场经济制度的不断完善，我国适应市场经济制度建设的社会制度体系也逐步建立，譬如就业制度、户籍制度、住房制度、社会空间组织制度、社会保障制度、教育卫生制度等。社会制度对城市总体规划制度机制影响主要体现在以下几个方面：

1. 公共保障制度建设推进规划公共属性的强化

（1）公共保障制度的逐步完善强化了规划公共政策的职能

公共保障主要包括城市公共安全、公共医疗卫生、公共文化教育、公共道路交通、公共市政设施、公共住房供给等制度建设，这是城市政府宏观调控的基本职责，是公共权力机构的核心任务。城市政府应通过强制性的调控手段，在城市总体规划中提供充足的公共保障空间资源，保障城市社会经济的高效运行，同时也是城市投资环境改善的重要支撑。因此，规划公共政策的职能是现代社会制度对城市总体规划提出的根本性要求。

以收入分配制度为例：我国逐步建立了多种分配方式并存、坚持效率优先、兼顾公平、各种生产要素按照贡献参与分配的收入分配制度体系，由此出现了若干收入阶层（中国社科院曾经研究我国目前可以分为 10 个社会阶层）❶。那么，城市总体规划编制和实施，应该如何面对不同社会阶层的生活、生产空间安排问题，同时，又如何坚持规划的公正问题？因此，这就需要强化规划公共政策的职能。

（2）公众合法财产保护制度的建立促进了公共参与机制的建设

2002 年我国宪法完善了对私有财产保护的规定，即公民的合法私有财产不受侵犯。这对规划意味着什么？笔者认为，这对规划意味着公民会关注自身利益，激发公民为维护生命安全、生态安全、空间安全等方面的权利意识，由此会主动关注影响切身利益的政府行政行为。城市总体规划编制和实施是其中的重要关注对象。因为城市总体规划的编制是一次城市利益的重新调整、分配。所以，这就促使政府与规划师必须走开放式的规划模式，加大规划编制和实施的参与力度，而这个参与不是象征性的，而是法律程序上的真正参与。

2. 和谐社会制度建设推进了规划公平导向的调控功能强化

（1）和谐社会制度的建设加强了政府规划宏观调控目标导向

和谐社会是现代市场经济制度建设的目标导向，是经济、社会、生态高

---

❶　中国社会科学院"当代中国社会阶层结构研究"课题组推出了《当代中国社会流动》一书。在这本书中，中国社会被划分为十大阶层，由上至下分别是：国家与社会管理者、经理人员、私营企业主、专业技术人员、办事人员、个体工商户、商业服务业人员、产业工人、农业劳动者、城市无业或失业半失业者。

度协调发展的综合作用的结果，也是现代政府施政的核心目标。

在市场经济制度下，城市规划作为城市社会经济发展建设的"龙头"，更有责任和义务以构建和谐社会目标为重点。城市总体规划是城市规划编制与实施体系的重点部分，规划编制和实施行为就应建立在和谐制度目标的基础上，通过城市总体规划编制与实施行为，政府规划宏观调控的核心目标是构建和谐社会。

（2）和谐社会制度建设要求规划关注不同社会阶层群体的空间需求

适应于社会主义市场经济的发展，在政治制度改革的背景下，促进现代社会制度的完善，是我国现代化建设的重要任务。社会主义市场经济要遵循效率准则，实现"帕累托最优"（Pareto optimum）状态，而社会发展强调公平准则，既包括机会公平，也包括收入分配公平。迄今为止，我国城市社会制度的转型主要包括就业制度、户籍制度、住房制度、土地使用制度、社会空间组织制度、社会保障制度、教育卫生制度等，为此城市社会空间的分异也越来越突出。

人们社会经济地位分化体现在居住地域分异上，较高社会阶层的人多选择居住区位、居住条件和居住环境较好的高级住宅区和别墅区，而中低收入者只能是旧住宅或新建的经济适用房。城市总体规划的重要任务是构建城市居民对住房需求、居住选址、住宅区位和住房政策进行了解的渠道，形成合适的住房用地规划政策，并能够对这些政策的实施效果进行评价和修改。要减少居住空间分异，为不同社会阶层的居民群体建设优美、安静、和谐的居住环境。在市场机制的作用下，传统强制性蓝图式的居住用地布局规划已经难以适应了，目前城市总体规划对居民用地的调控只局限于空间范围的划定，而对居住区的档次和性质只发挥引导作用。因此，城市总体规划应结合各项社会制度的建设，将城市总体规划的政策要求渗入制度建设里去，才能够充分发挥规划实施作用，形成有效的调控机制。

随着我国单位制的社会结构解体，社会组织制度日趋多元化，各类现代居住社区不断涌现。但是，社区发展与管理的各种问题也越来越突出，例如忽视公众利益、郊区问题逐渐显现、社区传统特质趋于丧失、社区分层与分割现象日趋严重、公众参与机制不完善等。尤其是随着城市化加速，各类"边缘性社区"，例如城中村、城乡边缘半农半城的社区、城市流动人口聚居区，属于城市就业、户籍、教育、医疗、社会保障等制度覆盖的盲区，所以形成了社会质量低于正常城市社会的"亚社区"，进而引起人们的高度关注。但是在城市总体规划编制中，与社区发展相关的规划内容仍是空白，城市总体规划应强调社区协调发展、社区社会融合功能发挥以及社区合理布局，促进城市的协调可持续发展。

改革开放以来，人们的思想意识日趋多元化，以"单位"为载体的社会资源配置制度基本解体。在市场体制下，我国城市政府尽管已经不再直接投资于竞争性的微观经济，但基础设施建设、市政公共设施建设仍是政府承担或主导建设的领域，且建设方向已经逐渐走向了市场化。城市总体规划仍停留在非常细致的计划布局乃至工程设计模式。另一方面，社会阶层的利益分化与格局分化、独立或半独立社会团体的出现、城市市民阶层公民意识的觉醒以及新思潮的涌入，增加城市总体规划的透明性、公开性及可参与性的要求在不断增加，这是规划公众参与越来越为人们所关注的现实背景。但是，由于传统审批体制的深远影响，目前的公众参与主要停留在规划公开展示层次，未来城市总体规划制度机制中政府与社会的互动趋势到底如何，还有待于国家社会体制改革的深入。

3. 影响分析

在市场经济制度下，政府是公共权力机构，是维护社会公平、提供公共保障、构建和谐社会的社会载体。政府与市场之间的分工协作主要体现在城市社会制度构建与服务上。城市总体规划既要促进城市经济发展，同时也要促进城市社会发展。城市总体规划促进城市经济发展主要是借助市场机制聚合的社会投资，然而，促进城市社会、生态发展主要是依靠城市政府的公共投资。因此，作为政府职能的规划行为，社会制度要求城市总体规划应代表城市公共整体利益，规划制度机制建设也要充分体现公共政策机制，为城市公共保障、公共安全、和谐社会等提供规划保障。

四、市场体制下的法律制度建设

1. 行政审批监察制度建设推动了规划实施的规范化

2003年以来，为适应市场体制改革要求，我国出台了《行政许可法》、《行政诉讼法》、《行政处罚法》等行政审批监察制度。其中，《行政许可法》对行政许可的设定、实施、监督及责任从法律层面上进行统一规定，无疑促进了行政管理规范化、民主决策科学化，推动了政府职能转变。

城市总体规划作为政府行为，也应纳入新的行政管理法律体系之中。然而，从《城乡规划法》来看，我国城市规划行为的行政许可、诉讼、处罚仍然以建设项目为对象，对建设项目"一书两证"的许可以及违规后的诉讼、处罚等。城市总体规划编制、实施和监督行为还未构建较为完善的行政法律行为规范体系。为此，针对城市总体规划的依法科学民主行政难以实现。

2. 相关法律制度建设完善了规划理念和依据

改革开放以来，我国出台了土地、环境、矿产、水、文物等方面的法律法规，对其实行了法制化管理。随着市场体制的改革深入，土地、矿产等方面的法律法规也随之进行了完善和修订。总体而言，这些法律的出台为城市总体规划的制定提供了法律原则依据和规划技术理念。《土地管理法》规定土地集约节约的原则、《环境保护法》规定可持续发展的原则、《水法》规定开源与节流相结合的原则、《文物保护法》规定保护优先的原则等，都对城市总体规划制定、实施和监督提供了基本理念支撑和原则性依据。同时，这些法律也为城市总体规划的"四区四线"的划定提供了技术理论基础。

3. 基本国策❶强化了规划技术理论支撑

基本国策要求规划关注 PRED 的技术与事权协调制度机制的建设。对城市总体规划影响较大的基本国策主要有三个，即人口国策、土地国策、环境保护国策等。有些学者还提出把促进就业、水资源等作为基本国策。从三大基本国策可以看出，其实质是 P/R/E 与经济发展的关系，即 PRED 问题。因此，改革开放以来，我国就把 PRED 问题提到了国策的高度。在城市总体规划编制和实施过程中，规划师确实贯彻了这三大基本国策，把城市人口、城市土地、城市环境等作为重要核心问题研究。但是，由于受到经济发展影响，城市总体规划研究力度还是不够，其核心原因是没有强有力的城市总体规划制度机制保障。

我国的基本国策❷：

以法律形式确定的基本国策目前主要有耕地保护（1998 年）、计划生育（2001 年）、男女平等（2005 年）和节约资源（2007 年）（括号中的时间为最早提出时间，下同）等四项。

以中国共产党全国代表大会报告的形式确定的基本国策主要有计划生育（1982 年，"十二大"）、对外开放（1984 年，"十二届三中全会"）、环境保护（1992 年，"十四大"）和保护资源（2002 年，"十六大"）等四项。

以政府工作报告形式确定的基本国策主要有"长治久安"（1987 年）、"计划生育"（1988 年）、"环境保护"（1988 年）、"对外开放"（1987 年）和"保护资源"（2003 年）等五项。

综上所述，市场体制下的经济制度、行政制度、社会制度和法律制度的改革建设，对城市总体规划的理论发展、技术引导、实践应用、实施管理、监督监察等都产生了深远的影响，城市总体规划的公共政策性、公平公正导向性、可持续发展性越来越显著，传统城市总体规划制度建设路径改革迫在眉睫。

第二节　新形势对城市总体规划制度的影响作用

除了我国基本制度之外，当前国家发展的观念理念型制度，虽然没有形成法律层面的文件、决策、方针、通知、精神、讲话等，但是随着我国改革开放的深入，这些观念理念对指导我国规划编制和实施具有重要意义，同时也是推进我国规划制度机制创新改革的重要方面。

一、城市发展方针

国土管理、人口控制与环境保护是我国基本国策，城市发展方针始终紧密围绕这三大国策来制定。根据时代发展对基本国策要求的变化，城市发展方针也发生了很大变化。1980年以前，我国城市发展方针是控制大城市规模、发展小城镇；1980年以后，提出控制大城市规模，合理发展中等城市，积极发展小城市，并于1989年写入城市规划法，即严格控制大城市规模，合理发展中等城市和小城市。2000年之后，我国改变了原来既有的严格控制大城市发展的方针，开始转向大城市合理发展、大中小城市协调发展的方针（见表7-1）。2002年十六大提出要大中小城市和小城镇协调发展；2012年十八大提出要科学规划城市群规模和布局，增强中小城市和小城镇产业发展、公共服务、吸纳就业、人口集聚功能。这是城市发展指导思想的最新权威表述。

城市发展方针对我国城市总体规划的编制和实施产生了深远的影响。一方面，以规模控制为导向的城市发展方针在计划经济时期起到了良好的控制作用；另一方面，也存在违背了城市发展的客观规律倾向。目前，大部分城市总体规划修编完，就要调整再修编，无疑与这个方针有很大关系。然而，中小城市土地利用指标闲置，反而没有积极发展。现行总体规划管理体系的重要价值导向是控制大城市，鼓励中小城镇，突出表现为对人口增长指标、人均用地指标的严格审核。应该说，这种规划审核管理在约束大城市过度膨胀、节约耕地、集约利用资源等方面，起到了重大的积极作用。但是，随着我国城市发展基本思想对基本国策内容理解的变化，既有的总体规划内容审核体系需要做重大改进。

第一，人口指标审核严重滞后于发展实践。随着我国进入快速城市化时期，城市人口快速增长，大城市由于集聚规模效应能够吸引容纳更多的增长人口，这已经被理论和实践反复证实。人口增长指标审核要改变节制人口增长审核的传统思路，应将引导重点转移到促进规划、重视提高城市居民生活质量与文化素质上来，要承认并且鼓励通过促进大城市人口的合理增长来节约资源、保护环境。

第二，城市人均用地指标体系亟待改革。目前，规模越小的城镇人均用地指标越宽松，这是非常不合理的。由于中小城镇数量多、分布广等原因，更多的用地指标会造成更为严重的资源浪费与生态破坏，中小城镇规划、土地管理不严的现实情况又加剧了这一趋势。当然，由于中小城市不可能具有大城市的规模集聚效应，适当提高人均用地门槛是合适的，但差距一定要控制在较小的幅度以内。

第三，审核体系要更多关注综合类政策。人口、资源、环境与发展（PRED）系统是一个相互作用、相互关联的有机体系。在我国，人口节制、资源节约、环境保护有利于持续发展；同时，优化发展结构，增加发展能力才是促进PERD协调优化的根本途径。审核体系要更多关注总体规划的经济结构优化政策、社会协调发展政策、公共设施建设政策以及生态与文化建设政策，并辅之以适度的指标控制体系，才能够真正有效地引导总体规划，促进新城市发展方针的实现，以及基本国策的推行。

中国城市发展方针发展历程　　　　　　　　　　表 7-1

年　　代	城镇化政策
1978～1982 十一大	控制大城市规模，合理发展中等城市，积极发展小城市
1982～1987 十二大	
1988～1992 十三大	严格控制大城市规模、合理发展中等城市和小城市的方针，有计划地推进我国城市化进程
1992～1997 十四大	
1997～2002 十五大	
2002～2006 十六大	积极稳妥地推进城镇化，形成合理的城镇体系，有重点地发展小城镇，消除城镇化的体制和政策障碍
2006～2010 十七大	坚持大中小城市和小城镇协调发展 城市群作为主体形态 分类引导人口城镇化
2011	积极稳妥推进城镇化 以大城市为依托，以中小城市为重点，逐步形成辐射作用大的城市群，促进大中小城市和小城镇协调发展
2013 中央城镇化工作会议	全面放开建制镇和小城市落户限制，有序开发中等城市落户限制，合理确定大城市落户条件，严格控制特大城市人口规模

二、新的发展观念

随着改革开放的日益深入和市场体制的逐步完善，面对发展过程中出现的新形势、新问题、新情况，我国逐步提升调整了发展观念和执政理念以适应其发展。当前，新的发展观念和理念主要有以下几个方面：

1. 科学发展观推进了规划导向的转型和行政管理的变迁

党的十六届三中全会明确提出了"坚持以人为本，树立全面、协调、可持续的发展观，促进经济社会和人的全面发展"的科学发展观。科学发展观坚持"以人为本"为核心，按照统筹城乡发展、统筹区域发展、统筹经济社会发展、统筹人和自然和谐发展、统筹国内发展和对外开放的要求，转变我国发展中实际存在的重城市、轻农村，重沿海、轻内地，重经济、轻社会，重建设、轻保护，以及重经济开放、轻制度建设等发展趋势。科学发展观是我国国家发展观念的重大转变，必将对我国的城市总体规划编制与实施机制产生重大影响。

（1）技术重心：从"以物为本"转为"以人为本"的规划编制导向

当前，城市总体规划技术重心是"以物为本"、一切服从服务于经济建设，是城市物质空间建设性规划。在科学发展观指导下，城市总体规划主要围绕如何协调经济效率与社会公平、经济增长与环境保护、经济发展与社会和谐的关系来开展，通过规划编制与实施，达到"以人为本"的目标，达到统筹区域发展、统筹城乡发展、统筹经济社会发展、统筹人与自然和谐发展的目标，这是新时期城市总体规划编制与实施机制构建的核心。

（2）技术结构：从建设项目审批转为公共政策的实施管理导向

新时期城市总体规划要建立公共政策导向的技术结构体系，改变传统的建设项目审批导向的技术结构体系。重点是加强社会发展研究，更多关注贫困区的就业、基础设施与社会福利等公共问题，增加引导规划向公平、协调、开放的方向发展的内容等。

（3）行政事权：从政府转为公共社会主导的行政管理导向

当前的城市总体规划编制与实施机制，是在重城市、轻农村、重经济、轻社会、重建设、轻公共等条件下成长的。因此，这显然是与科学发展观的国家执政理念相违背的。要实现区域、城乡、人与自然、经济社会生态的统筹协调发展，构建"以人为本"的和谐社会空间体系，应以公共社会参与为前提，建立发展机会平等的规划编制与实施机制，这是当前政府与规划师应肩负的责任和义务。"以人为本"的城市总体规划事权观，不是一蹴而就的过程，是一个漫长的观念转变与制度变迁过程。

其实，上述思想规划师早就有了相应的探索和实践，但是提到中央决策层面并且进入到实质性的实施阶段尚属第一次。为此，城市总体规划担负的历史责任更加重大，这对于我国城市总体规划制度机制建设必然会产生重大影响。

科学发展观的主要内容：❶

科学发展观即坚持以人为本，全面、协调、可持续的发展观。坚持以人为本，就是要以实现人的全面发展为目标，从人民群众的根本利益出发谋发展、促发展，不断满足人民群众日益增长的物质文化需要，切实保障人民群众的经济、政治和文化权益，让发展的成果惠及全体人民。这个"人"就是人民群众，这个"本"，就是人民群众的根本利益。全面发展，就是要以经济建设为中心，全面推进经济、政治、文化建设，实现经济发展和社会全面进步。协调发展，就是要统筹城乡发展、统筹区域发展、统筹经济社会发展、统筹人与自然和谐发展、统筹国内发展和对外开放，推进生产力和生产关系、经济基础和上层建筑相协调，推进经济、政治、文化建设的各个环节、各个方面相协调。可持续发展，就是要促进人与自然的和谐，实现经济发展和人口、资源、环境相协调，坚持走生产发展、生活富裕、生态良好的文明发展道路，保证一代接一代地永续发展。

"五个统筹"，统筹城乡发展、统筹区域发展、统筹经济社会发展、统筹人与自然和谐发展、统筹国内发展和对外开放。接着，提出了"五个坚持"，即坚持社会主义市场经济的改革方向，坚持尊重群众的首创精神，坚持正确处理改革发展稳定的关系，坚持统筹兼顾，坚持以人为本。

2. 建设全面小康社会目标推进了规划公共发展目标价值导向

党的十六大报告中确定的建设全面小康社会的目标。之后，从全面建设小康社会的战略高度出发，十六届三中、四中全会明确提出构建社会主义和谐社会的战略任务，并将其作为加强党的执政能力建设的重要内容。因此，全面建设小康社会是一个集宏观与微观、城市与农村、政治经济文化与生态环境以及人的全面发展在内的综合性、系统性的目标，大致用 20 年建成，且从 10 个方面确定了指标体系。这些指标都与城市总体规划有非常密切的关系，是城市规划中社会、经济发展的重要依据，直接影响着城市总体规划的编制和实施。尤其是城市土地资源的配置、土地的使用和分配的方向、强度、规模、性质等都会发生调整、变化。

（1）技术结构：从单纯重视经济转向兼顾经济、社会和生态的发展目标

---

❶ 胡锦涛总书记十七大讲话《高举中国特色社会主义伟大旗帜 为夺取全面建设小康社会新胜利而奋斗》报告。

体系

党的十六大报告对全面小康社会建设进行了深入的阐述，即"到2020年，全面建设惠及十几亿人口的更高水平的小康社会，使经济更加发展，民主更加健全，科教更加进步，文化更加繁荣，社会更加和谐，人民生活更加殷实"。[60]

当前城市总体规划制度机制主要是重视经济发展目标导向的规划体制，核心是经济建设的战略部署。目前，有些城市发展目标定位太高，超越我国社会经济的发展阶段。建设全面小康社会的目标提出，客观要求城市总体规划编制应是包括经济在内的社会、生态、环境、基础设施等全面发展目标导向的规划，以有效指导政府在经济、社会、生态、公共等共赢发展目标的实现。

十六大报告全面小康社会主要指标：

人均GDP超过3000美元，这是标志。城镇居民人均可支配收入18000元（2000年不变价）；农村居民家庭人均收入8000元；恩格尔系数低于40％；城镇人均住房建筑面积30平方米；城镇化率超过50％；居民家庭计算机普及率20％；大学入学率20％；每千人医生数2.8人；城镇居民最低生活保障率95％以上。

（2）事权导向：从效率优先转向兼顾效率公平的规划体制改革

构建社会主义和谐社会是实现全面小康社会目标的标志。城市总体规划是为达到预定目标而制定各种公共空间政策，是重要的政府行为、法律行为。因此，十六届三中、四中全会构建和谐社会的目标，为我国城市总体规划编制与实施机制的构建提出了全面要求。其中，民主政治、公平正义、人与自然和谐相处等特征对城市总体规划编制与实施机制的影响作用，前述已经阐述。在此重点阐述诚信友爱特征对规划体制构建的影响。

诚信友爱是构建和谐社会的信用保障。城市总体规划应以诚信为支撑，扩大公众参与力度，以法律化进程树立规划的法律权威性，遏制规划随意修改的局面，缩减政府、公众、开发商等之间的矛盾，建立友好的公众参与沟通渠道，把和谐社会制度注入到城市总体规划编制与实施机制的构建中。

关于社会主义和谐社会的主要内容：

和谐社会是民主政治、公平正义、诚信友爱、充满活力、安定有序、人与自然和谐相处的社会，这些特征是相互联系、相互作用的，需要在全面建

设小康社会进程中全面把握和体现。❶

民主法治就是社会主义民主得到充分发扬，依法治国基本方略得到切实落实，各方面积极因素得到广泛调动；公平正义就是社会各方面的利益关系得到妥善协调，人民内部矛盾和其他社会矛盾得到正确处理，社会公平和正义得到切实维护和实现；诚信友爱就是全社会互帮互助、诚实守信，全体人民平等友爱、融洽相处；充满活力就是能够使一切有利于社会进步的创造愿望得到尊重，创造活动得到支持，创造才能得到发挥，创造成果得到肯定；安定有序就是社会组织机制健全，社会管理完善，社会秩序良好，人民群众安居乐业，社会保持安定团结；人与自然和谐相处就是生产发展，生活富裕，生态良好。

3. 国家治理体系和能力的现代化建设明确了城市规划制度变革取向

传统城市规划治理体系较好适应了我国在工业化和城镇化初期、中期的发展需求，城市总体规划也重点突出了以土地为核心发展导向的治理路径体系。2010年以后，我国进入工业化和城镇化中后期，我国整体迈入城市发展时代，同时也凸显了区域发展不平衡、社会贫富差距较大等一系列社会经济问题。为此，十八大以来，中央提出了全面深化改革的总目标，即完善和发展中国特色社会主义制度，推进国家治理体系和治理能力的现代化。这一发展形势将对城市规划工作格局产生较深刻影响，主要表现以下两个方面：

（1）"5+2"国家建设总体布局框架推进城市规划治理体系目标价值的转变

十八大提出了经济建设、政治建设、文化建设、社会建设、生态文明建设五位一体和国家治理体系、国家安全体系的"5+2"建设总体布局框架，重点任务在体制改革，促进社会公正。为此，单纯发展导向的传统城市规划治理体系难以为继，城市规划治理体系的目标价值需要向发展与公平导向并重的方向进行优化调整，其发展与公平要求精明而又准确的调控手段，以适应新时期国家"5+2"建设总体布局发展的需要。

（2）新型城镇化建设总体政策框架推进城市规划治理体系方法手段的优化

虽然我国城镇化水平数量显示处于向成熟稳定时期转换阶段，但我国城镇化质量显示仍然处于中期发展阶段。所以，我国城镇化任务仍然非常艰巨。2013年12月中央新型城镇化工作会议提出了我国新型城镇化建设总体

---

❶ 中共中央总书记、国家主席、中央军委主席胡锦涛在中共中央举办的省部级主要领导干部提高构建社会主义和谐社会能力专题研讨班开班式上的重要讲话，2005年2月19日。

政策框架，主要是推进农业转移人口市民化（人口）、提高城镇建设用地利用效率（土地）、建立多元可持续的资金保障机制（资金）、优化城镇化布局和形态（空间）、提高城镇建设水平（生态）、加强对城镇化的管理（实施）。这些目标清楚地表明政府希望以环境上更友好、财政上更可持续、方式上更人性化的方式来推进城镇化。这些政策框架表明新型城镇化需要精明和准确调控。为此，以规模控制为导向的传统城市规划治理体系的方法手段难以为继了。新型城镇化建设总体政策框架也要求城市规划治理体系向精明而又准确的方向转变。

4. 国家战略推进了规划生态、创新空间调控的技术发展导向

上个世纪末我国提出了科教兴国、可持续发展两大战略，对规划编制和实施的影响也很大。通过 2006 年与 1991 年的《城市规划编制办法》的比较分析发现，城市总体规划编制内容规定强调了生态保护空间的调控方向，强调了"三区四线"的划定以及实施措施的制定。通过近两版城市总体规划的比较分析发现，城市性质和职能中很明显注重了创新驱动的现代服务业空间成长对城市结构框架建构的重大作用，譬如行政中心建设、商务中心打造等。

总体上讲，当前的发展观念制度对城市总体规划编制和实施机制的建设是非常有利的。从某种程度上说，目前很多发展观念制度的内涵已经赋予了规划师很多权利，但是，由于我国规划法律自身没有从法律机理、机制上，尤其是法律程序、内容机理上，通过机制制度创新来维护这些权利的实施，从而导致目前的规划工作很被动。

三、宏观背景发展趋势

1. 经济全球化促进了开放性规划机制的引入

经济全球化是当前世界经济发展的必然趋势和客观规律。因此，我国城市总体规划编制与实施要顺应规律，与时俱进。一方面，经济全球化给城市空间发展注入了新的发展主体；另一方面，国外生产要素资源的配置追求的是高效和公正。因此，城市总体规划编制与实施，应引进国外先进的城市空间资源规划调控理念，扩大新的发展主体对规划参与力度，积极注入开放性规划机制，使得城市总体规划编制与实施适应经济全球化趋势。

2. 公司跨国化和集团化强化了公共参与机制的重要性

经济全球化的核心推动力是集团公司的跨国化过程，区域经济一体化的核心推动力是集团公司的本地集团化过程。公司的跨国化和集团化趋势，主要是强化了经济发展主体对城市空间资源配置的规模，一方面，促进了城市经济增长；另一方面，也对城市公共利益空间产生重要影响。城市总体规划编制与实施过程应关注公司的跨国化和集团化对城市空间资源调控的影响。

另外，跨国公司要求按照国际惯例公平、公正地获得空间资源以发展壮大，进而对目前的规划方式方法提出了改进诉求。当前，由于缺乏公共参与监督机制，地方政府为了吸引跨国公司的投资，不惜牺牲公共利益空间，以满足跨国公司的土地等需求。因此，城市总体规划迫切需要强化规划公共参与机制的重要性，既要保障经济发展的需求，又要维护城市整体公共利益。

3. 城市、产业集群加速了规划协调管治机制注入

随着经济全球化的推进，跨国公司和集团公司的空间聚集成长，国际新一轮产业分工的深化，城市集群、产业集群成为提升区域竞争力的核心路径，未来国家之间的竞争与合作主要表现为城市与产业集群化的区域之间的竞争与合作，通常以城镇群、城市密集区、都市连绵区等形态表现。在城市与产业集群背景下的城市与区域规划，更加强调关心环境、公平以及经济发展。

为了适应城市与产业集群的区域一体化趋势，我国城市总体规划编制与实施机制应注入规划协调管治事权机制。在区域一体化进程中，通过规划协调事权，解决区域空间资源配置公平与效率矛盾问题；通过规划管治事权，解决区域公共空间利益保障问题。

第三节　城市总体规划制度改革的响应

在一定程度上，发展形势环境的变化会左右政府制度改革和重大决策，其中也包括城市规划。当前规划师不容忽视市场体制、新的形势环境对城市总体规划制度建设的影响。

一、创新城市总体规划编制技术体系

1. 时空思维

从十六大报告可以看出，我国具有工业化、信息化、城市化等多重任务。我国城市规划编制肩负着发达国家所未遇到的研究难题，即工业经济社会的工业化、城市化和信息社会的信息化、知识化，这两个不同社会经济发展时序要在同一社会经济发展空间同时实现。因此，在全球化时代的拉动下，我国城市总体规划编制应建立不同社会发展阶段产业经济内容在同一时序、同一空间的有效组合和配置的时序观念。在全球化过程中，城市总体规划空间思维的冲击最为强烈，主要表现在空间系统优化、空间功能地域分工、城市空间定位等方面。因此，新的发展形势、观念和制度客观要求传统城市总体规划的空间视野要扩展，研究时序尺度要拉长，要求学科在不同时空尺度上实现整合。

2. 社会经济思维

长期以来，我国城市规划理论和实践一直是在计划经济体制下的工业化社会形成发展的。改革开放以后，从西方传入的城市规划理论是在有计划的商品经济及继之的市场经济体制下形成发展的。1992年以后，我国实行了社会主义市场经济体制，建立了社会主义市场经济制度。然而，我国城市规划理论和实践，仍然在计划体制思维惯性、西方理论指导、市场经济探索之中前进，目前尚未发生质的变革。全球化是以市场经济为纽带推进一体化进程的。因此，全球化市场思维反映主要体现在：空间资源配置机制的灵活性；空间资源要素的社会经济价值的效率性；空间资源的宏观调控有效性；空间资源的经营行为规范性。为此对城市总体规划编制思维出发点和立足点的冲击、对城市总体规划编制经济发展思维的冲击、对城市总体规划编制产业经济内容的冲击等都比较大，传统计划配置资源的规划手段就难以适应新的形势和发展要求，迫使城市总体规划制度变革加快推进。

在计划经济体制下，我国城市总体规划编制主要是城市建设领域所体现的社会思维，譬如社会服务设施，而没有提升到社会思维观念的高度来考虑理论和实践发展，导致我国城市总体规划编制服务范围仅局限于建设开发商，对政府城市建设职能负责。当今，城市总体规划编制要转变传统的以建设为本的规划理论，要树立"以人为本"的规划理论；城市总体规划编制应树立全社会整体服务的规划理念；社会思维客观要求城市总体规划编制应该体现城市和区域发展公平。

3. 生态思维

在工业化社会，城市总体规划主要是为生产、生活服务的社会经济思维，即体现经济效益、社会效益的城市建设空间规划理念，其中绿地规划仅是城市功能用地的一部分，而没有上升到生态系统的层次。随着发展中国家工业化浪潮的兴起，发达国家夕阳产业的国际空间转移，加剧了生态问题的国际化、全球化。因此，对于生态恶化全球化、生态治理全球化、生态保护全球化，城市总体规划编制应该有理论和实践上的响应，主要体现在：

城市总体规划编制发展的指导思想和原则应该以可持续发展为目标，应突破原来工业化社会以城市建成区为空间范围考虑城市发展的传统封闭思维，转向跨区域的具有一定生态整体功能区的城市区域或城市群为空间范围考虑城市总体规划编制理论与实践发展。

要解决工业化社会所遗留的生态环境问题，实现城市区域的可持续发展，需要城市总体规划编制研究生态与社会经济整合机制、互动规律等基本问题。另外，生态思维还表现在产业经济空间内容上的生态内涵，即要研究生态环保产业空间布局的技术理论问题。

二、明确城市总体规划行政事权边界

1. 纵向结构上合理划分事权：国家—省—城市各级规划部门的关系❶

我国宪法明确规定，中央和地方的国家机构职权的划分，遵循在中央的统一领导下，充分发挥地方的主动性、积极性的原则❷，这实际上也体现了注重和倡导发挥中央和地方两个方面积极性的精神，在市场经济条件下更要积极研究中央政府和地方政府的事权划分。综合来看，可以把事权分为三类，第一类为只能由中央管理的事项，第二类为由地方政府管理的事项，第三类是共管事项。在事权划分的基础上，需要进一步明确各自的责任：宜由中央政府管理的事项可由中央政府设置垂直部门统一管理；宜由地方政府管理的事项由地方政府设置相应的部门管理。地方政府部门对地方政府负责，地方政府对中央政府负责。中央政府及其部门的任务应当偏重于政策的制订和修正，并加强指导、检查和监督。[118]

2. 横向结构上理顺管理体制：各级规划主管部门与相关部门的关系

城市规划涉及城市发展和建设的方方面面，在规划工作的各个层面、各个阶段，都存在着如何与相关部门协同工作的问题。如果不建立良好的协同机制，势必造成多头管理（争着管）或管理真空（没人管）的现象。目前规划部门主要的协同关系，在宏观层面上是与计划、土地部门的关系，在微观层面上比较突出的是和消防、房产、环保、卫生、交通等部门的关系。

由于历史的原因，我国目前的规划管理体制不顺，突出的问题是部门分割，职能交叉，相互扯皮，地域分割，造成了部门规划强于综合规划的不正常现象，区域和城市的整体发展规划面临着被部门规划肢解和取代的威胁，部门规划之间、部门规划与地域空间规划之间的矛盾和冲突越来越突出。在宏观层面，国民经济计划和城市总体规划政策的脱节，土地批租计划与城市总体规划政策的脱节，土地利用规划与城市总体规划的脱节，都不同程度地偏离了城市整体发展和统一规划的目标。在微观层面，相关部门的管理程序介入城市规划管理程序，增加了工作层次，造成职责不明、程序复杂、效率低下。[119]

3. 平行结构上明确操作范围：政府与社会之间的关系

随着我国市场体制的逐渐成熟，法制化建设逐步完善，城市总体规划面对的对象越来越复杂，社会的话语权也越来越重要。在多元利益主体的发展诉求下，必须转变以往政府一手操办的总体规划编制实施制度，将部分发展主动权下放给社会或下一级政府，充分调动社会和地方自主发展的积极性，

---

❶ 高中岗. 中国城市规划制度及其创新（D）. 同济大学，2007.

❷ 《中华人民共和国宪法》总纲第三条的规定。

164

精简规划主管部门的行政成本，提高城市总体规划的公开透明度和实施效率。[120][121]

三、提高城市总体规划的实施监管力度

1. 法律的监督

行政权力的法律性表明，规划管理权力必须接受法律制约和监督。随着城市规划诉讼案件日益增多，应借鉴国外的有益经验，研究建立规划行政法庭的必要性和可能性。对滥用城市规划管理权的行为，应明确规定其责任和追究办法，违规的当事人及责任单位要接受经济处罚和行政处罚等。

2. 行政系统的监督

健全和加强自上而下的监督管理程序。在明确各级政府规划管理部门的事权和义务的基础上，当前要重点加强上级政府对下级政府的监督职能，确保上级机构对下级机构的不当决策能够快速有效地予以查处，不受干扰地予以纠正甚至否决，或进行其他形式的干预，下级政府决策行为失误遭上级政府否决而造成的赔偿责任，应由下级政府或其决策部门承担。此外，作为行政监督的一种形式，应提倡并继续推行上级规划主管部门与监察部门协作开展的联合监督，其运行机制是由上级城市规划部门（或督察特派员）负责检查下级部门的规划实施情况，并由监察部门负责查处相关责任人的违法违纪情况，直至启动司法程序，追究其刑事责任。[122]

3. 人大及政协的监督

我国目前城市规划由政府编制、政府审批、政府实施、政府调整的体制存在不少问题。为此，在逐步推动和实施不同层次规划委员会为主体的规划决策系统的同时，需要加强人大对城市规划工作监督的力度，人大应参与城市规划重大决策。城市人民代表大会及其常委会应严格按照《城乡规划法》对城市总体规划的执行情况进行定期或不定期的检查，对于违反城市规划的行为，要督促城市人民政府依法处理。提倡政协部门以提案形式向政府反映城乡规划建设的意见和建议，以及对存在的问题提出批评，政府规划部门应虚心接受并采取补救、改正措施。

4. 政务公开及申述制度

作为外部监督的前提和基础，应建立和推开政务公开制度，即规划的编制、审批以及报建项目的申报和审批实现公开化。另一方面，管理客体也应享有对管理主体进行监督的权力。在政务公开的同时，有必要借鉴国外的经验，逐步建立一套适合城市规划工作特点的规划申诉制度[123]现行的城市规划管理审批过程是一个单向输出的系统，建设单位在此过程中对规划管理部门的决定缺少申诉渠道，尽管有申请复议的权力，但一般都常见于对违法建设的处罚或获得规划许可并施工后引起矛盾的情况[124]在方案审定阶段，基

本上不会发生行政复议，即使建设单位对主管部门的决定有异议，也大多是通过非正式渠道进行的。

5. 公众参与与保障机制

市场经济条件下，公众参与是确保城市规划管理做到公开、公正的有效手段，是实现决策民主化、科学化、规范化的重要环节。我国目前的城市规划管理过程中，公众参与的程度和水平较低，管理者和管理相对人以及公众在信息、权利、责任、义务等方面是极其不对称的。良好的公众参与制度是要给城市规划管理涉及的各个阶层提供参与的机会，实现信息、权利、责任、义务等相对合理的对称。[125]

基于上述情况，建立市场经济条件下的城乡规划管理新机制，应以立法形式明确公众参与的必要性、地位、内容及程序，确保公众享有对城市发展和建设的知情权、质询权。在城市规划实施过程中，建立一种具有更大透明度并能最大限度地反映公众要求的公众参与制度，有效地监督政府部门或官员随意变更规划的行为，遏制城市规划腐败的产生，也避免一些规划决策失误或行政执法过程中的尴尬。[126]

综上所述，当前形势、环境已对我国城市总体规划制度建设的各个理论和实践层面都产生了实质性的影响，城市总体规划的任务越来越拓宽，城市总体规划的对象越来越复杂，城市总体规划的性质越来越综合。在规划编制、实施和监督上，这些变化的内容应该如何实现、采用什么样的机制保障它的实现，从而使城市总体规划符合目前的形势、环境、要求。这是摆在我们面前的当务之急。因此，城市总体规划制度建设，一方面取得了重大成就，另一方面确实存在与当前不适应的地方，这需要建立更完善的机制、体制保障城市总体规划的编制、实施和监督。笔者认为，这个课题具有较重要的研究价值。虽然这是一个老题目，但是有很多新问题需要解决。

第八章 现行城市总体规划制度实践探索

第一节 编制实践探索

一、编制理论的新发展

尽管各国的社会经济发展阶段各异，但城市规划所面临的全球性区域和城市问题仍然十分严峻。因此，21世纪是推进经济全球化和区域经济一体化的世纪，构建生态绿色空间的世纪，发展知识信息文明发达的世纪，打造世界城镇化的世纪。在此背景下，城市规划编制理论有了新的发展，具体体现在以下几个方面：

1. 可持续发展理论的渗透：生态规划事权的思考

20世纪80年代可持续发展概念提出以来，各个国家都把可持续发展理论提升为国家发展策略。我国于1990年末提升为与科教兴国并列的两大国家战略。在1996年国际人居会议《伊斯坦布尔宣言》上，正式将可持续发展理论纳入城市规划编制技术理论体系。

工业化时期的现代城市规划的核心就是土地资源配置，目标是促进城市经济发展。但是，工业化后期或者知识信息文明时代的现代城市规划的核心就是在土地资源配置的基础上，创造良好的人居环境，目标就是促进城市经济的可持续发展。因此，通过土地资源配置机制，城市规划可以在可持续发展行动过程中发挥特殊的作用，以控制人类的社会经济活动可能产生的外部不经济效应。

对于编制机制来说，可持续发展理论的渗透更加强化了城市总体规划的综合性，增加了生态环境要素的编制内容；对于实施机制来说，可持续发展理论的渗透给我国城市总体规划的实施提出了生态规划实施问题，即把生态规划纳入城市总体规划，相应的规划管理实施事权应该如何架构。

汪光焘提出要用循环经济的理念去研究城市规划，必须改变过去一味追求上项目、铺摊子的粗放发展模式下形成的规划方法，要认真研究本地区的土地、水资源和包括水环境、大气环境、声环境在内的综合生态环境问题。

强调对城市各种资源的集约利用，保障城市的可持续发展。❶

2. "以人为本"理论地位的提升：转换规划制度机制的价值导向

1977年的《马丘比丘宪章》提出了以人为核心的人际结合思想，这是"以人为本"理论的最初内涵。经过近30年的实践发展，以及与可持续发展思想的融合，"以人为本"的理论内涵有了本质性提升。现代"以人为本"理论主要强调以人类生存安全为根本的可持续发展思想。第一，强调人类生存安全，这是基本的生理健康型生态空间需求；第二，强调人类代际公平，保障人类的发展安全，这是根本性生存安全的基础前提；第三，强调人类当前社会经济效益，保障人类当前的生存基本需求。因此，现代"以人为本"不是简单意义人性化的概念内涵，而是在人地矛盾和谐共生的基础上强调"以人为本"，强调符合人文社会规律的规划空间结构体系。从人性的角度出发，人类既需求生态空间，又需求经济社会发展空间，二者综合集成就是"以人为本"的和谐社会空间。

另一方面，随着社会的文明进步、民主意识的加强，随着知识的平民化和人们对个人价值的追求，城市越来越成为城市市民、广大公众文化的形象载体，体现为城市文化的多元性、城市结构的复杂性、城市景观的多样性。简·雅各布斯在《美国大城市的生长与消亡》中总结出：城市多样性是特征，又是保持活力的要因。这是对柯布西埃规划理论导致城市社会文化严重破坏的批判。以地方区域公众文化为积淀的城市文化和城市特色是未来城市应有的特征，这是"以人为本"的历史内涵。

"以人为本"的理论提升与嬗变，以及在我国国家战略层面的响应，决定了我国城市总体规划编制与实施机制的价值导向，即要构建"以人为本"的和谐社会空间。

赵民提出，城市总体规划要突出"以人为本"的人文关怀思想，研究具体人的需要，而不是从形式主义或僵化的"规范"和"指标"出发，只见物不见人。要努力创造宜人的生存条件和活动空间，重视建设良好的人居环境，更加重视城市生活服务设施的配套建设，除了城市级、地区级的大型公共设施，还应特别关注居住区及以下级别便民设施的配置，切实解决好交通、上学、医疗等关系群众切身利益的问题，让人们生活在城市里能够舒

---

❶　汪光焘. 以科学发展观和正确政绩观重新审视城乡规划工作［J］. 城市规划，2004，（3）：8-13.

适、方便、安全、贴近自然、充分享受文化和科学技术所带来的欢愉。❶

任致远认为，城市总体规划修编工作要充分体现"以人为本"，树立规划的正确价值导向，寻求公共资源配置的公平性方式，推进公众参与的制度安排，关注社会弱势群体的需要和福利。城市总体规划的制定和实施中不仅要依法保障公共利益，也要保护合理合法的私人权利。必须始终坚持公开、公平、公正，规划成果不仅在结果上要体现为大多数人利益，而且在实施的过程中间，让各方面的利益关系能够充分协调。❷

3. 城乡与区域协调理论的重视：规划事权空间与层级界限的思考

格迪斯最早提出城市与乡村的规划纳入同一体系之中的思想，这一思想经美国学者芒福德（Lewis Mumford）等发展为对区域的综合研究和区域规划，这是最初的城乡与区域协调理论融入到规划实践理论中。

这一思想传入中国规划界，正处于我国城市经济欠发达时期，城乡与区域协调的空间需求不明显，城乡与区域协调理论也未受到重视。随着我国经济快速发展，城乡对立问题、区域差距问题、城乡协调问题、区域协调问题等逐步严重，城乡与区域协调理论也逐步被政府、规划界所重视。在十六届三中全会提出了统筹城乡发展、统筹区域发展、统筹经济社会发展、统筹人与自然和谐发展、统筹国内发展与对外开放"五个统筹"思想，城乡与区域协调理论被提上国家政府施政高度。

但是，城乡与区域协调理论的重视，给传统的城市总体规划编制与实施机制提出挑战，主要是要及时对规划管理实施事权的空间与层级界限进行划分和重组。当前以城市规划区为空间事权界限、以审批权力的行政能级为层级事权界限的城市总体规划编制与实施机制已经不能适应城乡与区域协调理论发展需求，已经很难适应国家施政的"五个统筹"的发展要求。因此，在城乡与区域协调理论的指导下，传统的城市总体规划中的市域城镇体系规划、乡村建设规划、风景名胜区规划、旅游规划等应该如何编制与实施，单独编制区域性的协调发展规划，还是继续强化传统城市总体规划编制实施内容，这是急需解决的课题。

汪光焘指出，城市总体规划要改变偏重中心城市的做法，❸ 规划范围应

---

❶　易华，诸大建. 学科交叉以人为本制度创新—中国城市规划学科发展论坛观点综述［J］. 规划师，2005，（2）：24-26.

❷　任致远. 科学发展观与城市规划［J］. 城市规划，2005，（12）：21-22.

❸　汪光焘. 科学修编城市总体规划. 促进城市健康持续发展——在全国城市总体规划修编工作会议上的讲话.

由中心城扩展到行政辖区，对城乡进行统筹规划，对辖区内的城乡居民点人口分布、土地利用、产业布局、环境保护和设施配置进行综合安排，加强城乡联系与融合，注重城乡平衡发展，彻底打破城乡分离的格局。规划区应覆盖整个行政区域，对区域内建设用地、基本农田保护区、风景名胜区、生态敏感区、历史文化保护区等进行划定，并作出强制性规定。对区域性基础设施进行城市总体规划，对区域的供水、电力、公交、垃圾处理、污水处理设施和生态环境建设进行统一布局和安排。对区域性公共设施和社会服务设施进行统筹考虑。空港、港口、铁路等重大基础设施，文化、体育、科技、会展、休闲等公共设施，应从满足市域城乡居民使用要求的方面，确定选址、规模和服务半径等要求。这样不仅有利于从总体上科学合理地确定城镇体系等级规模结构和中心城规模，合理使用各种资源，共建共享基础设施，也有利于从规划范围和内容上与土地利用及相关专业规划的衔接。❶

4. 规划公共政策理论的认可：规划是政府、法律行为的理论支撑

随着生活水平的提高，公众越来越重视生活的环境和质量，参与意识不断增强。在这种背景下，公众参与城市规划的概念开始从西方国家引入到我国规划界。与国外成熟的公众参与体系相比，我国的公众参与状况不论是组织的形式上，参与的深度上，还是参与的程序上都是初级的。

政府作为公共利益的代表，有责任和义务通过公共政策与法律，通过市场强有力的调控，以城市规划的途径来保证大多数公众的公共保障空间需求。城市规划是国家重要的公共政策，一直是欧美日等发达国家城市规划编制与实施机制构建的核心思想。

由于我国计划经济体制的影响，城市规划一直作为我国城建主管部门的技术支撑。但是，在市场经济条件下，城市规划是国家对城市发展重要的调控手段，国务院在1996年就指出"切实发挥城市规划对城市土地及空间资源的调控作用，促进城市经济和社会协调发展。"❷ 这是在社会主义市场经济条件下国家政府给城市规划的科学定位。随着我国市场经济制度体系的完善，城市规划是国家政府重要的公共政策，已经逐步被国家政府所认可。

因此，在规划公共政策理论的指导下，我国城市总体规划编制与实施行为不是纯粹的技术行为，而更为重要的是政府行为、法律行为。这决定了我国城市总体规划编制与实施机制的构建必须基于公共政策的调控平台。为此提升规划的公众参与的广度和质量，规划重点需要做出两方面的变革：一是

---

❶ 袁晓勐. 科学发展观指导下城市规划的理念和职能 [J]. 规划师，2005，（2）：8-12.

❷ 《国务院关于加强城市规划工作的通知》（国务院 18 号文件），1996.

规划师的技术能力和工作方式，规划编制的技术内容和表达形式，需要做出改变，适应全过程、多层次的规划公众参与需求；二是规划的制度需要做出变革，特别是将公众参与纳入法定程序，在规划的基础调查、方案评审、公示等阶段保障公众参与的渠道。

仇保兴提出，城市总体规划要在编制工作中权衡协调不同利益群体权益，并反映到土地利用和建设活动中来。要提倡混合居住模式，要利用土地供应手段调控房地产市场，空间配置要满足经济、社会和人全面发展的多样性需求。❶

陈发辉提出，必须在法律上明确、在实际操作中确立城市总体规划中的利益诉求机制。应该按照政治学的程序进行民主决策，要从制度上保证社会不同利益群体有公平的机会参与到规划决策程序中来，必须彻底改变由少数社会精英把持城市规划的局面。❷

张庭伟认为，城市总体规划不仅是技术行为，更是政府行为。规划的技术性部分是在政策的指引下进行的，都有复杂的经济、政治等非技术因素的影响。作为技术行为的规划总是为了作为政府行为的规划服务的。❸

赵民提出，法制化是现代城市规划的主要特征之一，也是城市规划的科学合理性得以实现的必要条件。❹

5. 人居环境科学的建立与发展：推进规划综合方法论的完善

20 世纪后半期以来，全球城市化和城乡居住环境问题的关注，以及世界范围内环境保护意识的崛起和可持续发展思想的提出，对中国现代城市规划理念的形成产生了重要影响。在计划经济时期，城市规划为生产、为人民生活服务，实际上是重生产。在市场经济时期，把人居环境（创造优化的人居环境）作为城市规划的最高理念，是符合绝大多数城乡人民的根本利益的。从城市到农村的人类聚居地是一个统一的巨系统，从人居整体利益出发，应该把城乡结合起来进行规划，这是生态、区域的整体思想。由此产生了人居环境科学理论。[128]

人居环境科学是以包括乡村、城镇、城市等在内的所有人类聚居形式为研究对象的科学，它着重研究人与环境之间的相互关系，强调把人类聚居作为一个整体，从政治、社会、文化、技术等各个方面，全面地、系统地、综合地加以研究，其目的是要了解、掌握人类聚居发生、发展的客观规律，从

❶ 仇保兴. 城市经营、管治和城市规划的变革［J］. 城市规划，2004，(2)：9-14.
❷ 陈发辉. 关于城市规划行政许可若干问题的思考［J］. 城市规划，2004，(9)：71-75.
❸ 张庭伟. 城市发展决策及规划实施问题［J］. 城市规划汇刊，2000，(3)：32-36.
❹ 赵民. 城市规划行政与法制建设问题的若干探讨［J］. 城市规划，2000，(7)：8-12.

而更好地建设符合于人类理想的聚居环境。以吴良镛为代表的学者，较为系统地阐述了人居环境科学的框架和基本理念，并引导了人居环境科学在城市规划研究及建设实践中的应用。宜居性是所有城镇农村最基本的要求和目标，宜居性不仅指住房本身，而是一个完整的、完善的居住环境。广义上说也包括人的工作权利、就业岗位的提供，以及经济的繁荣和发展。[129]

人居环境科学对于城市规划的革新，主要在以下几个方面。一是强调"建筑学—地景学—城市规划学"三位一体的综合性规划理念。[130]现代城市系统的发展要实现整体利益，必须调整现有的城市规划发展思路，确立综合性规划的主导地位。二是强调"融贯、综合、集成"的综合研究方法和规划实践，无论是基础调查，还是分析问题、解决问题，还是规划的管理和运行，必须真正实现多学科、多专业的协作，实现城市系统组成要素的优化。[131]三是强调根据城市单个居民和整个城市社会的生理、心理、文化价值的需求提出城市规划的指导思想和基本原则，这就要求加强公众和社会参与，建立健全城市规划评价体制。[132]

6. 新区域主义的影响：多元治理框架对规划体制提出挑战

新区域主义，这一个术语最早出现在1938年。社会学家霍华德（Howard）和哈里（Harry）首次使用它来描述当时的社会文化、政治经济伴随工业化而呈现区域化的发展现象。后来被规划师采用。新区域主义主张不同尺度区域空间规划相结合，主张采用更加积极、民主的规划方法。不同群体集团的利益、不同区域利益集团的利益都得采用民主开放式规划。[133]

新区域主义是一种治理范式，即区域代表了民主治理、好的公共管理和有效的发展政策所固有的治理框架。新区域主义有几个核心概念：首先，新区域主义扩充了区域整合的主体范围，新区域主义提倡公权到私权的让渡，打破传统的国家一元管理形式和单一的政府管理主体，主张多元治理和多级治理，以后现代公共行政的去中心化为基础，新区域主义理论主张在区域发展的过程中，打破传统政府单一主导的方式，构建合理的参与机制与互动网络；其次，重塑政府—社会关系，引入公民社会和私人部门等主题，实行政府、社会组织、公民社会、私营部门的联合治理，形成一种嵌入式经济和政治发展新模式，推动非政府组织及私人部门参与。[134]

新区域主义对于城市规划特别是区域规划的主要启示有：一是强调比较与竞争。在市场化和全球化的驱动下，城市间、区域间、国家间的竞争加剧，因此更加关注竞争优势。二是强调弹性和刚性。为了克服市场经济的不理性并保护和改善生态环境、人居环境和旅游环境，也必须对区域内严格划定的禁止开发区域和限制开发区域进行刚性的约束。同时，可以确定有选择的引导开发和重点开发区域，这两种区域可留有程度不同的有较多回旋余地的弹性发展空间。三是强调协调与整合。综合协调涉及部门之间、地区之间的利益矛盾，国家利益、地方利益、集体利益与个人利益之间的矛盾，也会涉及经济效益与社会效益、生态效益之间的矛盾。四是强调沟通与管治。强调在自上而下和自下而上的力量之间进行磨合、平衡，转向双向互求互动、协商型规划。五是区分虚调控和实调控。城市规划是一种以空间资源的分配为主要调控手段的地域空间规划，即制定"空间准入"法则，实施"空间管制"。六是既重视目标也重视过程。强化对实施步骤、实施措施的研究，而这正是我们以前忽略的问题。[135]

新区域主义主张不同空间尺度的规划设计的有机统一。传统的空间规划设计存在不同空间层面上的相互割裂现象。新区域主义认为，区域规划必须关注区域景观地方文化，包括建筑传统；城市设计必须具有区域关怀，关注内城更新、城乡协调以及城市经济行为对区域生态环境的影响；城市规划则既要与区域规划协调，也要兼顾城市设计的需要。各种规划彼此协调的机制，包括通过法律的规定、管理协调以及加强公众参与、公众监督等。在法律正式规划渠道之外，当前"非正式"规划的实践通过公众参与、民主协调、民主监督等形式，利用咨询、讨论、交流、谈判等措施，开辟出"非官方"的规划途径，解决区域冲突，促进协调发展。[136]

因此，在新区域主义的影响下，城市弹性理论正在替代"可持续发展理念"，成为新的规划理论热点。城市弹性从三个方面衡量：一是具有应对外部经济动荡的能力，以多元经济结构为新的发展目标；二是具有应对外部自然灾害的能力，体现为城市空间及城市基础设施留有余地，灾害来临后有复苏能力；三是应对社会变化的能力，对社区有归属感，具备通过社会整合实现自我振兴的能力。[137]规划界总结了提升城市弹性的七个原则，即实现多元化，鼓励模块化经济，促进社会资本积累，鼓励创新，允许土地开发复合性，建立信息反馈机制，提供生态系统服务。

为增强城市的弹性，规划对策即为"情景规划"。情景规划作为一种很早就出现的概念，它不仅仅应对外部条件，而且希望改变外部条件。即并不一味想着去适应情景，也想着如何改变情景，将情景控制在可控范围内。其逻辑有几个要点：情景规划最重要的关键是构筑"情景"，即对不同的外部情况做出有根据的预测；不同情景是由不同主要发展动力的合理作用造成的；所以应当了解城市发展动力，然后找出不同组合合力；通过调整发展动力，从而影响外部条件；最后制定政策，应对不同情景。[138]

二、规划编制实践探索

1. 产生背景

我国总体规划内容过于庞杂、体系过于僵化、审批周期过长、实施调控力度过弱、时效性过差的问题早已经是政府、规划界以及学术界的共识；但是城市总体规划改革却长期滞后。尽管多年来城市总体规划改革的学术探讨已经颇为丰富，但在近一轮大规模城市总体规划修编（2003年以来）中，普遍仍然沿袭了传统城市总体规划的体例，与1990年代的城市总体规划修编比较，规划的理念、内容、方法甚少创新之处，这是很令人遗憾的。城市总体规划制度变革之所以如此艰难，显然有其根深蒂固的复杂原因。

（1）上下级政府之间的规划事权差异导致规划改革难以推进

目前的城市总体规划体制是在中央政府（建设部）主导下建立的，随着社会主义市场经济体制的建立，中央能够干预地方发展的传统手段与渠道已经不是很多，而市场体制下的中央——地方事权调控机制又尚不健全，因此上级政府希望城市总体规划能够承担全面影响城市发展的职能，上级政府通过拥有总体规划的最终决策权（审批），以总体规划在城市建设中的重要法律地位与程序框架，引导地方城市贯彻上级政府的政策意图。[139]但是，在地方自主权逐渐增大，市场机制日益健全的背景下，中央与地方的利益取向并不总是一致，甚至在某些时期某些领域是对立的。由于各种原因，地方城市对总体规划改革的愿望更高，以摆脱"远期"与"上级"的束缚。尽管上级政府也意识到总体规划的种种弊端，但在目前的体制与制度框架下，难以提出能够代替总体规划巨大调控功能的新机制，又不愿意因噎废食，彻底放弃，总体规划改革就在中央与地方的反复博弈之间耽搁延误了下来。[140]

（2）总体规划法律程序复杂导致地方政府另寻实现规划意图的形式

我国目前的城乡规划体系是以城市总体规划为核心的，总体规划涉及城市发展的方方面面，各项建设的空间落实都要在总体规划中寻找合法依据或与之协调，总体规划的改革可谓牵一发而动全身。但总体规划与城市快速发展形势的不相适应，确实令地方城市如坐针毡，焦虑不已，战略规划等各种新类型的规划形式就是在这种情况下作为总体规划的某种替代品出现的，并且各大城市往往在战略规划等新规划形式做完之后，紧接着着手进行总体规划修编，潜意识里显然有挟传统总体规划之弊与新规划形式之优，"迫使"上级政府承认地方的发展意志，并落实于总体规划的意图，这也可能是最新一轮总规修编不"出彩"的原因之一。地方政府的目的是：尽管总体规划弊端重重，但仍然尊重上级政府的既定安排，同时也希望上级政府能够接受战略规划等新规划形式对总体规划束缚功能的实质性修正。[141]

随着城市面临来自区域甚至全球其他城市的竞争，光有微观的建设管理已经难以满足经营城市的需要，城市必须进行符合自身情况的宏观的战略管理，把握大的发展方向。在规划系统中，上级政府通过扩大审批城市总体规划的城市数量，体现二者政策和权力上的从属关系。尽管战略规划等新规划形式的研究内容本属于总体规划的核心内容，但是地方政府还是需要，而且有能力、有"自由"在总体规划之外，寻找一种更为灵活的规划工具来应对现实问题，及时调整发展的思路。[142]

区域政策不够明确，而且也没有相应的管理机构。地方政府要在区域中谋求发展和竞争上的有利地势，难以从现有的区域政策中寻找根据，战略规划等新规划形式的研究正是为政府应对竞争、谋求发展提供了一种技术上的帮助。

规划的宏观调控作用也得到越来越多人的认识。一方面规划技术上要能够贴近政府（中央的和地方的）宏观调控的政策过程；另一方面技术上要能够进一步增强应变能力，扩展规划在社会、经济、区域综合研究上的实力。现阶段战略规划等新规划形式实践方面的探索正体现了这种努力。目前城市总体规划僵化的编制模式忽视了规划对于实际问题的解决能力。如果完全依赖城市总体规划解决城市发展战略和宏观层面的问题，编制成本过高，因而迫使地方政府放弃现成的规划工具，去寻找其他的模式。[143]

改革开放以来，尽管总体规划编制方法和审批程序存在的问题已招致众多批评，但改革更多地停留于学术探讨层次，在实践中并没有实质性改变。直至近年来，部分城市相继推出远景规划、战略规划、发展概念规划等，以及最近建设部要求修编近期建设规划，才预示着中国城市规划体系开始向城市总体规划制度改革推进。[144]

2. 规划编制类型探索

（1）空间发展战略规划研究：传统城市总体规划的重要补充

1990 年代以来，随着社会主义市场经济体制的逐步确立，城市产业结构的不断升级与对外开放日益深化，我国城市发展面临着规模日趋扩大，竞争日趋激烈，管理日益复杂等诸多问题，计划经济体制下的总体规划模式，对城市发展与建设的调控能力日渐薄弱，加强城市发展的战略性研究，已经是各界的共识。

开展远景规划是我国最早的战略规划编制形式探索。1980 年代以来我国关于战略规划的实践长期处于依附城市总体规划的状态，只有少数城市开展了较为独立的远景发展规划。建设部于 1991 年颁布的《城市规划编制办法》，第十五条明确指出"城市总体规划的期限一般为 20 年，同时应当对城市远景发展作出轮廓性的安排。"正式提出了远景规划的要求。而到了 20 世纪末，随着广州城市总体发展概念规划的成功，战略规划作为独立的规划形式迅速在全国范围展开，南京、杭州、济南、北京、合肥、上海、哈尔滨、沈阳、太原、长春等诸多城市开展了空间发展的战略性规划，或称概念性发展规划，迄今为止，国内绝大多数的大城市都编制了战略规划。

1）对规划编制体系改革的启示：规划层次定位、事权体系的重构思考

空间发展战略规划研究的实践开展，实质上是对正在实施的城市规划法规体系的反思，是对适应市场经济制度建设和政府职能转变做出的规划响应。随着市场经济体制的完善和深入，地方经济发展需要在经济全球化、市场国际化中正确定位，寻找发展机会。因此，以行政审批事权架构的传统的城市总体规划模式，很显然不能适应政府宏观目标调控的需求。

空间发展战略规划研究，首先是对城市规划编制体系的冲击，进而引发一系列规划层次定位、规划编制事权、规划实施事权体系的重构和明晰。目前，学术界主要存在两种观点：一是替代，即空间发展战略研究替代传统城市总体规划，这是裂变；二是分化，即传统城市总体规划分化为空间发展战略规划和新城市总体规划，这是渐变。不管是替代还是分化，都将对我国传统城市总体规划编制和实施机制产生本质性影响，并需要架构新的规划事权结构体系，即分化或替代的编制事权，相应的实施事权如何对应，这是当前城市总体规划编制与实施机制急需解决的问题。

2）政府对规划实施的需求：高效的发展策略和公平的公共政策

通过空间发展战略规划研究的实践，当前城市政府对规划实施的需求，已经不是传统的行政审批权力的需求，而是重点需要规划提供高效的发展策略和公平的公共政策，并为此构建资源节约、环境友好、经济高效、社会和谐的城镇空间格局。因此，规划目标导向的变化，决定了当前城市总体规划编制和实施应该纳入城市政府规划宏观调控的政策、策略层次，而不是行政审批层次。这就必须对传统的城市总体规划编制与实施机制进行创新，建立适应现代政府规划实施需求的机制系统。

空间发展战略规划来源于国外的规划实践，西方国家 1960 年代以后形成稳定的双层规划体系，战略规划是其中之一。英国是世界上最早开展大都市区战略规划研究与实践的国家之一，主要体现在结构规划（Structure Plan）和战略规划指引（Strategic Planning Guidance）两种类型。新加坡的概念规划主要制定长远发展的目标和原则，体现在形态结构、空间布局和基础设施体系，概念规划的作用是协调和指导公共建设（public sector development）的长期计划，并为实施性规划提供依据。❶ 概念规划模式深刻影响了我国战略规划的开展。其他典型的战略规划模式还包括中国香港的全港和

---

❶ 薛普文. 新加坡的城市规划、建设和管理 [J]. 国外城市规划，1995，(4)：31-36.

次区域发展策略、❶ 加拿大渥太华大都市战略规划等。1990 年代以来我国关于战略规划概念的讨论逐渐丰富。随着广州概念规划实践的成功，关于战略规划概念的讨论进入高潮，并逐渐达成了一定共识。

赵燕菁（2001）认为，概念规划所扮演的角色应当是，将社会经济发展的潜在可能和需要（产业结构调整、发挥竞争优势、培育新的经济增长点等）解释为空间的语言（不同功能的空间分布、发展方向、城市结构和基础设施等）；概念规划必然是一个横跨经济与空间的规划，其内容应涉及部分社会经济发展目标并包括了原城市总体规划大纲阶段的工作。

张兵（2001）认为，概念规划就是要表达城市或者区域在一个长久阶段内发展的整体方向，以及指导当前行动的整体框架；概念规划不是什么神秘的东西，不是一种可以和城市总体规划、详细规划并列的规划类型，更多的是一种工作方法。

（1）深圳空间发展远景规划

1984 年，深州市处于从起步向快速发展的转折点，考虑到深圳市的巨大发展前景，深圳市决策层从城市的跨世纪发展来考虑，决定将距离深圳20 公里的黄田定位国际机场的场址，同时，考虑跨海大桥与香港连接的可能性，保留福田新区作为未来新中心区，这是极具历史眼光的规划部署，深圳的实践可能是国内最早的有意识的远景战略规划行为。❷

（2）广州城市总体发展概念规划

广州城市总体发展概念规划是我国独立战略规划的首次尝试，在番禺和花都撤市建区、市域急速扩展之时，广州市政府向全国征集了五个总体发展概念规划方案，对广州城市发展的目标定位、规模容量、空间布局、产业发展、交通网络以及生态建设等方面均提出了思路和对策。广州总体发展概念规划中对于城市高速发展阶段的空间模式选择做出了令人印象深刻的研究。所提出的发展战略对于广州面临经济全球化趋势下的区域竞争、经济地位的相对下降、中心城人口的疏解、环境的改善和文化遗产的保护，特别是快速城镇化进程中国家发展的全局需要等重大问题做出积极的回应。❸ 广州城市总体发展概念规划作为我国概念规划的首次尝试，无论是内容还是形式都开创了先河。

（3）潍坊远景规划编制

远景规划编制最为典型的当数潍坊市，潍坊远景规划从区域产业、资

---

❶ 侯丽，栾峰. 香港的城市规划体系——规划行政体系 [J]. 城市规划, 2000, (5): 47-50.

❷ 陈秉钊. 远景规划与城市总体规划 [J]. 城市规划, 1996, (5).

❸ 张兵. 敢问路在何方——战略规划的产生、发展与未来 [J]. 城市规划, 2002, (6).

源、生态环境、综合基础设施、用地布局等方面进行了分析研究，并总结了三句话："展望更远的时间空间（50－60 年）"，即应预见到城市化成熟期（城市化水平到达 70％），城市的发展将从空间量的扩张转向城市内部质的提高；"审视更广的地域空间"，探讨相关经济区域背景，如环渤海地区的分析；"透视更深的内部空间"，即从研究城市发展的经济、社会的内在动力入手。❶

当时远景规划一再强调不能代替城市总体规划，只是为城市总体规划提供宏观的指导，并使总体规划突破远期 20 年的局限。从潍坊市的成功实践看，远景框架为城市发展提供了指导，基本没有发生远景用地被过早开发，把城市摊子拉大的严重情况，这是在我国社会主义市场经济的管理体制改革尚未全面深入的背景下，对城市总体规划改革的有益尝试，为后来战略规划的普遍开展探索了道路，积累了经验。

（4）杭州城市发展概念规划

杭州市城市发展概念规划开展的背景与广州市极其相似，针对杭州市行政区划调整的具体情况和杭州政治经济发展态势，规划的主要内容为六个部分：发展与危机、人文与精神、理念与目标、产业与路径、空间与环境、经营与创新。杭州市城市发展概念规划从宏、微观多角度审视杭州城市发展的诸多重大问题，对概念规划的理论有了进一步的发展；规划以人文与精神为先导，将城市文化列入概念规划的重要探究范畴，继而从产业展开综合论证最终落实于空间与环境，丰富的探究内容大大扩展了概念规划的研究范畴。❷

（5）南京城市总体发展战略研究

南京市城市总体发展战略研究，是在城市的区域中心地位受到动摇，城市竞争日趋激烈的背景下展开的。规划以产业研究和空间结构的分析为突破口，论证产业和空间发展的优先性，提出在非均衡区域中更好地发挥支点作用的构想。提出调整产业结构，在经济上做大、做强；充分利用南京独特的区位优势，以"X"型产业交汇点为基础，形成区域中心城市；面向大上海，轴向发展优先向东扩展城市空间，构筑宁镇扬都市区；以多核心结构，建设新的 CBD，保护古城；加强高速公路建设、新机场选址，强化交通设施对空间结构的支持等规划对策。南京战略规划突出空间研究的深度和布局的可操作性，具有较强的实践意义。❸

❶ 陈秉钊. 远景规划与总体规划 [J]. 城市规划，1996，（5）.
❷ 罗震东. 1980 年代以来我国战略规划研究的总体进展 [J]. 城市规划汇刊，2002，（3）：49-55.
❸ 王凯. 从广州到杭州：战略规划浮出水面 [J]. 城市规划，2002，（6）：57-63.

3）战略规划对总体规划的影响

关于战略规划与传统总体规划关系的观点基本可分为两类：一类主张将总体规划内容改为战略性规划，形成总体规划即战略规划；一类主张从总体规划中分离出部分内容，建立独立的战略规划层次，形成战略规划——总体规划的关系；或者认为城市战略规划既是城市的发展战略，也是一个城市所在区域的区域规划，因此可以形成区域规划（战略规划）——城市规划的关系。[145]

将总体规划内容改为战略性规划的观点是从简化规划体制，维护总体规划已有法定地位的角度出发的。这类观点主要体现在对总体规划修编的探讨中，认为总体规划应加强战略适应性的研究，即在战略层面中重点研究城市的功能定位、结构适应、总量控制和时序开发优化，从市场资源的配置出发对城市发展的重大问题提供判断决策的依据，着重解决以下几个方面的问题：协调城市土地使用与产业结构、功能目标定位相符合的一致性；确定城市发展的职能构成、人口分布特征以及所反映的地域空间结构的重大变化方向；研究城市人口规模、经济规模、人口总量与结构、交通结构网络与政策以及城市用地开发决策的关系；确定城市开发总量、开发强度的分区结构分布特征；确定顺应城市发展建设的时序优化政策[146]。

就编制层次而言，战略适应研究并非是总体规划编制中的一个独立的阶段，而是在编制前到编制过程中，对影响城市发展的重大问题的研究及技术储备，在资源环境分析层、结构总量分析层、用地开发决策层等三个层面加强规划在宏观上的指导控制。据此，通过定性与定量分析的有效结合，为总体规划的编制提供有力的技术支撑。

主张建立独立战略规划层次的观点由来已久，早在1983年葛起明就提出在编制总体规划之前应先编制由政府负责、由计划经济部门组织的城市发展规划；他还提出在区域规划普遍开展后，可以考虑将城市发展规划作为区域规划（或国土规划）的一个组成部分，通过区域规划的适当深化和具体化，编制出整个经济区域内的城市发展规划。吴明伟（1986）则提出，将总体规划划分成战略发展规划和土地利用规划两大部分，既简化总体规划内容、缩短审批周期，同时又能使总体规划向广度和深度发展❶。

沈德熙（1999）、苏则明（1999）则明确提出将我国城市规划的编制体系的基本系列（指一般各类城市均需要编制的规划，这类规划必须经过批准

---

❶ 吴明伟. 关于城市规划编制程序和方法的讨论 [J]. 城市规划, 1986, (6).

并立法）分为战略规划、总体规划、分区规划、控制性规划四个层次。战略规划包括三个内容：社会、经济、环境的发展战略、目标与对策；市域城镇体系规划、基础设施和重大项目的布局；包括主城在内的市域重点城镇远景发展框架，研究其性质、规模和布局形态，市域城市化促进区和城市化控制区的范围。❶ 这种设想实质上是将战略规划发展为区域规划。

（2）近期建设规划：城市总体规划体制改革的有益尝试

2002 年 5 月，在《国务院关于加强城乡规划监督管理的通知》（国发[2002] 13 号）的文件中，要求各级城市人民政府将制定和实施近期建设规划作为当前的一项主要工作内容。建设部在《关于制定近期建设规划的意见》（下称《意见》）中进一步明确指出：近期建设规划作为城市总体规划的重要组成部分，是实施城市总体规划的时序安排和近期建设项目安排的依据。这表明，国家主管部门已经将近期建设规划提升为城市总体规划实施的重要手段，而不仅仅是总体规划的补充。由此在 2003 年全国掀起了一次近期建设规划的城市总体规划实施行动。❷

1）城市总体规划实施的行政强化：规划编制与实施改革的有益探索

近期建设规划是在全国各个城市出现空间发展无序蔓延、城乡空间矛盾尖锐、开发区圈地、历史文物古迹空间逐步消失等现象之后，而当前政府依据已编制审批的城市总体规划难以对城市空间资源进行宏观调控的情况下出台的。中央政府为了有效调控全国的城市发展问题，就借助近期建设规划加强了法定城市总体规划实施的行政强化。但是，经过十年多的实施，笔者认为近期建设规划是中央政府对城市总体规划编制与实施改革的权宜之计，尚未达到预期的效果；同时，也给我国城市总体规划编制与实施机制改革提供了宝贵的实践经验。

战略规划对僵化教条的总体规划编制模式提出了有力挑战，对于推进总体规划改革、提高规划的实效性发挥了重要作用。但在大力推进城市化的形势下，也确有不少地方无视城市规划的控制要求，借发展之名随意突破总体规划确定的用地规模和布局，盲目追求所谓"高起点、大手笔"，造成资源的浪费和城市整体建设效果的失控；而个别城市编制的战略规划在其中起到了推波助澜的作用，客观上产生了动摇瓦解总体规划的严肃性和权威性的效

---

❶ 沈德熙. 对城市总体规划编制的思考 [J]. 城市规划汇刊，1999，（5）：22-24.

❷ 近期建设规划应包括如下内容：全面检讨总体规划的实施情况；立足现状，切实解决当前城市发展面临的突出问题；重点研究近期城市发展策略，对原有规划进行必要的调整和修正；在空间上整合国民经济和社会发展计划提出的各类建设项目；确定重点发展地区，策划和安排重大建设项目；研究规划实施的条件，提出相应的政策建议。

果。对此国家主管部门不能听之任之，坐视不管。尽管国家主管部门已在相当程度上承认了传统调控模式的失效，但在改革的决策上却面临两难选择：城市总体规划的改革势在必行，但中央对地方的"越轨"行为也不能失去控制。中央更期望在不对现有体制框架进行根本性变革的前提下，寻求一条切实可行的途径尽快扭转城市快速发展中城市总体规划控制不力的局面；而借助近期建设规划这种体制内本来就存在但过去未予重视的规划手段实现对城市建设的调控，就是一个较为务实的选择。[147]

2）近期建设规划实践的启示：规划编制与实施机制有待理顺

近期建设规划本是我国总体规划中的传统内容，但是在以往注重远期目标的总体规划框架中，以5年为一阶段的近期建设规划的作用是被忽视的，并被纳入所谓非基本系列，其工作方法往往是在总体规划设定15～20年长远发展蓝图的基础上，采用阶段分解法按时间序列简单倒推。这种将15～20年的规划内容裁减一块而形成的近期建设规划，自身缺乏整体性和系统性，也少有现实可行性，实际上是弱化甚至肢解了总体规划的宏观调控功能。此外，由于没有形成"滚动规划"、"连续规划"的约束机制，在总体规划实施5年后，对于是否必须组织编制第二个近期建设规划缺乏明确的规定和要求，使得下一阶段的城市建设内容没有合理安排，既不利于城市建设按总体规划的目标逐步推进，也难以对近期开发建设进行有效控制管理。从1990年代中后期全国进行了最大规模的一轮城市总体规划修编工作，许多城市已经完成了第一个5年的近期建设规划，如果不尽快对今后5年的城市建设计划做出具体安排，面对城市的快速发展，无论是中央的监控还是地方的行动都将失去方向。

与战略规划这种由地方发起的诱致性制度变迁不同的是，近期建设规划首先是作为中央加强对地方规划监督管理的手段而提出的，是自上而下推行的强制性行动。[148]近期建设规划实践的经验教训在于要理顺中央与地方政府对城市总体规划编制与实施事权机制。近期建设规划是城市总体规划战略策略的微观行动计划，已经具体到项目部署层次。在市场经济制度下，中央政府对地方城市空间发展的调控主要是宏观的、关系到跨区域经济发展、生态安全的强制性内容的政策调控，而不是强化对微观层次的具体项目行动的调控。因此，这就给城市总体规划编制与实施机制的构建提出了一个尖锐问题：在现代市场经济制度条件下，中央政府与地方政府的规划编制与实施事权应该如何架构的问题。同时，也给中央政府施政提出了一个课题，就是要强化城市总体规划编制和实施的公共政策功能，而不是地方经济发展项目的监管审批功能。

3）近期建设规划实践的思考：解决规划编制与实施机制，替代不是

出路

　　近期建设规划的实践，给我国规划界、政府提出了规划改革的思考，即积极破解城市总体规划编制与实施机制，建立适应现代政府管理行为机制、适应现代市场经济制度建设的城市总体规划编制与实施机制体系。若在传统城市总体规划编制与实施机制上进行改良运动，我国城市总体规划当前面临的诸多问题就很难得到实质性解决。

　　面对近期建设规划的实践，国内学者也提出了替代方案，即近期建设规划替代传统的城市总体规划。这是在没有理顺和破解城市总体规划编制与实施机制的基础上得出的较激进的结论。无论从规划技术还是从规划管理等方面，传统城市总体规划编制与实施的矛盾问题不是自身体系的问题，是自身体系不能适应新发展体制环境的需求造成的，而我国政府体制本身又束缚着城市总体规划编制与实施体制的改革推进。因此，盲目替代传统城市总体规划是没有出路的，必须从深层次根源上寻找出路。

　　《深圳市近期建设规划（2006～2010）》内容主要包括"一个目标、六大策略、四类重点地区计划、八大行动、五方面政策和两项保障措施"等。深圳近期建设规划突出了公共政策的内涵和行动计划的空间策略。❶

　　《长春市近期建设规划（2003～2005）》是在 2003 年按照《国务院关于加强城乡规划监督管理的通知》（国发［2002］13 号）、《近期建设规划工作暂行办法》、《城市规划强制性内容暂行规定》（建规［2002］218 号）等法律法规进行编制的，主要包括目标、规模、重点建设区域、重点调控区域、老工业基地改造规划、城市建设用地供应计划、道路交通市政基础设施建设规划、城市生态、历史文物古迹、形象景观、实施措施等内容，基本上是 5 年跨度的城市总体规划内容。

4）近期建设规划对总体规划的影响

　　从九部委联合下发的文件看，中央是想让近期建设规划真正承担起实施总体规划的责任，在总体规划的指导下，以近期建设规划为主导，建立规划实施的新程序，新建设项目首先纳入近期建设规划，然后由城乡规划部门核发选址意见书，计划部门再核发项目建设书，国土资源行政主管部门受理建设用地申请。这样，不仅一些有违城市总体规划的建设项目早在动议之初即能被察觉和否定，免却了许多无用之功，同时也使得城市规划管理从项目的"后期报建管理"走向了项目建设的"全过程管理"。这对城市规划事业的发

---

❶　资料来源于 http: // www. szplan. gov. cn/main/ghdt/gzdt/200603200197729. shtml.

展而言，无疑是一次战略调整。[149]

相比于传统的城市总体规划，近期建设规划更关注当前面临的现实问题，有可能提出针对性强的措施和方案；近期建设规划突出近期的重点发展地区和重点建设项目，便于现任政府操作实施；近期建设规划强调与"十五"计划的协调一致，更容易贴近地方政府的发展意图；近期建设规划编制完成后只需报上级部门备案而无须启动复杂的审批程序，可以大大提高运作效率。

与战略规划相比，近期建设规划作为城市总体规划的组成部分，保持了城市总体规划的延续性并维护了它的权威性；近期建设规划的实施将纳入地方人大和中央的监管督查之下，有可能克服过重的领导色彩和地方主义倾向；近期建设规划是现行规划体系内具有法定地位的规划，不会因为过于激进的改革而动摇现行规划制度的根基，有利于减少制度变迁的成本。

也有学者和部分城市的实践要求近期建设规划在某种程度上要替代城市总体规划的相当部分功能，彻底"纠正"以往城市总体规划在工作定位上"重远轻近"的偏差，把近期建设规划作为城市总体规划工作的最终目的而非手段，建立起"远期服务于近期"的规划新模式。在新的规划体系框架下，城市总体规划的远期目标应具有更多的弹性；而规划的强制性内容将主要落实到近期规划中，成为控制管理的刚性依据。城市近期建设规划将上升为城市总体规划的"核心内容"，具有更高的法律地位和效力。[150]深圳市就将近期建设规划做成了事实上的五年一轮的城市总体规划，当然，内容要比传统的 20 年城市总体规划简要的多。

总体规划进行改革已是大势所趋，近期建设规划编制为这一改革的突破性进展提供了一个有利契机。在全国全面开展的近期建设规划完全可能带来总体规划从编制内容到工作方法上的重大突破。战略规划的盛行与近期建设规划的普遍开展，对我国总体规划编制与实施的冲击是巨大的，这也可能是在总体规划的特殊地位与功能背景下总体规划改革的最优路径。但是，这样的改革趋势如何"内化"为总体规划编制与实施的变革，还需要更多的实践探索。总体规划面临的诸多问题也不仅仅是这两项改革就能够全部"破题"的，更不用说彻底解决了。

（3）城镇群规划：传统城市总体规划的区域协调缺位的反思

在 20 世纪末与 21 世纪初，我国长三角、珠三角、京津冀、辽中南、山东半岛、成渝等城镇群相继形成发育，长株潭、武汉、厦漳泉、中原等中西部地区的城镇群也在积极主动培育。在经济全球化和区域经济一体化进程中，为了提升区域竞争力，聚合高端的加工制造业功能，创造良好的区域协作机制，这些地区相继编制了城镇群规划，并且珠三角城镇群规划、长株潭城镇群规划已经提升到省地方法律法规的层次。因此，城镇群规划的兴起和发展，在某种意义上说，是对传统的城市总体规划的城镇体系规划内容的反思，即市域城镇体系规划编制和实施难以解决区域发展矛盾和冲突问题，缺乏跨区域协调的规划控制来引导城镇密集区的健康发展。

1) 城镇群规划的兴起：区域统筹呼唤规划编制和实施机制改革

城镇群规划的兴起不是偶然的，而是地方区域经济可持续发展的共同必然需求。这就给中央政府、地方政府的规划编制和实施机制提出了改革要求。也就是说，传统的市域城镇体系规划急需分解出来，在全国城镇体系规划与省域城镇体系之间，或者省域城镇体系规划与城市总体规划之间需要建立一个法定授权的跨区域的规划类型，以支撑各个政府区域统筹的公共空间调控权力的实施。因此，在经济全球化和区域经济一体化的发展阶段，在市场经济发育成长阶段，区域的有序竞争与合作是城镇群规划兴起的根本原因。然而，跨区域问题是地方城市政府的公共权力机制很难解决的，这就需要上级政府的公共权力来实施解决。目前，有些地区试图通过城镇群规划编制，以及规划公共政策的执行，促进本地区空间资源的健康发展。这就急需呼唤我国城市总体规划编制与实施机制的改革。

2) 城镇群规划的启示：地方发展需要公平、高效的规划调控支撑

当前，如何协调跨行政区域各城镇发展的利害关系，由谁协调这些利害关系，即哪个级别的行政机构去协调，目前仍然没有法律依据。由于上级政府在行使跨区域空间资源调控权力的法律依据不足或者是空白，因此，有些地区试图通过城镇群规划政策，以支撑公共权力和规划事权机制的建立。

在城镇密集地区，经过各个城市的快速膨胀聚集发展之后，就会步入低效无序的扩张状态，各个地方城市政府急需构建公平、高效的区域空间资源环境。因此，这就需要上级政府对此区域进行目标导向调控，即把城镇群规划推向具有法律效应的公共政策轨道，共同构建区域竞争与合作环境，提升区域整体竞争力。

城镇群规划给传统城市总体规划编制与实施机制的启示，是传统城市总体规划的编制与实施事权如何释放和重组，区域协调规划事权的缺位应该与城镇群规划的事权、城市总体规划的事权衔接等，这都是当前我国城市总体规划编制与实施机制创新急需解决的问题。

(1) 珠三角城镇群协调发展规划

广东省第十届人民代表大会常务委员会第十六次会议听取并审议了省人民政府《关于提请审议〈珠江三角洲城镇群协调发展规划（2004—2020）〉

（草案）的议案》，决定批准《珠江三角洲城镇群协调发展规划（2004—2020）》（以下简称《规划》），由省人民政府组织实施。

会议指出，《规划》是指导珠江三角洲城镇群协调发展的行动指南和统筹区域内各项建设安排的政策纲领。……规划区各级人民政府、各部门要根据《规划》的要求，认真做好各层次城乡规划及交通、能源、水利、环保等专业、专项规划的编制或修编工作，并按法定程序上报审批后实施。

会议强调，必须严格执行《城市规划法》、《广东省实施〈城市规划法〉办法》等法律法规。省人大常委会将对规划实施情况进行阶段性的专项检查，并制定和颁布《珠江三角洲城镇规划条例》，确保《规划》有效实施。

省人大常委会及规划区各级人大常委会要依法监督和推进本级人民政府加强规划管理工作，保证《规划》和本决议以及相关法律、法规在本行政区域的贯彻执行。❶

（2）长株潭城市群区域规划

长株潭城市群包括3个地级市，4个县级市，8个县，172个建制镇和360多个集镇，是湖南经济、技术最发达的区域，是全省客货流、资金流、信息流集散中心。

处于初级阶段的长株潭城市群，始终存在着集中与扩散两种趋势，并在这种对立统一中不断发展，各城市发展并不均衡，在城市空间使用上既有主动行为又有被动行为。因此，对长株潭城市群的规划，应以对空间结构和形态的整体把握为前提，进行框架式规划。❷

作为我国内陆省份第一个区域规划，作为一次历史、创新意义并重的探索性规划实践，《长株潭城市群区域规划》不仅顺应国家发展规划改革的趋势，为我国十一五规划全面展开重点区域的区域规划提供了经验，同时也对省域城镇体系规划的深化、三市城市总体规划的调整完善、土地利用城市总体规划的修编以及更加具体的下一层次协调规划、各专项规划提供了指导。❸

（4）都市区规划：对传统城市总体规划编制空间范围的扩展

20世纪末期以来，我国掀起了都市区规划、都市圈规划等的实践与理论研究，哈尔滨、南京、沈阳、杭州、大连、北京、温州、重庆、成都、宜

---

❶ 何静文. http://www.southcn.com/news/gdnews/gdanounce/gg/200502180700.htm.

❷ 赵小明. http://www.csonline.com.cn/newspaper/cswb/b3/t20040617_192557.htm.

❸ 湖南省长株潭一体化办公室. http://www.365fz.com/bvnews/shownews.asp?newsid=21519.

昌、锦（州）葫（芦岛）、泉州湾、宁波、济宁－曲阜、乌鲁木齐－昌吉等城市都进行了都市区（圈）规划。

都区规划编制类型的尝试，主要源于城市快速膨胀过程中出现的城乡接合部建设无序问题、农民利益侵害问题、环境污染扩散问题、城市职能扩散问题以及郊区农业空间的生态服务化无序转型问题等。面对这些新的城市问题，传统城市总体规划编制与实施机制很难解决，城市总体规划应从更大的空间区域层面解决这些问题。因此，这就提出了一个尖锐的问题，即应扩展和强化传统城市总体规划编制与实施空间事权。

1）都市区规划实践的发展：城市内部统筹协调的规划事权的探索

都市区是城市发展的高级空间表现形态，都市区规划实质上是在一定发展阶段目标导向的城市总体规划，二者不存在本质性冲突。从对规划编制与实施机制影响上，都市区规划实践的发展是城市内部统筹协调发展的规划事权的探索。面对诸多的城市问题，传统的城市总体规划的调控事权已经很难解决，这就需要探索广义上的城市内部的统筹协调发展的规划调控事权问题。然而，在我国广义的城市内部（一般指市辖区），却存在区、镇、乡、村、大型国有企业等多种城市空间主体，这不利于城市内部统筹协调发展的规划事权的建立。同时，也是当前我国传统城市总体规划编制和实施机制改革的关键问题。

2）都市区规划实践的反思：城市总体规划事权空间的扩展

都市区规划的实践经验表明，应该积极扩展传统城市总体规划编制与实施管理的空间范围，取消城市规划区内的乡镇规划编制和实施权力，适度整合区级政府与市政府之间的规划编制与实施事权，为城市空间资源的高效利用、为城市公共安全、公共保障、公共服务等整体利益的实现提供公共权力机制保障，进而有效、长效、高效解决当前的城市问题。

（1）济宁-曲阜都市区规划研究

规划要解决的核心问题：2000 年山东省委 17 号文件在重点发展区域性中心城市的战略中提出，"到 2010 年，淄博、烟台、潍坊、济宁（济兖邹曲复合中心）要争取跨入特大城市行列"。……这一项规划工作并不等同于城市总体规划、城镇体系规划、区域规划和概念性规划，但是和以上这些规划的内容又有联系。我们先不急于把它划归哪一类规划，而侧重于介绍解决了哪些问题。❶

---

❶ 周一星，魏清镇，冯长春，孟晓晨. 济宁－曲阜都市区发展战略研究［J］. 城市规划，2001，（12）.

（2）哈尔滨都市圈规划

……哈尔滨都市圈成为全国三大城市群战略之一，环渤海经济群东北部的主要延伸，哈尔滨也成为发达地区产业调整和扩散的新经济支撑区。……城市空间结构定位为"一心六核"。一心指哈尔滨市区。六核是指阿城市、双城市、肇东市、宾县、五常市和尚志市六个卫星城。❶

（5）城乡一体化规划：对快速增长地区的有益尝试

我国传统城市总体规划调控是针对城市规划区的建成区规划界限内的建设活动进行审批，界限之外仍然是镇级行政建制，走乡镇规划审批体制。由于改革开放以来，我国城市经济增长迅速，尤其是乡镇经济快速发展之后，城乡之间矛盾日益突出，因此，对于城市规划区内城乡分离的审批体制已经造成了诸多问题，譬如城市无序蔓延、基础设施对接滞后、棚户区出现、农民利益受损等。为了适应经济快速发展的需要，城乡一体化规划应运而生，核心目标是城乡统筹发展，包括土地、道路、市政、生态、景观、结构形态等。成都、厦门、南海、三亚、中山、青岛等都进行了城乡一体化的探讨与尝试。

在我国城市周边的乡镇，凭借中心城市的区位优势，率先步入乡镇经济快速发展的轨道，由此带来对城市建设用地的大量需求，尤其是毗邻中心城市的城乡结合部。面对日益严重的城乡建设矛盾，城乡一体化规划突破了传统城市总体规划在建成区空间范围上的限制，从城乡统筹的角度划定城市发展方向，追求弹性空间结构，统筹土地利用、区域基础设施等。城乡一体化规划是对传统城市总体规划编制与实施空间范围界限扩张的初次尝试。

1）城乡一体化规划实践的发展：传统城市总体规划事权的尝试性扩张

在我国特别是沿海发达地区，经济高速发展带来了非城市地区建设的加剧。已有的以保护为目的的土地利用规划难以对建设提出控制要求，加上城乡土地权属和利用模式的差异，非城市地区建设控制出现真空。城乡一体化规划突破了传统城市总体规划在范围上的限制，从城乡结合的基础上划定城市发展方向，追求弹性空间结构，统筹区域基础设施。城乡一体化规划是对传统城市总体规划空间事权扩张的一次尝试。

2）城乡一体化规划实践的反思：在更大范围内对城市进行规划覆盖的必要性

城乡一体化规划是对传统城市总体规划的一次改革尝试，为城市在经济快速增长时期如何协调城乡关系，实现统筹发展提供了一种途径。一体化实践表明，在经济高速发展时期，对城市在更大的规划范围内进行控制是有必

---

❶ 哈尔滨规划局. 哈尔滨都市圈规划报告，2005.

要的。在经济高速发展时期，凡是规划控制较好的地区，建设的效果就好，凡是没有注意规划的城市，同样的发展水平下效果就相对较差，甚至失去很多发展机会。应当指出的是，规划控制的好坏并非指有没有做规划，也不仅是指规划是否覆盖了足够的空间范围，关键是规划是否按照城乡一体化提供新的视野和手段，对区域内的发展进行战略性的控制和调整。[151]这种控制，应当是根据经济预测做出的，体现了传统城市总体规划事权在空间上的扩展。虽然城乡一体化规划没有得到充分发展，但是，规划实践的探索为后续的区域规划提供了宝贵的经验和教训。

（1）城乡一体化规划的提出与实践

城乡一体化规划并非国家法定规划序列的一部分，而是根据一些经济高速发展城市的实际需要，为适应经济快速发展地区特点，以城市总体规划为基础，结合土地利用规划和其他专项规划衍生出来的一个新的规划品种。

面对由于经济高速发展带来的无序扩散导致建设局面混乱，经济发达地区开始将建设为主的城市总体规划和保护为主的土地利用规划结合起来，形成覆盖全市域的空间规划。在深圳，政府提出在次区域和法定图则的层次上用"规划覆盖城市每一寸土地"。由于在次区域和法定图则层次上覆盖全市成本太高，许多城市是在总体层次上覆盖城市主要发展区域。而厦门结合"901工程"提出的"极限规划"（1992）则是在总体层次进行城乡一体研究的早期实践之一。南海市编制的城乡一体化规划（1995年）是此类规划中最早正式使用这一名称的规划之一，因其良好的使用效果获得1998年建设部优秀规划设计一等奖。湖州市的城镇群总体规划（1996年）也包含了城乡一体化的内容，并获得当地好评。❶

（2）南海市城乡一体化规划（1995—2010）

南海地处珠江三角洲市场经济比较发达的地区，其市区、镇、乡村经济发展迅猛，香港、广州、佛山乃至全国的市场对其发展也都有一定影响。南海市城乡一体化规划的深度介于城市总体规划与区域规划之间，规划提出组织协调城乡发展的空间布局，在发展战略的指导下对全市土地进行一定深度的控制。使深入研究城镇的发展用地范围，使本规划与上、下各层次的规划有良好的规划控制，没有设计到村庄层面的建设规划。❷

《南海市城乡一体化规划（1995—2010）》深度介于市域规划和城市总体规划之间，重点放在五个方面：一是与上、下规划层次、周边地区和相关行

---

❶ 赵燕菁. 理论与实践：城乡一体化规划若干问题［J］. 城市规划，2001，（1）.
❷ 张伟，徐海贤. 县（市）域城乡统筹规划的实施方案探讨［J］. 城市规划，2005，（11）.

业的协调；二是城镇发展战略、要点和土地利用规划；三是道路交通规划；四是环境保护规划；五是基础设施的整体规划。力求体现可持续发展和地区发展整体性的指导思想，使规划既体现了南海市到下个世纪的美好远景，又是切合当前实际的、可操作的各项建设的指导性依据。

规划提出"城乡一体化"的具体内涵是指城市与乡村所构成的区域经济系统，在内外开发条件下城乡协同作用加强、经济交融，整体功能提高的过程。由城乡一体化的概念可看出，城乡一体化有两个基本特征——经济上融为一体和空间上融为一体。

在传统的城乡关系中，城市与乡村间是简单的商品交换关系，即乡村向中心城市提供粮食、副食品和工业原料，中心城市向周围乡村提供工业制品和其他服务。在现代，由于交通运输事业的发展，城市所生产的工业品可以在更大的范围销售，所需的农村产品也可以从外地输入，城乡间原有的"共生关系"出现松动，于是便会出现一方面是城市快速发展，另一方面其周围的乡村却发展缓慢。因此，要实现城乡一体化，必须实现城乡经济一体化，只有城乡经济相互交融，相互深透，利益共享，风险共担，才能实现城市与乡村的共同发展。

城乡一体化的另一个特征是城镇与乡村间通过现代化的交通设施和高度灵敏的信息设施相联络，使城市与乡村在空间上融为一体的空间一体化。人口在市镇的集聚程度不高，二三产业也处于相对较分散的状态。

从城乡一体化的含义和基本特征可以看出，要达到城乡一体化水平必须具备以下几个条件：一是生产力达到较高的发展水平；二是地区经济发展比较均衡；三是城镇相当密集；四是交通、通讯等基础设施能适应以致超前于当前经济、社会发展的需求。❶

（6）市域总体规划：传统城市总体规划的替代还是扩展？

20世纪90年代，我国就有关于市域总体规划编制方面的探索。近些年，东部沿海发达城市有关区域协调、环境治理等方面的问题日益尖锐。因此，依据自身经济发展水平和资源环境条件开始编制市域总体规划，以解决统筹、协调、集约和可持续发展的问题，提高城市整体的竞争力。

1）市域总体规划的实践：传统城市总体规划区域协调思想的深化

市域总体规划的编制是我国发达省份倡议的在城镇密集地区进行的宏观战略层次的规划尝试。由于区域协调、基础设施共享、城乡统筹、区域环境治理等重大区域问题已成为地区经济发展的重要影响因素。因此，传统分散

❶ 南海市城乡建设局. 南海市城市规划说明书（1995—2010），1996.

模式的城市总体规划已经难以适应社会经济发展要求，急需在更大的区域范围内对空间结构、产业发展、区域基础设施等做出了统一规划安排，核心是对传统城市总体规划的区域协调思想的深化，实施上是对传统城市总体规划空间事权界限扩展的新需求。

2）市域总体规划的启示：城市总体规划走向何方？

市域总体规划不应当是传统城市总体规划编制事权在整个行政范围内的简单再现，也不仅仅只是传统城市总体规划覆盖范围的改变。在全区域内过细的规划必然影响规划编制实施的时效性，并且也会丧失指导作用。市域总体规划应当被理解为战略性的、纲领性的对整个区域进行统筹考虑的战略性规划，工作重点应该是战略性、政策性和协调性的规划。[152]因此，市域总体规划实践发展将会给传统城市总体规划产生什么影响？是替代还是扩展？未来的城市规划编制体系应该如何架构？至少有一点可以判断预知，即城市总体规划编制与实施机制急需改革创新。

浙江省桐乡市域总体规划

浙江省桐乡市率先完成了市域总体规划编制工作，该规划改变了传统的编制方法，实现了"城乡全覆盖，规划一张图"，在三个方面取得突破：一是突破了城市本位的规划理念，规划范围扩大到覆盖城乡的整个市域范围，在市域范围内对城乡发展与建设、产业发展、生态保护等方面进行全面的部署；二是突破各自为政的建设现状，整合各种专业、专项规划；三是突破了传统建设项目布局的规划格局。❶❷

3. 编制技术体系改革的实践探索

随着空间发展战略规划、近期建设规划、城镇群规划、都市区规划等规划编制类型的回归或尝试，我国有些地方城市政府开始对城市总体规划编制与实施机制进行尝试性的改革探索。典型城市的实践探索有：（1）广州：战略规划—城市总体规划—近期建设规划；（2）天津：城市总体规划—近期与年度滚动规划；（3）南京：远景规划—城市总体规划；（4）南海、中山、东莞：城乡一体化规划；（5）海宁：市域城市总体规划；（6）张家港：市域规划—片区域城市总体规划；（7）江阴：城乡整体规划—近期建设规划；（8）深圳：远期（城市发展策略）—中期（城市总体规划）—近期（近期建设规划）—年度（城市年度计划）。这些探索均从地方实际需求，在城市总体规

---

❶　张伟，徐海贤. 县（市）域城乡统筹规划的实施方案探讨［J］. 城市规划，2005，（11）.

❷　资料来源于 http://www.cnjxol.com/xwzx/jxxw/jjxw/content/2006-04/22/content_77340.htm.

划编制的程序、体系、内容上做了有益的探索。❶

从上述实践探索可以判断，一是我国传统的城市总体规划已经很难适应地方经济发展要求；二是我国传统城市总体规划编制与实施机制急需改革创新；三是我国传统城市总体规划已经难以适应城镇区域化的发展规律，核心是难以适应市场经济规律下的城镇化要求。

第二节　实施管理探索

一、实施管理理论的新发展
1. 公共行政理论发展促进了规划实施地位的升级

纵观世界各国，城市规划是城市政府的一项主要职能，城市规划无不与公共行政权力相联系。公共行政理论的核心是城市政府代表广大公众利益行使公共权力的机构，公共行政权力是广大公众赋予的，追求发展公正是公共行政的唯一价值导向。因此，政府公共行政权力要有相应的立法授权、立法监督等程序机制约束。

在计划经济体制时期，由于我国长期与西方公共行政理论的对立，导致我国政府一直是以计划行政为核心。随着市场经济制度的建立和发展，公共行政理论也逐步被国家政府所接受和发展。公共行政理论的建立与发展是我国政府行政管理步入法治化轨道的理论支撑，是我国转变政府职能以适应市场经济制度建设的标志。

传统的城市总体规划实施处于计划行政权力架构的末梢地位。当前，我国城市总体规划编制与实施已经跃迁到城市政府宏观调控空间资源的"龙头"地位，处于政府公共行政权力架构的重要地位。这就决定了我国城市总体规划编制与实施的公共行政事权的地位层次。同时，城市总体规划的公共行政行为，要求城市总体规划编制与实施必须注入公平、公正、公开的机制内容。

张康之认为，政府是社会公正的供给者，公正的要求根源于平等意识和自由观念，但公正却包含着平等和自由的悖论。市场经济创造了新型的社会关系，孕育出了"真实的集体"，在这种"真实的集体"基础上提升出的集体主义原则是科学的原则，公共行政坚持这一原则，就能够把"人的全面发展"作为政府为社会所提供的公正的目的。在人类历史上，存在着分配的公

---

❶　熊国平，缪敏. 新一轮城市总体规划编制的探索：以江阴为例［G］. 中国城市规划学会编. 2004 城市规划年会论文集（城市总体规划），2004.

正和交换的公正，而发展的公正是真正公正的实现，是公共行政唯一的价值向导。❶

行政分为私行政和公行政，公共行政即指与私行政相对的公行政。公共行政这一术语开始时仅表示国家行政，但随着时代发展，其内涵已得到大大扩展。现在，公共行政已普遍被承认包括国家公共行政和社会公共行政两方面的内容。政府公共行政是指政府根据法律规定所实施的对社会公共事务的管理；社会公共行政则是指社会性的公共组织对一定领域内的社会公共事务所进行的管理。随着行政权社会化趋势的加强，社会公共行政引起了人们普遍的关注，不同学科的学者对此作了程度不一的探讨。对于行政法学界而言，社会公共行政这一领域具有巨大的冲击性，将会使原有的行政法理论面临新的挑战和问题。我们可以设问，行政法是否应把社会公共行政纳入调整范围？如何进行调整？如果答案是肯定的，由此将需要对原有的行政主体、行政组织、公务员等一系列问题作新的理解和解释。以行政主体这一概念为例，如按以上思路，它就应该包括社会公共行政的主体。❷

2. 公共管理理论的发展加强了对实施功能效应的需求

公共管理是以政府为核心的公共部门整合各种社会力量，广泛运用政治、法律、管理、经济等方面的方法，以强化政府的治理能力，提高政府绩效和公共服务品质，从而达到实现公共利益的目的。[153]公共管理具有以下性质：公共管理承认政府部门治理的正当性；强调政府对社会治理的主要责任；强调政府、企业、公民社会的互动以及在处理社会及经济问题中共同承担的责任；强调多元价值；强调政府绩效的重要性；既重视法律、制度，又关注管理战略、管理方法；以公共利益为目标。[154]公共管理机构的职能主要有：计划职能、组织职能、协调职能和控制职能。公共财产和资源是公共管理的对象。

西方国家一直注重政府管理效率，注重行政管理组织、行政管理沟通与交流等，进而提高政府管理质量和公共服务水平。以市场化为导向的西方国家公共管理改革的理论与实践，显然可以为我国的公共管理改革提供一定的经验，起到一定的借鉴作用。随着市场经济制度的逐步完善，对政府管理的标准和要求会逐步提升，现代公共管理必然是我国政府管理体制改革的目标取向之一。

---

❶ 张康之. 公共行政：朝着追求公正的方向. http://www. weisheng. com/wsjds/xz005. htm，2005.

❷ 冯伟，温泽彬，社会公共行政与行政法. http://www. chinalawedu. com/news/2005/10/wa94091720461410150028208. html.

对于城市总体规划编制与实施来说，主要是对传统规划审批制度体系提出了严峻的挑战。要提高城市总体规划编制与实施政府管理行为的效率，就必然以高效、快捷的公共管理机制作为保障。因此，城市总体规划编制和实施机制急需创新和改革。

与传统的以威尔逊、古德诺的政治与行政的二分法和以韦伯的科层制理论为基础的官僚制的行政管理理论不同，新公共管理思想以现代经济学和私营企业的管理理论与方法作为自己的理论基础，不强调利用集权、监督以及加强责任制的方法来改善行政绩效，而是主张在政府管理中采纳企业化的管理方法来提高管理效率，在公共管理中引入竞争机制来提高服务的质量和水平，强调公共管理以市场或顾客为导向来改善行政绩效。由于严格说来，新公共管理尚未形成一种单一的理论，而只是一种理论思潮，所以我们在此将其称为一种"思想"而不是一种"理论"。根据西方行政学者 P·格里尔、D·奥斯本和 T·盖布勒等人的论述，新公共管理主要有如下思想：1. 政府的管理职能应是掌舵而不是划桨。2. 新公共管理把一些科学的企业管理方法，如目标管理、绩效评估、成本核算等引入公共行政领域，对提高政府工作效率是有促进作用的。3. 政府应广泛采用授权或分权的方式进行管理。政府组织是典型的等级分明的集权结构，这种结构将政府组织划分为许多层级条块。4. 政府应广泛采用私营部门成功的管理手段和经验。5. 政府应在公共管理中引入竞争机制。6. 政府应重视提供公共服务的效率、效果和质量。7. 政府应放松严格的行政规则，实施明确的绩效目标控制。8. 公务员不必保持中立。❶

3. 对规划管理的影响

随着社会主义市场经济体制的建立与完善，全球经济一体化发展，多种经济形式的共存与城市建设投资主体的多元化，以政府决策为主、自上而下的计划经济体制下的规划建设管理已经难以适应发展形势，要求城市规划建设管理部门转向主动的引导、调控与服务保障功能，总体规划的管理理论取得了系统性的突破。

（1）规划管理的内容与程序

在市场经济体制下，总体规划的管理主要涉及通过市场自身不能调控解决和涉及公共安全、公共利益等方面，主要包括城市形态、自然与人文景观

---

❶ 〔美〕D·奥斯本，T. 盖布勒. 改革政府——企业精神如何改革着公营部门〔M〕. 上海市政协编译组和东方编译所编译. 上海：上海译文出版社，1996.

环境的控制与保护，城市公共经济社会的发展战略，城市的空间格局与土地利用政策，城市公共服务设施、市政设施和住房建设的原则性意见与空间管制措施，实施性规划的编制与审批等。

总体规划管理的程序应该包括决策、执行、监督等层面，而公众参与贯穿于决策、政策制定、规划实施、结果反馈等整个规划管理过程，而规划管理部门必须严格按照程序操作。

（2）公众参与

公众参与不是一种公众对城市规划结果的被动了解和接受，不能仅仅停留在规划公示层次，而是对规划过程的主动参与，是一种不同观念和思想的交流与整合的过程，体现了对社会公共事物民主化决策的民主政治形式（制度）。在这种体制运行下产生的总体规划自然也就成为一种政府、立法部门与公众互动的过程。

为实现公众参与、民主化决策，市场经济体制要求对总体规划进行全过程公开管理。一是研究规划的民主决策制度。借鉴西方发达国家的做法，结合我国国情，我国各地政府尝试成立规划委员会，研究合理界定规划委员会的人员构成、职能权限与责任划分，促使规划编制与实施监督既能够充分利用现有体制的优势，同时又能够逐步发挥民主机制的功能。二是研究规划公开制度。目前规划管理实践中已经大量应用，总体规划的专家论证、成果公示、公告已经成为强制性要求，但是，规划公开的程序仍然不够健全，目前还基本上不能反映市民的要求。

（3）总体规划管理体制

合理划分各级政府的规划管理事权。在总体规划编制实施中，缺乏上级对下级的有效监督，致使作为政府职能部门的城市规划局盲目服从政府领导做出的违反规划的决策现象屡屡出现。在政府职能转变过程中，总体规划工作也要明确各级政府权力、分清责任。一级政府、一级规划、一级事权。市、县政府对各自的利益负责。局部利益不得影响整体利益，在这个前提条件下，地方各级政府在法定范围内享有自主权。对总体规划编制体系的设计、内容和深度的要求，上级政府审批对象相应要调整。

健全规划编制和管理的组织体系。总体规划的编制过程实质上是一个技术立法的过程，不仅要求编制者具有良好的政治修养、专业技能和业务素质，而且对于规划对象要有相当的熟悉程度和透彻的认识。规划需要不断总结和修编，一旦开展起来，将成为一项需要长期坚持和跟踪的日常工作。这就使得建立一支稳定的高素质编制队伍十分重要。

建立健全总体规划监督制约机制。加强对总体规划编制、审批和实施管理等规划工作全过程的监督和制约。总体规划部门要主动接受同级人大、政府、社会舆论及公众的监督；建立上级政府及其规划部门对下级政府及其规划部门行政行为的监督制度；强化内部监督，建立行政责任制及其行政错误追究制度；推行政务公开制度。

加强规划行业管理。随着我国城镇化快速发展，城市大规模建设，规划编制等规划服务的业务量繁多，规划成果的商品属性突出，社会责任被弱化，导致规划成果质量参差不齐，更有编制单位为迎和出资方的要求，而违背规划原则编制规划。因此要建立有效的市场管理机制和行业自律机制，使城市规划编制人员树立正确的指导思想，克服规划编制过程中的浮躁心态，促进规划编制的科学性。

二、政府部门的探索

1. 主管部门的探索

由于总体规划在编制和实施过程中不断遇到新形势、新问题，城市规划的主管部门即住房和城乡建设部（2008 年之前，称"建设部"）也在不断探索技术方法创新和编制、审批、实施中的制度改革❶。

首先是法律法规的修订起草和颁布实施推进了总体规划制度的改革。在国办发［2000］25 号文件中，着重强调了城市总体规划审批要充分发挥有关部门和专家的作用，尽快抓紧制定城市详细规划，加强了城乡规划法制化的理念。在国发［2002］13 号文件中，着重强调了城市总体规划的权威性以及综合调控的作用，必须明确规定强制性内容。尽快抓紧制定城市近期建设规划，任何单位和个人都不得擅自调整已经批准的城市总体规划的强制性内容。建立和完善城乡规划管理监督制度，形成完善的行政检查、行政纠正和行政责任追究机制，强化对城乡规划实施情况的督查工作。在《城乡规划法》中，进一步明确了城市总体规划的分级审批制度、编制内容和法律地位，强化了规划区对城市总体规划实施的重要性。

面对快速城镇化进程中城乡建设规划发展问题，2000 年国务院办公厅发布了《关于加强和改进城乡规划工作的通知》（国办发［2000］25 号），2002 年国务院发布了《关于加强城乡规划监督管理的通知》（国发［2002］13 号），以强化城乡规划对城乡建设的引导和调控作用。随之建设部会同国土部等八部委发布了《关于贯彻落实〈国务院关于加强城乡规划监督管理的通知〉的通知》（建规［2002］204 号），明确了抓紧编制和调整近期建设规

---

❶ 建设部 2003 年科研计划项目城乡规划部分有 13 个，其中就有 4 个研究城市规划机制。2003 年科技计划项目《中国城市化快速发展背景下规划建设研究》于 2004 年已经完成，天津规划土地局、建委、规划院、中国城市规划学会、南开大学等共同完成。主要为城乡规划法修订做准备。

划、明确城乡规划强制性内容等十二项具体举措。与此同时，2000 年建设部组织成立了城乡规划法起草小组和工作小组，在"一法一条例"的基础上，针对城乡规划中的新情况，吸取各国先进经验，形成了城乡规划法的修订送审稿，2003 年 5 月报到了国务院法制办，2007 年 10 月 28 日全国人民代表大会常务委员会第三十次会议通过，2008 年 1 月 1 日颁布实施。

其次，总体规划相关的技术规范不断更新。2005 年 12 月 31 日建设部颁布了新版《城市规划编制办法》，对总体规划的组织编制程序、技术内容特别是强制性内容作了明确规定。2012 年开始实施新的《城市用地分类与规划建设用地标准》，其中对总体规划确定城市规划建设用地标准和用地结构作了更细致的规定。

第三，相关的管理办法不断完善，建设部相继颁发了《城市绿线管理办法》（2002 年）、《城市紫线管理办法》（2003 年）、《城市蓝线管理办法》（2005 年）、《城市黄线管理办法》（2006 年）等。2006 年，国务院办公厅转发建设部关于加强城市总体规划工作意见的通知，对科学有序地开展规划修编前期工作提出了三方面的要求，即发挥城镇体系规划的指导作用、总结现行规划实施情况、深入开展专项政策研究。对改进规划修编和审查工作，提出五个方面的要求，即严格执行规划修编和调整程序、切实转变规划修编方式❶、加强对规划纲要的审查、完善规划的主要内容❷、健全规划审查协调机制❸。对于强化对规划实施工作的监督管理，提出两方面要求，一是完善监督检查机制，要全面推广城市规划督察员制度，要对城市总体规划实施情况进行实时监督，二是开展效能监察工作。

虽然目前住建部已经形成了新研究成果，但是，上述的制度改革主要基

---

❶　要按照"政府组织、专家领衔、部门合作、公众参与、科学决策"的要求，进一步转变城市总体规划修编方式，推进科学民主决策。

❷　要认真做好城市总体规划与相关规划的协调衔接，科学确定生态环境、土地、水资源、能源、自然和历史文化遗产保护等方面的综合目标，规定禁止建设区、限制建设区范围。要根据保护城市资源与环境、保障公共安全与基础设施有效运行的要求，分别划定"蓝线"（城市水系保护范围）"绿线"（绿地保护范围）、"紫线"（历史文化街区保护范围）、"黄线"（市政基础设施用地保护范围），并制订严格的空间管制措施。要将城市环境保护规划纳入城市总体规划，编制环境保护专门篇章资源环境保护、区域协调发展风景名胜管理，自然、文化遗产保护、公共安全等涉及城市发展长期保障的内容，应当确定为城市总体规划的编制性内容。

❸　要进一步完善城市总体规划部际联席会议制度，重点审查报送国务院审批的规划是否符合有关法律法规，是否符合规划编制、审批相关规定，是否符合国家宏观调控政策与重大战略部署；规划内容是否与国民经济和社会发展规划、土地利用总体规划等衔接一致；未经部际联席会议审查同意的，不得提请国务院审批。各地区也要根据实际需要，建立健全相应的规划审查协调机制，严把规划审查关。

于改良层面，总体规划仍然采用了传统的模式，采取了保守加创新的方法。所以，城市总体规划面临的困惑依然摆在各级管理机构的面前。住建部仇保兴副部长曾总结了我国城市规划面临的现状问题：一是城市规划对城市发展失去调控作用，许多城市总体规划尚未到期，但城市建设规模已经完全突破原定的框框，许多总体规划的实施进程又滞后于规划的期限；二是城乡规划体制分割，城郊结合部建设混乱；三是开发区规划建设与城市总体规划脱节，自成体系；四是历史建筑、城市风貌受到严重破坏；五是城市生态受到破坏，环境污染日益严重；六是规划监督约束机构软弱，违法建筑严重泛滥；七是城市建设时序混乱，城市基础设施严重不足和重复建设浪费并存；八是区域化规划或协调机制不健全，传统的大而全、小而全思想仍占上风；九是城市建设风格雷同，千城一面；十是中小城镇规划建设未引起足够重视❶。这其中，相当一部分问题与总体规划的技术内容、管理办法存在严重问题有关。

面对这些问题，近年来住建部和地方规划主管部门都进行了一些探索。2003年建设部科技计划项目《中国城市化快速发展背景下规划建设研究》于2004年由天津规划土地局、建委、规划院、中国城市规划学会、南开大学等共同完成，其主要观点认为城市规划分为总体规划和建设规划两个阶段，总体规划包括城镇体系规划、城市总体规划；建设规划包括分区规划（未提根据需要编制）、详细规划、专项规划和研究性规划、近期建设规划；其中，专项规划包括公共设施、总体城市设计、城市交通、公交、人防、地下空间、消防、抗震、防洪、历史文化保护、市政工程等；研究性规划包括宏观规划和其他规划，宏观规划涉及国土、城镇体系、城市发展战略、土地利用；其他规划涉及旅游、夜景灯光照明、街道整治等。2000年以来中国城市规划设计研究院组织研究了《城乡规划与相关规划的关系研究》、《城市总体规划编制与实施机制研究》等多项课题。

2000年江苏建设厅苏则民等组织的《城市规划编制体系新框架研究》❷，其主要观点认为城市规划分为基本系列和非基本系列。基本系列指各类城镇一般均需编制的规划，这些规划上下层次互相衔接，是一个有机的整体，是城镇实施规划管理的基本依据，全国统一按建设部《城市规划编制办法》编制。基本系列分为四个层次：战略规划、总体规划、控制规划、详细规划。非基本系列是整个规划编制体系不可缺少的组成部分。但这些规划之间并不

❶ 资料来源于 http：//www. china. com. cn/zhuanti2005/txt/2005 — 09/26/content _ 5981022. htm.

❷ 苏则民. 城市规划编制体系新框架研究 [J]. 城市规划，2001，（5）.

一定存在有机的联系。例如近期建设规划，项目规划，各种专业规划，各类特定地区的规划，对重要地区、特定意图地段的城市设计，等等。

住建部城乡规划司于 2011 年 3 月开展了"城市总体规划编制办法改革与创新"课题研究❶，研究总结了我国总体规划面临价值理念、事权法理、规划体制、技术方法四个方面的问题。在价值理念方面，以经济建设为导向，对社会发展及人的发展缺乏关注；计划经济的思路难以适应市场经济的发展；以城市为核心，缺乏对农村建设的必要关注。事权法理方面，强制性内容难以落实和监督，与相关政策法规衔接不足，审批和监督内容深入标准程序不明确。规划体制方面，城市总体规划的信息公开和公众参与普遍缺乏，城市总体规划审批周期过长导致规划内容时效性不足，城市总体规划纲要和成果阶段的审查要点不清，城市总体规划动态评估和维护机制缺失，城市总体规划实施监督机制仍不健全。技术方法方面，规划编制与规划实施脱节，与公共政策衔接不足，成果构成庞杂、工作范围和深度不明确。基于此，课题提出城市总体规划的改革创新方向，包括四个方面：一是落实科学发展观，城市总体规划更加注重追求"以人为本"、"和谐社会"、"绿色低碳"、"文化建设"、"城乡统筹"等目标。二是明晰规划法理、尊重政府事权。在规划成果表达上，强调规划文本作为公共政策文件的规范性表述，在规划程序上严格按照城乡规划法的规定执行总体规划编制、审查和修改的程序。在总体规划的纵向事权关系方面，在规划编制环节，通过明确目标与指标、强制性内容等方式减少各层级各部门之间事权边界的模糊性；在规划审批环节，在原编制办法的基础上，补充规划审批办法，以此界定中央政府（省政府）与城市政府之间的权力边界和关注重点，明确各级政府审批与监督的内容和方式；在规划监督环节，通过监督的载体、方式与程序来界定行政主体的事权边界。在总体规划的横向事权关系上，重点梳理界定城市总体规划与国民经济和社会发展规划、土地利用总体规划以及其他专项规划的关系。三是推动规划体制转型。规划体制的转型，应与规划体系的改革方向联动和协调，比如，随着控制性详细规划的逐步覆盖，以及其作为城市土地市场的法定依据的法定地位得以巩固，则可释放总体规划"事无巨细"的管控压力，使之更加专注于对城市核心资源的控制和引导；在规划体制转型中，还应重视建立创新内容在下层次规划中的贯彻和延续路径。四是推动技术方法创新，主要包括两个方面，一是适应市场经济体制，二是适应存量建设用地规划。

---

❶　李晓江等. 当前我国城市总体规划面临的问题与改革创新方向初探 ［J］. 上海城市规划，2013，（3）.

198

2. 相关部门的关注

面对城乡规划建设的诸多问题，相关部委也做出了本职能事权范围内的规划体制的改革和创新，对整个国家空间体系的重构产生了较重大影响。同时，也对城市总体规划体制改革提出了新的要求。

（1）国家发改委❶对规划体制改革的关注

2002年10月，国家发改委地区发展规划司正式启动了江苏苏州市、福建安溪县、广西钦州市、四川宜宾市、浙江宁波市、辽宁庄河市等六个规划体制改革试点，组织编制长江三角洲、京津冀首都经济圈、东北地区等老工业基地和成渝地区的区域规划。2003年3月、10月国家发改委分别在北京、钦州召开了两次研讨会，研究规划体制改革问题，并强烈提出了"十一五"时期要体现出"三规合一"的趋势。2003年7月《规划编制条例》（征求意见稿）对规划体系进行了新的界定，实行三级三类的规划体系。三级为国家级、省级、市县级；三类为总体规划、区域规划、专项规划。主要是按照对象和功能来分类的。其中，总体规划是总体性、纲领性的规划，主要有三个要求：注重战略性、宏观性和政策性，不搞过细的量化指标；减少由市场机制发挥作用的竞争性领域的内容，增加制度创新的内容；改变以产业发展为主的规划格局，强调空间和区域的发展。专项规划包括能源、交通、水利、国土、城市建设等。

（2）国务院发展研究中心对规划体制改革的关注

2003年国务院发展研究中心对规划体制改革做了深入研究。认为国家层面的规划体系应当包括四个层次：国家战略（规划期约50年），国土规划（规划期约30年），经济社会综合性规划（规划期5年），行业规划、区域空间规划、重点专项规划等。

（3）其他部门的关注

为应对当前环境保护面临的巨大压力、加强城镇化进程环境保护和推进生态文明建设，环境保护部要求各地城市政府制定城市环境总体规划。城市环境总体规划的核心问题是处理好规模、结构和布局问题。规模涉及城市人口、经济、用地规模；结构涉及人口结构、经济结构、能源结构与用地结构；布局涉及产业布局、人口布局及生态保护布局等。城市环境总体规划是指导、调控城市经济社会发展与环境保护的总体安排。其立足点和着力点是限制、优化、调整，是从环境资源、生态约束条件角度为城市经济社会发展规划、城市总体规划、土地利用总体规划提出限制要求，是资源环境承载力约束下的城市发展规模与结构优化，是基于生态适宜性分区的城市布局优化

---

❶ 国家发改委指国家发展与改革委员会的简称。下同。

调整，通过划定并严守生态红线以限制无序开发。❶

随着国家文化创意产业规划及城乡规划法的相继出台、旅游业作为国家战略产业的确定，旅游已真正走向了构建泛旅游产业集群的新时代。为适应这一形势发展，国家旅游局提出、国家质量监督检验检疫总局于 2003 年 2 月 24 日发布了《旅游规划通则》GB/T 18971—2003。其明确规定旅游规划（包括旅游发展规划和旅游区规划❷）的编制的原则、程序和内容以及评审的方式，提出了旅游规划编制人员和评审人员的组成与素质要求。其中，旅游发展规划按规划的范围和政府管理层次分为全国旅游业发展规划、区域旅游业发展规划和地方旅游业发展规划。地方旅游业发展规划又可分为省级旅游业发展规划、地市级旅游业发展规划和县级旅游业发展规划等。旅游区规划按规划层次分总体规划、控制性详细规划、修建性详细规划等。

以上研究成果都从不同的角度论述了我国规划体制、规划编制、规划管理、规划监督等方面的最新观点、思想和发展态势。国家发改委、环境保护部、国家旅游局等相关部门的规划体系的强化，无疑对城乡规划尤其是城市总体规划的体制架构提出了严峻挑战，即传统庞杂的城市总体规划内容逐步被各部门法制化后，城市总体规划这一技术容器还能有效支撑多久？为此，城市总体规划体制机制改革迫不及待！

三、规划实施的实践创新

1. 技术层面实施管理的探索

（1）城市总体规划管理手册：对实施管理的有益探索

在安徽蚌埠城市总体规划编制过程中，中国城市规划设计研究院尝试使用了城市总体规划管理手册的方式来对城市总体规划的实施进行指导。规划提出了在适宜发展功能、禁止、限制发展的功能、可兼容发展功能及发展时序等方面对城市具体地块的建设开发行为进行了控制引导。城市总体规划管理手册是传统城市总体规划编制内容向实施内容的深化，是对城市总体规划实施管理的有益探索。通过城市总体规划编制自身的技术探索，以加强对城市总体规划实施引导性，并为下一层次的规划更好地领会城市总体规划意图提供了方便，也为城市总体规划更好地实施创造了条件。

蚌埠市城市总体规划（2003—2020）管理手册

---

❶ 资料摘自于 2013-10-15《中国环境报》环境新闻专栏《准确把握城市环境总体规划内涵》。

❷ 旅游发展规划是根据旅游业的历史、现状和市场要素的变化所制定的目标体系，以及为实现目标体系在特定的发展条件下对旅游发展的要素所做的安排。旅游区是以旅游及其相关活动为主要功能或主要功能之一的空间或地域。旅游区规划是指为了保护、开发、利用和经营管理旅游区，使其发挥多种功能和作用而进行的各项旅游要素的统筹部署和具体安排。

目前城市总体规划只靠一张蓝图描述 20 年后城市布局与形态，对于市场经济条件下各种多变因素导致的城市多种可能变化是远远不够的。因此，本次规划尝试针对蚌埠这种快速发展城市提供总体规划层面的管理导则，主要是针对用地发展功能进行管理。规划将中心城区未来规划建设区划分为 21 个地块，根据各个片区的资源条件，发展的边界条件、建设门槛、发展时序，提出各个地块使用的最适宜功能和不允许开发的功能，以及其他可能兼容的功能，使总体规划可以更加有效地指导城市的管理，引导城市的建设；并为下一步开展分区规划工作提供参考依据。

管制手册对每一地块的管理内容分为现状条件、规划条件和规划内容进行描述，在此基础上提出管理导则。管理导则主要包括本地块适宜发展功能，禁止、限制发展的功能，可兼容发展功能及发展时序等有关内容。对于可兼容发展功能用地的调整，必须经过相关的审批程序。❶

（2）空间管制规划的探索：规划有效性的有益探索

20 世纪 90 年代末期，针对以前城市总体规划实效性的反思和检讨，以性质、目标、布局等内容架构为核心的城市总体规划已经凸现诸多问题，核心是规划有效性较差。因此，我国城市规划实践界把空间管制概念引入城市规划编制过程中，试图实现从项目布局到空间资源管制的规划理念转变，以适应当前城市总体规划的市场经济体制建设开发环境，从而有效遏制城市无序蔓延和引导城市健康发展。然而，在我国特定的政府管理体制下，从规划层面提出的空间管制政策没有相应法定的规划实施事权来保障实施，且大部分空间管制事权不在规划行政部门，所以，以建设行为为主导的规划实施事权很难保障空间管制政策的实施。最近出台的《城市规划编制办法》对空间管制规划有相应的技术内容规定，但规划实施事权不在规划行政主管部门，出现"错位"现象。

2005 年 11 月，中山市规划部门向全市详细解读了《中山市城市总体规划（2004—2020 年）》。该纲要的一大特点就是基于中山社会经济发展现状和资源环境保障条件，在市域规划中率先导入"空间管制"措施，将之与产业结构调整相结合，形成"双管齐下"的功效，推进城市"生态安全格局"的构建。根据中山市"空间管制"要求和建设用地分析及城镇发展需求，总规将全市域划分为禁止建设区、限制建设区和适宜建设区。其中，禁止建设区面积为 534 平方公里左右，作为生态培育、生态建设的首选地，原则上禁

---

❶ 中国城市规划设计研究院. 蚌埠市城市总体规划（2003—2020）管理手册，2003.

止任何城镇建设行为。限制建设区面积为 660 平方公里左右，多数是自然条件较好的生态重点保护地或者敏感区，将根据资源环境条件进一步划分控制等级，科学合理地引导开发建设行为，城市建设用地的选择应尽可能避免在此类区域。适宜建设区面积为 600 平方公里，为除禁止建设区和限制建设区以外的地区，是城市发展优先选择的地区，但建设行为也要根据资源环境条件，在保障生态资源的情况下，科学合理地确定开发模式、规模和强度。❶

（3）强制性内容的出台：规划可操作性的有益探索

2002 年建设部出台了《城市规划强制性内容暂行规定》，标志着中央政府对城市规划的可操作性问题进行了反思和探索。2006 年 4 月 1 日实施的《城市规划编制办法》把强制性内容作为重要条款写入，意味着城市规划编制技术层面对接实施管理层面开始走向法制化轨道。其中，城市总体规划编制也包括强制性和指导性内容，但是，强制性内容仍然是建立在传统编制技术内容体系基础上的，城市总体规划强制性内容对接下一层次规划的实施事权仍未建立。因此，城市总体规划强制性内容如何对接下一层次规划，对接什么和怎么对接等问题需要我国城市总体规划编制体制深层次变革。

（4）区县城乡总体规划的尝试：规划事权体制建设的有益探索

从地方探索来看，重要的经验有重庆的区县城乡总体规划改革❷。重庆的探索主要包括：以区县城乡总体规划统领区县城乡规划体系；以区县城乡总体规划切实指导区县发展中的具体问题，以区县城乡总体规划为平台建立区县部门的协调机制，以区县城乡总体规划建立起区县城乡规划序列间的互为反馈机制、动态维护机制。以区县城乡总体规划编制推动区县城乡规划的实施机制建设。

2. 行政层面实施管理的探索

（1）规划（协调、仲裁）委员会：审批事权的分化而非公共事权的代表

当前，为了实现科学有效的城市和区域管治，各城市纷纷开展了城市规划管理体制改革工作，其核心是建立城市规划委员会制度，实现对城市的科学治理。规划委员会制度的建设，核心是分化规划审批事权，体现规划的民主决策，有力地推进了我国城市总体规划实施机制的改革，尤其是强化了规划公共参与事权的理念。但是，这种规划委员会制度的建立，是在项目审批事权的基础上建立的，是政府对调控权力机制的"内化"，而不是真正意义

---

❶ 资料来源于 http：//www. zxcsjs. org/hkzy_neirong. asp? id＝251.

❷ 钱紫华. 从技术探索走向实施机制——重庆新一轮区县城乡总体规划的改革方向 ［M］// 中国城市规划学会. 2012 中国城市规划年会论文集. 昆明：云南科学技术出版社，2012.

上的规划实施事权的"外化",从根本上没有法律授权的法理基础,进而决定了规划委员会驾驭法治事权的能力较弱。因此,这不是本质性规划实施机制改革的突破。

(1) 浙江省城乡规划协调委员会

根据浙政办发〔2004〕69号,为加强对城乡规划工作的领导,经研究,省政府决定成立浙江省城乡规划协调委员会。省长任委员会主任,省城乡规划协调委员会下设办公室,办公室设在省建设厅。

(2) 吉林省城市规划委员会

吉林省各市(州)将于2004年10月1前成立城市规划委员会;各县(市)将于2004年年底前成立城市规划委员会。城市规划委员会的成立将促进规划管理方式的改革及城市规划建设的科学民主决策机制的建立。

城市规划委员会是市(州)、县(市)人民政府的审议、审查机构,受市(州)、县(市)人民政府委托,就城市规划建设的重大问题进行审议、审查,向市(州)、县(市)人民政府提出审议、审查意见。其主要职责是:审议城镇化和城市发展战略、城镇体系规划、城市总体规划;审查专项规划、分区规划、详细规划;审查本区域和城市重大建设项目选址工作;审查单独编制的重点地段城市设计;还承担城市人民政府授予的其他职责。

城市规划委员会成员由公务员、专家、学者和各界代表组成。设区城市和州的城市规划委员会由不少于21人的单数成员组成;县级市和县的城市规划委员会由不少于15人的单数成员组成。城市规划委员会非公务员委员的比例应不少于40%。委员会每届任期5年,委员由市(州)、县(市)人民政府聘任,其中公务员委员由市(州)、县(市)人民政府主要领导、分管城市规划建设工作的领导、城市规划行政主管部门和相关部门的主要负责人组成。委员会设主任委员1名,一般由市(州)、县(市)人民政府的主要领导担任;设副主任委员两名,由市(州)、县(市)人民政府的常务副市(州)、县(市)长、分管城市规划建设的副市(州)、县(市)长或城市规划行政主管部门的主要领导担任。委员会下设办公室,主任由城市规划行政主管部门的主要领导担任。城市规划委员会非公务员委员应当熟悉本城市的实际情况,具有本城市户口;关心城市规划和建设事业,敢于坚持真理,积极维护公共利益;具有正式职业,身体健康,有较强的议事能力;承认和遵守城市规划委员会的各项章程,保证能参加委员会的各项会议。非公务员委员由城市规划行政主管部门按照自愿、公开、公平的原则进行推选,由城市人民政府聘任。人大代表、政协委员、专家、学者优先聘任。

城市规划委员会的审议、审查意见,应当作为本级人民政府审批城市规划和建设项目的决策依据。未经城市规划委员会审议、审查的城市规划和建设项目，政府不予审批。

（2）规划特派机构：规划事权在详细规划而非城市总体规划的实施

针对一些地方随意下放规划审批权、"肢解"城乡规划的问题，国务院及有关部委要求城市规划由城市人民政府统一组织实施，设市城市的市辖区原则上不设区级规划管理机构，如确有必要，可由设区的市规划部门在市区设置派出机构。城市各类开发区以及大学、科技园、度假区的规划等必须符合城镇体系规划和城市总体规划，由市城乡规划部门统一管理。市一级规划的行政管理权擅自下放的要予以纠正。目前各省（区）、市已陆续收回下放开发区的规划管理权限，并实行设区城市规划垂直管理体制，将区级规划管理部门改为由市级规划管理部门统一管理，领导班子成员由市规划管理部门任命。

垂直管理体系的设立对城市规划管理能起到很大的推动作用。下一级是上一级的派出机构，这样既保证了规划管理落实的快捷和规划成果层层落实不走样，又利于规划管理与城市具体各地段的实际情况相协调，不发生太大的冲突，保证局部利益和整体利益的协调，还有利于将规划思想、内容等迅速宣传到城市各个角落。但是这种垂直管理体制，只能在城市内部应用。因为城市规划是地方公共性事务，具有很强的地域属性，如果在中央——省——市——县的体系内应用，实行权力高度集中的垂直管理，地方政府、公众不能参与规划管理，地方政府职能的完整性会受到极大的冲击，政府也将会失去对规划实施和经济运行的有效管理、综合调控，失去对建设管理的能动性。另外，规划特派机构的垂直管理体制，主要是针对"一书两证"城市详细规划编制和实施系统，它的主要职能是小项目的规划审批事权和整个管辖区的规划监察事权。因此，规划特派机构不是针对城市总体规划编制与实施事权的实施，它仅仅对项目建设负责，而不对城市总体规划实施负责。

深圳市的城市规划管理体制采用分级垂直管理模式。深圳市规划国土局分为市局（规划处、城市设计处）——分局（规划科）——国土所（规划建管室），共有5个规划国土分局和38个国土所。市局的派出机构受市规划局和区政府的双重领导。业务上受市局直接领导，区政府予以配合。干部实行垂直管理，即分局的主要领导由市局提名，征求区里意见后，由市任命。

（3）城乡规划督察员制度：建设审批督察事权而非政策调控督察事权

2005年5月19日，建设部发布了《建设部关于建立派驻城乡规划督察员制度的指导意见》（建规［2005］81号），明确提出了要在全国建立城乡规划督察员制度。根据文件精神，城乡规划督察员的主要职能是规划执政能力的例行检查事权的实施，对建设审批事项的督察事权。城乡规划督察员将重点督察以下内容：城乡规划审批权限；城乡规划管理程序问题；重点建设项目选址定点问题；历史文化名城、古建筑保护和风景名胜区保护问题；群众关心的"热点、难点"问题。

规划督察员是在现有多种监督形式基础上尝试建立的一项新的监督制度，核心是通过上级政府派出城市规划督察员，依据法律法规和经批准的规划对项目实施事前、事中监督，及时发现、制止违法违规行为。这样有利于强化层级监督，建立快速反馈和处理机制，防止和减少由于违反规划带来的损失。

但是，城乡规划督察员制度仍然还未理顺中央与地方政府之间的规划事权机制，宏观、微观事权的界限不清晰，本质上是基于建设审批事权的督察制度，不是适应市场经济制度建设的政策调控事权的督察制度。另外，上级政府对在传统审批事权基础上审批的规划进行督察，仅仅几个督察员是远远不够的。因此，城乡规划督察员制度仍然没有从根本上解决城市总体规划编制与实施机制问题。

城乡规划督察员制度❶

派驻城乡规划督察员制度是在现有的多种监督形式的基础上建立的一项新的监督制度。其核心内容是通过上级政府向下一级政府派出城乡规划督察员，依据国家有关城乡规划的法律、法规、部门规章和相关政策，以及经过批准的规划、国家强制性标准，对城乡规划的编制、审批、实施管理工作进行事前和事中的监督，及时发现、制止和查处违法违规行为，保证城乡规划和有关法律法规的有效实施。

城乡规划督察员有权对当地政府制定、实施城乡规划的情况，当地城乡规划行政主管部门贯彻执行城乡规划法律、法规和有关政策的情况，查处各类违法建设以及受理群众举报、投诉和上访的情况进行督察。

城乡规划督察员应当本着"到位不越位、监督不包办"的原则，不妨碍、替代当地城乡规划行政主管部门正常的行政管理工作，在不违反有关法律的前提下，实施切实有效的监督。一般以参加会议、查阅资料、调查研究等方式，及时了解规划编制、调整、审批及实施等情况。当地政府及有关单位应积极配合，及时准确地提供有关具体情况。应采取公布城乡规划督察员

---

❶ 摘自于建设部《关于建立派驻城乡规划督察员制度的指导意见》。

联系方式、设立举报箱等措施鼓励单位、社会组织和个人向城乡规划督察员反映情况，检举、揭发违反规划的行为。

对于督察中发现的违反城乡规划的行为，城乡规划督察员应当及时向当地政府或有关部门提出督察意见，同时将督察意见上报省级人民政府及城乡规划行政主管部门。当地政府及有关部门应当认真研究督察意见，及时向城乡规划督察员反馈意见，做到有错必纠。对市（县）政府拒不改正的，应请求由省级人民政府及其城乡规划行政主管部门责令改正，并建议省级人民政府就城乡规划督察员反映的问题组织调查，并召开由派驻的城乡规划督察员主持的听证会，提出处理意见或直接处理。

（4）规划公示制度的建立

近年来，为了加强城市规划的公众参与，我国许多地方城市纷纷制定了相关的地方法规，如：《江苏省城市规划公示制度（试行）》、《北京市城市规划公示管理暂行办法》、《青岛市规划局公众参与城市规划管理暨规划设计社会公示试行办法》、《广州市关于城市规划成果公示的规定》、《常州市城市规划公示办法》等。公示制度的建立是城市规划编制过程中"以人为本"精神的一种体现，并且是实现公众参与的制度化尝试。同时也应注意到，现行的规划成果公示制度是规划编制评审结束后的一种展示活动，公众的意见对最终成果的影响不大。规划实施事权和监督事权都仍在政府，规划编制的民主化过程有待进一步深化。另外，规划公示内容非常专业，广大公众参与有效性很难保障。

关于城市规划成果公示的规定（穗规〔2002〕926号）

第一条　为了推行政务公开，落实依法行政，增加城市规划的透明度，建立和加强社会监督机制，制定本规定。

第二条　经批准的广州市城市建设总体战略规划、城市总体规划、片区规划、整治规划、重点地区的城市设计成果以及经评审通过的规划设计国际国内竞赛和咨询成果实行公示。但涉及国家机密的除外。

第三条　规划公示的内容包括：

（一）城市建设总体战略规划及城市总体规划　城市规划区范围、规划期限、发展目标、城市性质、城市近期建设规划、城市规划实施政策、市域城镇体系图、市域都市区发展示意图、土地利用结构解析图、城市空间布局概念图、城市结构概念图、生态结构分析图、生态保护区分布图、生态政策区划图、城市道路交通网络概念图。

（二）片区规划　规划范围、规划期限、规划依据、规划目标、规划原则、规划定位、规划布局结构、城市空间布局结构图、生态结构分析图、城市道路交通发展概念图、六线控制示意图。

（三）整治规划 规划范围、规划依据、规划原则、规划目标、规划定位、环境景观规划图。

（四）重点地区城市设计 规划范围、规划期限、规划依据、规划目标、规划原则、规划定位、布局结构、城市设计控制原则、总体城市设计导则、城市空间结构与形态分析图、重要节点意向（透视）图、道路交通规划图、环境景观及服务性设施规划图、重要天际轮廓控制设计图、重要界面设计图。

（五）规划设计的国际国内竞赛和咨询 规划范围、规划期限、规划依据、规划目标、规划原则、规划定位、规划布局结构、城市设计控制原则、总体城市设计导则、城市空间结构与形态分析图、重要节点意向（透视）图、道路交通规划图、环境景观及服务性设施规划图、重要天际轮廓控制设计图、重要界面设计图。

第四条 城市规划经批准后，广州市城市规划局将在办公楼大堂、规划展览馆、规划网站及新闻媒体进行公示。

第五条 本规定自 2003 年 1 月 1 日起施行。

（5）规划动态监测

2003 年建设部开始在南京、贵阳、保定、邯郸、包头、鞍山、泰安、洛阳、新乡、襄樊十个城市开展城市规划动态监测工作。城市规划动态检测是对城市总体规划、地形图、不同时相的遥感影像等资料搜集整理后，通过遥感影像的处理、比对等方法找出差异图斑，再与城市规划图进行对比，有关部门对差异图斑的实际情况进行核查，包括符合规划情况、用地性质变更情况、用地面积、相关规划实施管理情况等，发现违反城市规划的重大事件及时依法处理。动态监测的主要内容是国务院审批的总体规划实施情况，尤其总体规划中的强制性内容，特别是规划中确定的用地性质和用途的变更，包括可能影响城市重大布局的开发建设，以及影响城市重大功能组织的用地性质和用途的变更。❶

虽然规划动态监测为在全国普及城市规划监管系统做出准备，解决了城市总体规划实施评估技术的难题。但是，城市总体规划的动态监测行为，仍然是中央政府规划事权的强化，并且是"图纸"路径依赖的、理性综合规划思维的强化。另外，对于事件报告、事件处理没有行政法律保障，很难保障

---

❶ 中国城市报道，2003 年 12 月第 47 期。

实施。

规划动态监测工作方式、阶段及重点、工作组织❶

城市规划动态监测是利用遥感影像数据与城市规划数据进行对比，分析城市建设发展中的情况和问题。

工作阶段主要分为资料收集、资料分析、情况核查、提出报告和事件处理五个阶段。

监测工作重点是由国务院审批总体规划的城市的总体规划实施情况，以及国家历史文化名城的保护规划实施情况。

全国城市规划监督管理信息系统建设工作在建设部统一组织下进行。

建设部城乡规划司负责城市规划监测工作的组织协调，提出监管工作目标和要求，规范监测工作程序，组织监测成果核查，提出对核查结果的处理意见。

建设部信息化工作领导小组办公室负责系统总体方案设计、技术审查和技术支持，负责监管系统与建设部电子政务的组织协调，规划动态监测系统平台的完善，与系统建成后的测评验收。

建设部综合财务司负责已落实监测资金的监督使用。

建设部城乡规划管理中心负责具体实施工作和日常工作，具体落实规划动态监测的工作要求，提出年度工作计划及目标城市名单，确定遥感影像规格，组织有关数据的收集、整理及其处理、分析、成果鉴定，组织制订相关标准、规范、规程，提出动态监测报告等。

建设部信息中心作为技术支撑部门之一，负责具体技术工作，包括规划动态监测系统平台的后台支持与网络服务，与部办公自动化的衔接，相关系统的开发、更新和维护，及其他有关技术工作。

10个城市的城市规划行政主管部门都要确定一名负责同志负责此项工作；并确定一名工作联络人，负责提供规划动态监测相关的总体规划资料、历史名城保护规划资料、地形图及必要的规划管理资料，并配合做好核查工作。要在2003年12月底前向建设都城乡规划司报送规划监测工作报告。具体工作要求见附件。

上述要求提供的城市总体规划资料应为电子资料，以经审批的规划为主，正在进行修编或审批中的规划资料也应提交作为参考。

(6) 规划效能监察制度

---

❶ 摘自于住房城乡建设部《关于开展城市规划动态监测工作的通知》（建规函［2003］252号）。

2005年建设部、监察部发布了《建设部、监察部关于开展城乡规划效能监察的通知》，启动了城乡规划效能监察制度，这是我国城乡规划实施监察管理体制的有益探索。但是，城乡规划效能监察囊括了所有层次规划的监察、监督和执法，而针对每一个规划层次的监督事权尚未明晰，规划效能监察制度没有提升到法律法规层次，尚未形成制度化、程序化的行政执法体系。

第三节　城市总体规划制度机制演变趋势

一、城市总体规划技术功能作用趋势

1. 趋势一：由建设项目布局转向空间资源调控

目前，对城市总体规划没有一个正面的概念解释，只有对城市规划概念范畴的解释，包括规划目的、意义、作用、对象、性质、内容、任务等。[155]解释核心落到了部署、安排上，城市总体规划的任务、内容也是落到这个上面。部署、安排是规划必要的，也是政府必须的，但不全面、不完善。因此，我们目前的概念、法律、规范等都没有从最基本的概念上进行反思，继续沿用了这个概念。

目前，适应社会主义市场经济体制的规划，功能应该如何定位，概念如何界定？这直接影响到规划的编制、实施等观念上的改变、革新。本研究认为，城市总体规划应该落到调控上，宏观调控是政府在市场经济社会的核心职能，[156]当前政府已不直接或不干预重大工业项目的部署、安排了。新一届党中央国务院，明确提出了由管理型政府向调控、服务型政府转变。因此，规划是政府调控城市空间资源的重要手段，城市总体规划是对城市空间资源在一定时空范围内的可持续发展调控。基于此认识，在编制和实施上，编制就会转变观念，直接转到政策制度调控，而不是项目部署安排；实施就会转变职能，从根本上融入到市场经济体制当中。在市场经济社会中，这就有利于规划编制和实施体制的理顺。

2. 趋势二：由技术型转向管理型的法律文件

传统城市总体规划是理想状态的城市发展终极蓝图，是城市未来发展的终极蓝图的技术型文件，具有较强的研究型特征。由于受到市场经济社会诸多不确定性因素的影响，规划确定的城市发展终极蓝图很难实现。因此，未来城市总体规划的功能作用应该是政府依法行政、宏观调控城市空间资源的可操作性的行政管理型、具有可操作性的法律文件。

3. 趋势三：优化空间资源配置，构筑和谐社会空间

传统城市总体规划功能效应主要体现在对城市土地空间资源的优化配置，推动城市经济发展。在市场经济体制下，城市总体规划调控对象是包括

城市土地空间在内的城市空间资源系统。因此，城市总体规划的功能效应也相应要提升到城市空间资源系统的优化整合和配置，实现目标不仅仅是推进城市经济发展，更为重要的是促进城市社会、经济、生态的区域协调发展，构筑和谐社会空间体系。

4. 趋势四：通过体制理顺提高功能效率

传统城市总体规划的时效性较差，一般都归咎于城市规划技术的时效性不强。一般来说，一个城市总体规划具有很强的时空特征，不确定性影响因素很多，在一个相对跨度的时空范围内，编制和实施的时间总长度是一定的。若编制审批时间长，必然影响实施时间跨度。

对于体制理顺来提高规划机制时效性的关键是要明晰中央、地方政府之间规划事权的划分，进而重新调整城市总体规划编制内容，以适应不同层级政府的规划调控事权管理的需要，共同提高规划机制的时效性。

二、城市总体规划行为功能作用趋势

1. 发挥公共政策调控功能作用

市场经济制度的建设决定了我国城市总体规划必须具有城市政府对空间资源的公共政策调控功能，而不是市场经济活动中建设项目的审批服务功能。过多重视城市总体规划建设审批服务功能，导致了目前在城市的外扩过程中城市公共安全、公共服务、公共交通、公共市政等公共保障空间得不到落实。因此，城市总体规划必须实现向公共政策调控功能转变，才能适应市场经济制度建设需求。

2. 发挥保障公共利益的功能作用

通过城市总体规划的实施，不仅要保障城市经济建设的顺利进行，而且还要保障城市公共绿地、公共设施、道路交通、公共安全、环境生态等公共空间建设的顺利开展。因此，在市场经济社会，城市总体规划实施的核心功能作用是保障城市公共利益。

3. 发挥促进城市经济快速发展的功能作用

城市总体规划实施的根本目的是促进城市经济、社会、生态环境的协调发展。在保障城市公共利益的前提下，还必须促进城市经济快速发展，为城市提供充足的就业岗位、增加充足的财税收入。因此，城市总体规划实施必须发挥促进城市经济快速发展的功能效应。

综上所述，在计划经济体制下，总体规划编制实施是落实国民经济社会发展计划的手段，是政府协调产业布局，发挥城市地域综合经济效益的工具，核心是"布局"。城市的资金、技术、能源、土地等资源由政府统一划拨，企业、教育、卫生、行政、服务等设施在各部门的组织下有序建设，居民住房由单位统一配给，尽管这种资源配给方式的效率低下，但是城市政府能够充分掌握城市经济发展态势，总体规划的编制实施拥有可靠有效的信息源，能够对短期内的城市发展状态做出准确预测，统筹协调满足城市发展的空间需求。在社会主义市场经济体制下，总体规划编制实施主要是针对城市发展中的市场失灵现象，采取的政府干预措施，核心是"调控"。城市经济的运行依赖于高度分散、自发、开放、精致的市场机制，尤其是随着经济全球化的深化与产业结构升级的加速，城市经济系统日趋庞大、复杂、动态化，对城市经济发展实施预测的难度日趋增大。我国目前正处于经济转轨、社会转型的改革开放关键时期，要准确把握城市发展趋势，采取合适的调控措施，对传统总体规划编制实施的信息获取机制、信息分析机制、趋势预测机制、调控干预机制都形成了强烈的挑战。

三、城市总体规划制度创新需求趋势

1. 制度创新需求解析

（1）决策过程

在市场体制下的规划实践中，由于城市发展不可能都是相同的发展速度、发展阶段与发展趋势，城市发展的阶段性更不可能以精确的时间年限预测，更何况内部或外部环境演化存在着相当程度的突变几率，因而没有一个城市的总体规划能够按照规划期限的设想安排完全组织实施。[157]

然而，规划修编的发起又往往带有非常大的主观感知特点，即规划实施部门在实施过程中，感觉到越来越不适应城市发展，并将这种不适应的状态和问题反映到规划主管部门以及城市政府长官，[158]相关决策层再根据城市发展的总体需要，以及外部环境是否合宜，决定是否开展修改，以及修改的范围和幅度。但是问题累积到何种程度开展修改才最为适合，以及修改针对哪些重点问题开展呢？显然缺乏有效的实现机制。

在对此类问题无法准确把握的情况下，只有假设原规划的主要功能已经不合时宜，从而也只有选择开展新一轮的规划编制。由于线性模式是一种完整的、单维的历史过程模式，具有无法动态更新的特点，规划修改只有完全的重复上一轮规划过程，重新开展全方位的调查、分析、规划。[159]

（2）事权过程

目前的城市总体规划编制和实施的事权过程是相互分离的两个独立阶段[160]在总体规划编制阶段，有比较健全的事权结构予以保障；但是，在实施阶段，总体规划的事权结构是很不充分的。

总体规划的实施需要依靠社会各个组成要素之间的相互协同作用。这包括城市各部门在发展政策方面的协调、在资源使用上的协调、在公共资金分配上的协调、在重大建设项目安排和时序上的协调等。[161]政府各部门的协同是城市总体规划实施的关键所在。目前的政府行政事权构架并不能确保这

一协同机制的建立和正常运行。尽管政府各个部门工作的基本原则也都是为了城市整体的发展和社会公共利益服务，但是往往由于部门利益的牵制或者考虑问题角度和立场的局限性，不可避免会导致城市中各系统、各部门与总体规划之间产生不协调的矛盾。在目前的行政体制框架下，规划部门也只不过是政府众多部门之一，既无权力也无能力在这一体系中真正承担全面的综合协调作用[162]难以确保各个部门的决策都以总体规划作为决策依据，使各个部门的行动都保持一致的方向。因此，仅仅有规划系统，通过分区规划、详细规划实施总体规划，只能是发挥总体规划一部分的实践功能。

由于政府对城市规划越来越重视，总体规划的编制经费往往能够得到比较充足的保障，并且许多城市还建立了较为健全的财政保障事权机制。同时，总体规划也必须得到充分的经济保障和财政支持才能够得以实施[163]这是因为：城市总体规划是以社会整体为基本原则的，其实施过程必须得到有力的经济支持，才能够保证规划不偏离其社会整体价值的取向。其次，城市规划在实施的过程中，会遇到来自其他部门开发商在经济利益上的挑战，城市规划只有通过一定经济力量的对峙才有可能化解这种挑战，保持其主动权和引导性。但目前规划部门在公共投资的事权结构中地位较低，缺乏足够的能力协调和平衡城市公共资金的投入方向、地区和时间，不能通过对这些资金安排与规划过程的结合实现建设过程与总体规划的协同。

（3）技术过程

我国实行的是双层规划体系（战略性发展规划和实施性建设规划）[164]。由于总体规划存在技术性过于浓厚并且过于僵化的原因，导致总体规划在实践中被认为既然是中长期规划，就不必过于关注眼前的问题，既然是战略性规划，就不必过多考虑实施性的问题，具体的操作可以交给下层次的详细规划，导致总体规划被很多人认为无法成为切实可行的政策手段，现行规划技术过程也造成详细规划难以完全落实总体规划。

首先，现行规划体系是按照总体规划——分区规划——控制性详细规划（法定图则）——修建性详细规划（详细蓝图）层层往下落实的。而每一层次规划从编制到审批都是一个耗时费力的过程，期望通过详细规划对整个城市规划区的"全覆盖"来落实总体规划，无论从时间、人力还是资金都难以保证。等到详细规划编制全部完成，总体规划往往又到了修编之时，致使两者始终难以形成良好的协调和衔接。[165]

其次，城市是一个紧密联系、相互作用的大系统，控制性详细规划对局部地区的发展控制并不能保证城市整体发展的协调，总体规划对整个城市及其各系统发展的整体把握不是微观层次的详细规划所能取代的。[166]失去了总体规划的整体调控，即使详细规划对局部地区的开发控制十分有效，也无法避免城市整体结构的失衡和功能紊乱。

第三，无论是现行控制性详细规划还是法定图则，在某种程度上都更注重对土地的开发控制，与之相配合的"一书两证"制度的作用方式也是强制性的，缺乏引导性的功能。而规划的引导和控制两个作用是相辅相成的，缺少其中的任何一个，都会影响到规划整体功能的发挥。从某种意义上，要实现政府的发展意图，发挥规划的引导手段更为重要，而注重控制功能的控制性详细规划并不能替代总体规划对城市整体发展的引导作用。[167]

总体规划为下层次规划提供指导依据并自上而下层层落实，只是总体规划从编制到实施的一个方面，但却是远远不够的。为了实现总体规划确立的目标，还应当建立一套总体规划自身的运作实施机制。

（4）法律过程

从规划法律层面看，目前城市总体规划编制和实施已经进入到了国家法律层面，1989年12月26日七届人大十一次会议通过的《城市规划法》，已经确立了城市规划的法律地位，尤其是城市总体规划的法律地位。[168]随之出台的规划编制办法、细则，对城市总体规划的编制进行了详细的法律规定。这无疑是我国城市规划事业发展历史上的一个重要里程碑。2006年的《城市规划编制办法》的修订和2008年《城乡规划法》的制定，进一步强化了城市总体规划编制的法律地位。但是，经过20多年的制度实践，规划界已经对这个法律系统提出了一些质疑，并倡导对规划法进行改革创新。

笔者认为，规划编制与规划实施的内容规定相差悬殊。也就是说，"一书两证"的规划实施制度系统，不能代表整个城市规划编制成果的实施，仅仅是其中的一部分。况且，规划的选址、建设用地规划许可证、建设工程规划许可证，主要是城市详细规划的实施。而城市总体规划的实施在法律层面出现了"真空"，如何推进城市总体规划的实施，整个法律系统没有回答太清楚，仅仅规定了城市总体规划编制完了之后，继续深化分区规划、控制性详细规划。那么，这种在技术编制层面上的延续，只是土地利用规划的延续，以及相关公共设施、道路交通、基础设施等方面的延续。然而，其他的专项规划如何实施，城市规划主管部门是否有事权保障实施，法律层面没有给予充分的规定，譬如旅游规划、环境保护规划、生态规划、风貌规划、防洪规划、防灾系统规划、近期建设规划等。

在法律责任里面，对"一书两证"实施存在问题提出的法律要求偏多，对城市总体规划实施、编制等行为提出的法律责任要求甚少。由于受到以经济建设为中心的影响，城乡规划法律法规对开发商行为、建设者行为考虑较多，而代表城市公共利益的其他社会阶层的行为考虑得较少，甚至没有。从法理来说，这也是相当不完善的。正如前述分析，城市总体规划编制成果真正具有法律实施要求的很少，除了与"一书两证"有关之外，其他的内容都难以发挥法律影响力。譬如，城市总体规划编制对规划区范围之外的县市也做了相应的规划管控，但由谁来保证其实施？虽然每个规划法律规章都规定了与国民经济和社会发展规划、土地利用总体规划等协调和衔接，但是事实并不这样。另外，可能因为这些事权不对等、法律不明晰的规划内容耽误了规划的审批、执行的最佳时间。经过漫长周期审批过的城市总体规划，由谁来负责实施，怎么实施，这是急需理顺的法律问题，也是城市总体规划制度机制创新的关键。这也是笔者为什么从法律入手研究的根本原因。

2. 制度创新趋向：技术主线向政策主线转型

通过前述分析判断，很显然，城市总体规划制度创新趋向应是公共政策。公共政策的本质是政府通过对自身利益和公共利益的考量，在减少主观差距和减少客观差距之间做出选择，进而及时有效地解决公共问题，[169]它具有导向性、制约性、管理性、调控性、分配性、象征性功能。城市总体规划具备构成公共政策逻辑概念的三个充分必要条件，即欲达到的公共目标、为达成目标而拟采取的行动方案和实现目标的实际行动。

现阶段的总体规划还处于公共政策三要素的第一个层面，即构筑欲达到的公共目标体系，而缺乏为达成目标拟采取的行动方案和实现目标的实际行动的宣示[170]即使是目标体系，其核心也是由一系列的技术量化标准所构成，例如人口与用地规模、用地平衡表、基础设施容量等，而不是描述最终的政策目的与政策效果，例如人口政策所达到的人口增长、迁移与分布状态、土地利用政策对用地格局、用地方式的经济、社会、生态影响、基础设施政策为城市发展提供的可能机遇等。而城市总体规划所起的作用是将各个部门、各个领域的政策在城市空间层面上进行综合和整合，在未来发展的前提下提出城市整体的发展政策框架，实质上，城市总体规划是一种政策规划。

目前总体规划侧重于围绕空间布局的技术规范要求。然而，针对城市未来可能演变或生成的情形，系统地制定一套解决可能问题的预案，应当是城市总体规划城市政策的总体纲要，是关于城市未来发展的政策陈述，并且这种政策规划针对的是城市整体，而非城市的某个部门（如规划管理机构或规划部门），作为实施这一政策体系的实体，应当是城市的所有政府部门。总体规划本身性质在规划的内容上，要强化城市公共政策内容，既要反映城市公共政策的要素，更要反映公共政策的组合及其在城市空间上的基本表现。

尽管总体规划相关政策主要集中在土地使用、空间、景观等物质性方面，但是，城市总体规划肯定是与城市中的各项组成要素紧密相关的，城市总体规划的内容实际上已经涵盖了城市发展的所有方面，其基本的内容应当是城市其他各项政策的起点和最终归结。一方面，就城市总体规划和城市社会的相互关系而言，存在着两方面的内容要求：一是城市总体规划必须切实反映城市各项组成要素在城市发展过程中的政策取向；二是城市各个方面的未来发展必须是在城市总体规划所确立的基本框架之中。而协调好这两方面的关系，应当是城市政府政策架构及机制中的核心。另一方面，城市的公共政策所存在的制度背景应当为建立这样的互动关系起到支撑的作用。

在市场经济条件下，城市总体规划应该保持弹性、灵活性和可调控性。目前，城市总体规划的"文本图集＋附件（说明书、专题）"规划手段，已经难以满足这种"弹性规划空间"的理念，同时也难以满足市场经济发展要求。另外，规划编制和后期规划管理严重脱节，更是难以使规划理念得以实施和应用。所以，城市总体规划制度建设处于质变阶段，而不是量变阶段；原来处于城市化初期的总规体制需要体制创新，才能适应市场经济的快速发展。综上，城市总体规划制度机制建设应从当前的技术主线转向未来的政策主线，核心任务是建立促进城市整体协调、健康有序发展的技术制度、事权制度、决策制度等政策架构。

第九章　现行城市总体规划制度改革展望

第一节　对城市总体规划的再认识

一、概念内容的再认识：技术结构的转变

住建部原部长汪光焘在 2005 年城市规划学会年会提出强化城乡规划的调控作用，规划是政府实行宏观调控的重要手段，体现公共政策的属性。从前述章节对城市总体规划技术功能作用趋势判断，城市总体规划要由建设项目布局转向空间资源调控。城市总体规划编制时就要研究规划的实施。所以，城市总体规划的概念内容首先要从技术结构上转变其认识。

笔者认为，城市总体规划的技术内涵已经不仅仅局限于建设项目的战略部署，而是应放在整个城市空间资源的优化配置和可持续发展调控上，实现从战略安排部署到城市空间资源调控的技术任务转变，实现从经济建设项目落位到社会公平发展、环境可持续发展、经济健康发展调控的目标转变。

二、法律行为的再认识：事权结构的厘清

城市总体规划是政府行为，是国家和城市政府关于城市发展和建设的法律、法规和方针政策的具体落实。但是，城市总体规划编制和实施没有很好体现真正意义的政府行为。既然是政府行为，应该代表的是人民的根本利益，社会的公众利益，城市整体利益，应该是人民共同意志的体现。但是，无论规划编制还是实施都做得不够，进而使得地方长官干预规划较严重，城市总体规划成为实现"长官"意志、开发商利益的载体。当前，政府既是城市经济的推动者，又是城市规划编制的组织者。政府是甲方，负责组织编制规划和实施规划。当然，城市总体规划就要贯彻"政府意志"，更多考虑城市开发，对社会生态公共利益考虑就相对较少；开发商利益与城市整体利益的错位，政府调控力难以解决这种错位，进而导致留下很多社会隐患，譬如棚户区、地价成本上升等。因此，城市总体规划没有起到自身的本质作用功能，在一定程度上成为了地方政府"扩地扩模"❶ 的工具。这是我国现阶段城市总体规划单一政府公共行政行为的必然结果。

---

❶　扩地扩模指城市扩大建设用地规模和扩大人口规模。

城市总体规划编制与实施行为是高度集中于政府的单一法律行为，难以构建公正、透明、高效的公共行政事权约束机制和激励机制。在市场经济条件下，城市总体规划制度应该向政府、社会、立法等多元化公共行政行为转化，以建立广泛公众基础、多维权力结构的编制、实施、监督机制体系，实现城市总体规划法律行为由单一公共行政向多维公共行政转变。正如前述分析判断，从法律角度，当前城市总体规划制度要从缺位向填补努力，让城市总体规划法律行为由被动变主动，实现从"一书两证"为核心的规划实施系统向不同层次规划相互对接并具有法律效应的实施系统转变。

三、规划功能的再认识：功能结构的重塑

当前，城市总体规划的核心功能是为城市社会经济发展提供空间布局蓝图，而规划蓝图实质上是在规划期限内城市建设项目部署的空间落实。根据规划法规，深化到城市控制性详细规划层次就成为了城市建设项目审批的依据，以及"一书两证"规划实施系统的依据。对于没有做城市控制性详细规划的城市，城市总体规划的空间布局蓝图就直接成为了审批决策依据。

但是，市场经济制度的建设决定了我国城市总体规划应具有对空间资源的公共政策调控功能，而不是市场经济活动中建设项目的审批服务功能。过多重视城市总体规划建设审批服务功能，导致了目前在城市的外扩过程中城市公共安全、公共服务、公共交通、公共市政等公共保障空间难以得到落实。因此，城市总体规划的功能作用应由建设审批服务功能向公共政策调控功能转变，才能适应市场经济制度建设需求。

四、成果形式的再认识：政策结构的整合

城市总体规划，既然是政府行为，同时必然也是法律行为，编制实施都应该是法律行为。政府属于政治上层建筑，代表当前统治阶级的利益、地位，法律是政府依法治国的手段。既然把规划编制和实施纳入政府法律行为，就要明确一点，那就是规划编制和实施要适应当前的国家结构、国体等基本制度，才能通过行政法律权利付诸于实施，从目前看，我国城市总体规划成果形式是"文本图集＋附件（说明书、专题等）"。虽然城市总体规划编制完成了，但是技术文本没有转化为法律语言、制度语言，就等于"编"了没有"制"。这就是城市总体规划成果的"半截子"工程。城市总体规划编制的成果应及时转化为政府法律规章制度，而不是技术成果的描述，才能融入整个政府制度管理系列。

但是，我国城市总体规划编制和实施在这一点上做的很不够。既然是法律行为，那么就得依法行政，这个法绝对不是技术成果的形式。正如前述章

节分析，法律制度有假设、处理、制裁❶三大基本要素（法律是一套规则体系，也是一套概念体系），三者缺一不可，否则，就不能构成行政法律规范。这些基本要素存在才能有效实施，否则就是一纸空文，难以发挥法律功能效应。城市总体规划的编制，"编"❷是一个"工匠活"，也就是科学分析工作；"制"❸是一个"法律活"，也就是把科学研究成果纳入实践管理的工作。这是一个学科实践中的转换过程和机制，而且还是很关键的步骤。但是，恰恰当前这一步做的工作很不够。虽然现在很多城市总体规划批复实施了，但都是技术成果，而不是法律法规制度。技术成果表述在政府执行时很难实施。因此，未来城市总体规划成果形式应重新认识，需要通过理顺规划编制和实施的机制、体制，实现技术语言向政策语言的转变，才能实现空间政策与非空间政策的有效整合，最终保障城市总体规划的有效实施。

五、机制时效的再认识：时序结构的高效

城市总体规划的时效性应包括编制和实施，二者是相互影响的。一般来说，一个城市总体规划具有很强的时空特征，不确定性影响因素很多，在一个相对跨度的时空范围内，编制和实施的时间总长度是一定的。若编制审批时间长，就必然影响实施时间跨度。当前城市总体规划寿命短的根本原因是，对城市总体规划的认识应该放到一个特殊的角度来认识、理解，即城市总体规划是一个特殊的服务产品，国家法律赋予了规划师提供这项服务的权利；然而，服务产品是有时效性的。目前城市总体规划的运行体制，恰恰不能做到这一点，出现审批之时就是调整之时、修编之时。

从法律效应层面理解，城市总体规划不是一个初端产品，即处于"编"层次上的科学研究成果，而是一个深加工末端的服务产品，应马上可以投入市场，即政府马上可以实施的一个产品。然而，目前城市总体规划都是提供的初端产品，即使变成了法律条文文本，但是技术文本的本质没变。这也是笔者从法律角度入手的一个很重要原因。通过体制理顺提高规划机制时效性

---

❶ 假设，法律规范的必要条件，它告诉人们在什么情况下才能使用这种法律规范，也就是规定了适用法律规范的空间条件、时间条件和行为条件。处理，指当某种条件或场合出现时，行政法律关系主体（即当事人）应当做什么，允许做什么，禁止做什么。也就是规定当事人如何享有权利和履行义务。制裁，在行政法律规范中，通常表现为罚则，是规定在某种条件或场合出现时，行政法律关系主体违反假设、处理的规定，没有作出应当作出的行为，或者作出了禁止做的行为时应负的法律责任。

❷ 编：本意是编草帽、筐子，（解释）；后来引申为按照一定的次序或条理来组织或排列，譬如编号、编队、组等。因此，从编的本意来说，就有把系统要素进行整理、加工的秩序化、条理化、系统化、科学化过程。

❸ 制：本意就是规定、订立，譬如制定计划；还有限定、约束、管束的意思，譬如限制，同时，还有制度、法则、法度的意思，譬如一书两证制度。制，就是规范行为的范畴，具有法律规章的本意内涵。

的关键是要明晰中央、地方政府之间规划事权的划分，进而重新调整城市总体规划编制内容，以适应不同层级政府的规划调控事权管理的需要，共同提高规划机制的时效性。

对于城市总体规划，在科学合理的编制审批时间跨度内，从科学（理论、理念、原则）——技术（具体规划技术）——应用（实践单位、工作者、项目）——审批这个编制审批流程，越短对城市总体规划的实施越有利，那么，相应的城市总体规划使用寿命就会延长，否则，就会成为落后产品，没有"销路"，马上就会"夭折"。然而，这个时效问题的解决，一方面，就是规划师的全面素质的提高，更为重要的是，通过理顺城市规划编制和实施体制，可以大大提高城市总体规划服务产品的时效性。

从机制时效性角度认识，一是要理顺城市总体规划编制——实施的时效跨度，这是城市总体规划制度机制建设的内部架构；二是要理顺城市总体规划与其他部门规划的衔接、协调的时效跨度，这是城市总体规划制度机制建设的外部架构。因此，城市总体规划制度机制建设，对内要融合，对外要协调，真正由技术解决转向体制理顺，实现城市总体规划"短寿"向"正常"时效转变。

六、小结

综上所述，在市场经济体制下，城市总体规划的概念内容、法律行为、规划功能、成果形式、机制时效等各个方面都发生了深刻变革。从战略项目部署到城市空间资源调控的技术任务转变，从单一公共行政向多维公共行政的法律行为转变，从建设审批服务向公共政策调控的功能作用转变，从技术语言向法律语言、制度语言的成果形式转变，从技术解决向体制理顺的机制时效转变，都表明城市总体规划急需进行体制机制创新以适应新形势的变化。

根据上述城市总体规划的再认识，城市总体规划编制程序应由修编逻辑转向修改逻辑，目标任务应从布局逻辑转向政策逻辑。随着市场体制下发展利益多元分化，规划过程应由固定的程式型编制模式（理性规划）向问题－决策型转化（倡导型规划），多值决策❶成为规划的前提。传统的单向线性连接（规划纲要——总规——详规——工程规划）的规划过程已经难以适应未来城市发展要求，应该从问题诊断开始，到制定目标、预测预见、多方案抉择、可行性研究、评估、实施、反馈这样的循环开放式过程，过程的每一步都包括多种可能、多方案内容的系统分析。因此，规划思维由定向封闭式

---

❶ 多值决策需要综合考虑来自于各个方面的要求，包括资源、生态、经济、效率、功能、安全、美学等。

转为发散开放式，规划编制程序向开放型转化。这是实现城市总体规划制度创新由技术主线转为政策主线的关键。

第二节　城市总体规划制度改革路径的探索

一、走渐变式的机制创新之路

1. 决策机制的改进：从精英决策渐变为公共决策

当前城市总体规划编制与实施机制问题破解的关键是民主化、法治化、科学化决策机制的构建。重点要改变当前精英决策的规划编制和实施机制，建立政府、人大、社会、团体、公众等不同层次社会主体共同参与决策的机制。

2. 规划内容的转型：从理性主义渐变为多元价值导向

当前，滞后的技术体系是我国城市总体规划编制与实施机制创新的重要制约因素。理性综合规划的技术体系重点强调规划师的规划价值取向，而忽视了广大公众的价值取向；重点强调技术的理性过程，而忽视了公众参与的过程。因此，导致理性的规划方案可操作性较差。

因此，为了解决城市发展的各种问题，应该在吸取理性综合规划技术体系的基础上，重点发展理性与经验主义相互结合的公共规划技术体系，在社会公共目标倡导中注重规划的理性综合，进而为城市总体规划的公共行政行为、公共法律行为提供科学技术支撑。

3. 目标导向的升级：从技术行政行为渐变为公共法律行为

根据前述分析，当前我国城市总体规划编制与实施机制是规划师价值取向的技术目标导向，以及政府价值取向的行政审批事权目标导向，而公共政策、公共法律的规划价值导向较弱。根据前述分析，城市总体规划制度创新趋向是从技术主线向政策主线转型，这已经成为城市总体规划制度改革创新的必然发展态势。

虽然城市总体规划的技术行政行为有历史的必然性和特定历史阶段性，但是，随着历史阶段和环境的变迁，随着我国市场经济制度的完善，公共政策、公共法律行为的目标导向已经成为城市总体规划调控城市空间资源的目标导向，也是规划师的价值取向。

4. 事权明晰的重构：从全能行政事权渐变为责任行政事权

从前述分析，政府掌控规划行政的几乎全部事权，上下级之间、中央与地方之间的规划编制与实施事权体系不明晰，没有法律责任机制。因此，事权明晰过程是我国城市总体规划编制与实施机制创新的一个重点。在法律授权机制下，核心是改变过去为审批服务的全能的、一元化的政府行政事权体制，建立责权事权明晰、公开透明、公正公平的多元化公众责任行政事权体制。

二、城市总体规划制度模式的探索

在市场经济社会中，城市总体规划编制、实施、监督行为一体化互动的基础是法律平台。在法治社会健全的情况下，无论是强化的行政行为，还是分化的行政行为，城市总体规划编制、实施和监督都会形成良好的一体化互动格局。根据国外历史经验，编制、实施与监督互动模式主要有两种：一是纳入行政行为体系，二是纳入立法行为体系。当前，我国城市总体规划编制、实施与监督是纳入行政行为体系的发展模式，但互动一体化的法律机制不健全。纳入立法行为体系的编制、实施和监督一体化发展模式是我国城市总体规划制度机制互动模式的发展方向。

1. 政府主导的制度机制一体化发展模式

政府主导的编制、实施与监督制度一体化发展模式是垂直一体化的行政强化机制方案，核心是纳入行政行为体系，主要是指在国家法律法规框架内，城市总体规划编制、实施、监督行为都是政府行政行为，是政府内部的法律法规制定、执行行为。这种模式仍然体现高度集权的规划事权体系，但有健全的、良好的规划监督事权机制作为保障。

2. 立法主导的制度机制一体化发展模式

立法主导的编制、实施和监督制度一体化发展模式是行政权衡机制方案，也是法律授权机制方案，核心是纳入立法行为体系，主要是指在国家法律法规框架内，通过立法授权形式，授予不同层次、不同阶段的编制、实施、监督事权主体的权益，充分发挥不同主体之间的事权监督制约机制，推进城市总体规划制度机制一体化的发展模式。这是一种编制、实施、监督事权分散化的互动模式，但必须有健全的、严格的法律责任机制作为保障，否则，规划编制、实施、监督行为很难推进。

三、国情评析

我国是单一制、民主集中制国家，宜选择纳入行政行为体系的互动模式，核心任务是建立和营造良好的、公平的规划编制、实施、监督行为的法律环境。因此，这种模式比较适合我国国情，属于渐变改革模式。

然而，纳入立法行为体系的互动模式，近期不符合中国国情，涉及我国政府管理政治体制的改革，属于突变改革模式。

第十章　城市总体规划制度构建

2013 年我国城镇化水平已达到 53.73%，已进入到快速城镇化时期的中间阶段。根据世界经验，当城镇化水平处于 30%～70% 之间的发展阶段，城镇化将步入快速推进时期，社会结构将发生急剧变化。我国正处于城镇快速发展、社会急剧转型的变化时期。当跨越变化时期之后，我国将进入到城镇、社会、经济等稳定成熟时期。由于在不同的城镇历史发展阶段，城市总体规划编制与实施的重点是不同的。因此，本研究划分为两个历史阶段：城镇化快速时期和稳定时期。

就目前来说，我国政府行政制度系统难以适应现代城市规划体制运转的规律要求。然而，规划又是政府行为，同时必然也是法律行为，法律是政府依法治国的手段，需要政府行政制度系统付诸于实施。在很长一段时间内，考虑到我国政治体制改革存在较大的不确定性，因此，以当前的政府行政制度系统考虑我国城市总体规划体制由渐变到裂变的演变过程。

就我国国情来看，既然沿用当前的政府管理体制，城市总体规划体制改革适合由渐变到裂变的演化过程，要充分考虑到新体制与老体制的继承与摒弃关系。所以，我国城市总体规划体制裂变不是彻底抛弃老体制，而是继承、发展、创新。

第一节　城市总体规划功能制度趋向

一、城市总体规划制度的功能趋向

1. 城市总体规划功能趋向

在前述对城市总体规划功能作用的基本判断基础上，具体提出以下适应近期城镇化快速发展时期的功能作用。

（1）城市规划区的区域空间资源的综合调控

根据前述的分析判断，我国城市总体规划的基本功能定位判断是从建设项目布局转向空间资源调控，但是，这一转变可能需要相当长的一段时间。因此，在城镇化快速发展时期，基于目前我国政府管理体制及规划行政事权，城市总体规划功能定位重点放到从建设项目布局转向区域空间资源调控，远期走向对城市区域整体空间资源的可持续发展调控。

具体来说，在城镇化快速发展时期，城市总体规划应该在完善审批事权、经济发展目标导向的战略布局的功能定位的基础上，积极建立适应调控事权、区域协调发展目标导向的区域空间调控的功能定位。基于当前规划行政事权空间主要在城市规划区内，近期城市总体规划的功能定位是城市规划区内的区域空间系统的综合调控，其中，对于一定时期内城市社会经济发展的各项战略部署和空间布局的功能任务，仅仅是规划综合调控的一部分。

（2）城市规划建设的纲要性法律文件

根据前述的分析判断，我国城市总体规划的基本功能作用判断是从技术型法律文件转向可操作性的管理型法律文件，但是，这一转变也需要相当长的一段时间，至少需要政府管理体制的改革支撑、规划技术理论发展的支撑等。因此，在城镇化快速发展时期，基于目前我国城市总体规划管理体制，城市总体规划要发挥城市规划建设的纲要性指导型法律文件的功能作用，以支撑下一层次城市规划编制和实施；远期走向城市建设的管理型法律文件。

（3）在经济功能效应基础上，协调强化社会生态功能效应

根据前述分析判断，我国城市总体规划的基本功能效应判断是优化空间资源配置，实现区域协调发展，构筑和谐社会空间。但是，这一功能效应是城市规划建设长期积累的过程。在城镇化初期，我国城市总体规划主要功能效应是通过城市土地利用的配置，推动城市经济发展，而对优化整合、统筹协调、和谐发展等关注不够，由此导致了城镇化初期城市总体规划功能效应凸现诸多问题。

在城镇化快速发展时期，我国城市肩负着区域经济增长、提供就业岗位、吸纳农村剩余劳动力、提供优良的城市环境等艰巨任务。因此，在发挥促进城市经济快速增长的功能作用基础上，城镇化快速发展时期的城市总体规划还要发挥社会、生态、环境等方面的功能作用；远期目标实现优化空间资源配置、实现区域协调发展、构筑和谐空间体系的功能效应。

1）继续发挥经济目标导向的功能效应

相对于城镇化发展初期，规划师关注经济发展的地位将有所下降，社会人文、生态环境建设等目标导向逐步进入规划师的视野。但是，在城镇化快速发展时期，经济发展仍然是城市和区域发展的第一任务，也是规划师应给予继续关注的重点。因此，城市总体规划应该继续发挥经济目标导向的功能效应，通过适应市场经济机制的城市总体规划编制和实施，达到促进城市经济快速增长的目的。

2）协调强化社会人文目标导向的功能效应

在城镇化发展初期，规划师关注重点在经济发展，进而忽视了社会人文目标导向的功能效应。在城镇化快速发展时期，随着城乡居民生活水平的提

高，城乡居民对教育、文化、医疗、体育、旅游等社会人文设施空间需求逐步加大，规划师应逐步关注城市总体规划的社会人文目标导向的功能效应，逐步协调强化城镇社会人文设施空间资源的配置，以满足城乡居民日益增长的物质文化需要。

3）重点加强生态环境建设导向的功能效应

生态环境建设一直是城市政府规划与建设时序矛盾的焦点问题。西方国家近代城市规划诞生于生态环境的恶化所造成的影响，也是发生在城镇化快速推进时期。目前，由于城镇化初期我国地方政府在编制与实施城市总体规划过程中，过分注重经济发展功能效应，进而忽视了城市生态环境的建设，由此导致我国城市生态环境日趋恶化。因此，对于我国的城镇化快速推进时期，城市总体规划必须发挥生态环境建设导向的功能效应，并且通过规划行政执法力度的强化保障城市政府规划与建设时序的协调。

2. 城市总体规划行为趋向

根据前述分析判断，我国城市总体规划编制、实施和监督行为功能作用主要体现在发挥公共政策调控功能、发挥保障公共利益空间功能、发挥促进城市经济快速发展功能等。在城镇化发展初期，促进城市经济快速发展是城市总体规划编制、实施和监督行为的主要功能作用，公共政策调控、保障公共利益空间等功能作用显得较弱。

随着城市经济发展水平的日益提升，城乡居民生活质量、公众素质的日益提高，城市政府开始日益关注公共利益空间资源的配置和建设。因此，在城镇化快速发展时期，我国城市总体规划编制、实施和监督行为将发挥保障公共利益空间、促进城市经济发展的双重功能作用。但是，由于我国政府管理体制改革的不确定性和复杂性，发挥城市总体规划行为的公共政策功能，尚需较长一段时间的渐变过程。

二、城市总体规划编制与实施主体要素

1. 编制主体要素：以规划师为核心的"全社会"公众主体

城市总体规划编制主体要素是以规划师为核心的"全社会"公众主体，包括政府、开发商、专家、社会团体、企业法人、普通公民等社会各个层面。其中，组织编制主体是政府；规划师主要组织协调各个社会阶层利益矛盾，对不同规划价值判断进行选择，最后提出符合城市发展规律和客观事实的规划方案和目标；其他主体通过法律授权参与规划编制过程。

2. 实施主体要素：以政府为主导的"全社会"利益主体

城市总体规划实施主体要素有政府、公民、法人、社会团体、开发商等城市建设者、投资者和居住者，实施过程并不只是政府起作用，而是社会整体共同运作的结果。其中，政府是城市总体规划实施的主导力量，既要做好公共投资的引导作用，又要做好非公共投资的引导作用，以保障城市总体规划实施；其他实施主体，一是参与到规划建设中，二是对城市政府的规划实施行为进行监督。

第二节 城市总体规划编制制度

一、城市规划编制技术结构探索

在 1989 年城市规划法律法规中，我国城市规划编制体系可以概括为两阶段五层次（含分区规划）；2006 年 4 月 1 日建设部颁布实施的《城市规划编制办法》中，城市规划编制体系可以概括为两阶段六层次（含分区规划），即把近期建设规划编制从城市总体规划编制中析出，市域城镇体系规划仍然包含在城市总体规划编制之中；2008 年 1 月 1 日颁布实施的《城乡规划法》中，城乡规划编制体系可概括为五类，即城镇体系规划、城市规划、镇规划、乡规划和村庄规划；城市规划分为总体规划和详细规划。那么，根据前述分析判断，本研究认为，新时期我国城市规划编制体系由渐变到裂变的构思体系分为三阶段七层次（含分区规划）（见表 10-1）。❶

第一，新城市规划编制体系架构基本上沿袭了当前的政府管理体制。

第二，整个城市规划编制体系放到了国家规划编制体系之中来定位，突出了城建部门的城市建设规划职能，核心是城镇建设空间布局，优化组织城市空间资源。

第三，整个城市规划编制体系突破了原来总体与详细规划阶段的概念，引入了战略、建设与设计规划阶段的概念，这既有利于与其他部门、层次规划的衔接，又能适应目前政府管理体制和各级政府的责权利关系；既体现了城市规划问题应从区域中解决，又体现了城市问题的解决能够促进区域经济发展；真正体现了"五个统筹"的科学发展观。

第四，新规划编制体系充分体现了市场经济体制对城市发展建设的要求。战略阶段和建设阶段的规划类型，属于规划编制行为，是政府调控行为；而修建性规划设计、城市设计等，是规划设计行为，应该走行业规范、市场运作、中介审查、政府核准的运作体制。

第五，随着我国各省级行政区"省直管县"行政管理体制改革的实践，以及未来"一级政府依法行使一级政府事权"的深入实施，"市带县（市）"

---

❶ 目前，规划界已经对我国城市规划编制体系改革做过深入探讨，主要有吴良镛先生在《城市规划》2003 年 12 期《从战略规划到行动规划：城市规划体制改革初论》中论述的"战略结构规划－行动计划－城市总体设计"的架构；还有苏则民等学者在《城市规划》2001 年 5 期《城市规划编制体系新框架研究》中论述的"基本系列－非基本系列"的架构。

的体制逐步被打破，今后跨行政区的各类城乡规划编制、组织、审批、实施、协调等都将由省政府来承担，因此，传统城市总体规划包含市域城镇体系规划的模式将会失去存在意义，市域城镇体系规划编制与实施将会从城市总体规划编制中分离出来，成为指导上位规划层次。

我国城市规划由渐变到裂变的编制体系构思分析表　　表 10-1

传统编制体系			渐变到裂变的编制体系构思			
法律授权城市政府编制上级审批	城市总体规划阶段	全国、省、自治区、直辖市城镇体系规划	战略阶段	区域城镇规划		法律授权合作编制上级审批法律下达
		城市总体规划（包括市域城镇体系规划）	建设阶段	城市总体规划		
				城市分区建设规划（大中城市可根据需要编制）	镇规划、村庄、集镇建设规划	法律授权政府编制地方审批上级备案
城市政府审批		城市分区规划（大中城市可根据需要编制）		城市近期建设规划		
	详规阶段	城市控制性详规		城市控制性建设规划		
		城市修建性详规	设计阶段	城市修建性规划设计	镇、集镇、村庄修建规划设计	行业规范市场运作中介审查政府核准

注：详规指详细规划的简称。

二、城市总体规划编制体系架构

1. 建立"空间战略＋政策调控"的编制内容框架

从上述解构分析，新的城市总体规划仍然处于战略层次规划阶段，继续沿袭了《城市规划法》赋予的职能地位、编制组织、审批模式等，继续发挥城市总体规划的法律职能。但是，在整个城市规划编制体系中，从编制内容、编制组织方法、阶段层次等方面都进入到渐变到裂变的演化过程，进而既能适应当前的政府管理体制和法律，又能适应当前形势变化对城市总体规划提出的新要求。

从编制内容上来看，是对城市总体规划的一次"减肥"。城市总体规划的宏观内容和微观内容出现分裂，相应的审批也会出现"减肥"，有利于城市总体规划的滚动编制和实施。实质上，上述编制体系的核心是对我国目前城市总体规划的庞杂内容体系进行了分解，按照中央、地方、部门之间的不同事权进行了重组架构（见表10-2），进而达到简化编制、深化研究、强化实施的编制、审批、实施的高效运作。

城市总体规划编制内容裂变解构分析表　　　　　　表 10-2

传统城市总体规划编制内容分析			城市总体规划编制内容渐变到裂变分析	
阶段	编制内容	对应的 1990 年《城市规划编制办法》规定内容条款	演化方向	阶段
总体规划阶段	城镇体系方面	第十六条（一）	区域城镇规划	战略规划阶段
	城市宏观方面	第十六条（二）（三）	城市总体规划	
	政策措施方面	第十六条（十三）		
	专项专业规划方面	第十六条（四）～（十二）	城市近期建设规划	建设规划阶段
	近期建设规划方面	第十六条（十四）		
	城市分区规划（大中城市可根据需要编制）	第三条第十八条～第二十条	城市分区建设规划（大中城市可根据需要编制）	

（1）城镇体系规划演变到区域城镇规划

城镇体系规划是在我国 20 世纪 80 年代末特定的规划背景中诞生的，为规划编制体系的科学性探索和完善起到了很大作用，尤其是在城镇化初期、中前期。但是，随着城镇体系自身发展规律的变化，我国珠三角、长三角等城市群（城市密集带、城市连绵区）、都市区（都市圈、都市带）、城市地区（城乡一体化区）的形成发育，原来城市总体规划中的封闭的城镇体系规划已经难以适应这种客观发展，应该独立走向区域城镇规划，在编制组织、上报审批、监督实施等各个环节都应该走向跨区域空间尺度。❶

传统城镇体系规划基本上是"一化三结构＋基础设施＋专项"❷ 的编制

---

　❶ 城镇体系规划仍然是区域城镇规划的一种类型，主要适用于城市群发育不完善的经济欠发达地区，主要加强和关注城镇发展，或者推进城镇之间的合作与协调。但是，对于城市群发育完善的经济发达地区，应该从区域城镇规划的角度来做。

　❷ "一化三结构＋基础设施＋专项"指城市化、空间结构、规模结构、职能结构、综合交通、公共设施、市政设施、综合防灾、生态环境等。

内容。区域城镇规划不仅要完善传统城镇体系规划的编制内容，而且还应该加强区域城乡统筹战略、生态环境、土地和水资源、能源、自然和历史文化遗产保护等方面的区域综合研究。城镇体系规划重点强调城镇以及城镇之间的关系，而区域城镇规划重点关注区域中的城镇发展，以及城镇与乡村的统筹协调发展。区域城镇规划是区域规划的重要部分，是新的城市总体规划编制的上位指导规划。

因此，从目前我国政府管理体制来看，区域城镇规划应该被提升到战略规划阶段，在编制组织、实施、审批（或审查）、监督等方面，都应与国家空间规划编制体系相衔接，尤其是国民经济发展规划、国土规划、土地利用总体规划、流域规划、能源发展规划等相关宏观层面规划的衔接。区域城镇规划是城市规划编制体系的政策法律基础和前提。

（2）原建设布局性城市总体规划减肥为政策纲要性城市总体规划和地方法规性的城市近期建设规划两个层次

在市场经济体制时期，国家主要是从全国区域社会经济生态发展角度对城市能源、交通、水利、产业发展等进行宏观调控，而不是对城市具体建设项目、空间布局的审批管理。原来布局性城市总体规划已经难以适应市场体制建设的政府管理，应该转向调控性的城市总体规划。所以，根据中央与地方的政府管理事权的责权关系，演变后城市总体规划编制内容分化为两个层次：（新）城市总体规划和城市近期建设规划。

把原城市总体规划的宏观内容和政策内容整合为（新）城市总体规划，作为国家空间规划编制体系和建设部城市规划编制体系的承接点，作为上一级政府及主管部门监控国家城镇可持续发展的法律政策基础。因此，新城市总体规划主要体现上一级政府或主管部门对国家或地区发展要求的监控，核心是国家跨区域或地方区域的生态、环境、能源、水利、交通、产业、人口、基础设施等重大战略问题的解决，进而新城市总体规划就演变为政策纲要性的城市总体规划。新城市总体规划仍然处于战略规划阶段，上一级行政主管部门主要是按照区域城镇规划的法律政策文件，对其进行强制性核查式的审批，而不是对具体建设项目布局的行政性审批，并且以政策纲要性文件下达地方政府，作为上级政府或主管部门监控地方政府规划建设的强制性政策法律依据。

把原城市总体规划的专项专业规划工程性内容和项目性内容整合到城市近期建设规划编制内，这些具体成果不用与宏观战略性规划内容同时上报上一级政府或主管部门，这是地方政府建设管理问题，不是上级政府或部门需要管理的问题，进而就会大大缩短了审批周期，提高了城市总体规划的时效性。❶ 因此，城市近期建设规划是地方政府根据上级审批的（新）城市总体规划，具体落实本城市规划建设问题，属于地方建设规划阶段层次。城市近期建设规划以地方性法规的形式予以公布实施，成为地方城市规划建设的法律，并且与地方政府的发展规划、土地计划等相协调。

至于原城市总体规划阶段的城市分区规划，大中城市可根据需要进行编制，属于地方建设规划阶段层次。

根据上述分析判断，新城市总体规划将由传统的"性质＋规模＋布局＋基础设施＋远景"转向未来的"空间战略＋政策调控"的技术框架。

2. 建立以"空间管治政策＋强制性内容"为核心的可实施技术框架

在 1990 年《城市规划编制办法》第十七条❷、2006 年《城市规划编制办法》第三十三条❸规定了城市总体规划文件及主要图纸。实质上，主要是以理性技术性成果表征为主，而不是以法律体制来表征成果的。演变后城市总体规划成果表征主要以行政法律体制来表征成果，也就是把理性技术成果转化为政府可实施的、纲要性的行政法律文件或地方法规。其中，区域城镇规划、新城市总体规划是上级纲要性的行政法律文件，城市近期建设规划、城市分区建设规划是地方法规。

对于新城市总体规划的成果表征形式，主要有纲要性的文本条文、法律条文两种，纲要性的文本条文表达模式是渐变改革的第一步骤，法律条文表达模式是渐变改革的第二步骤。那么，从理性技术性成果表征转变为政策性技术成果表征，以提高城市总体规划实施的有效性，关键是要建立以空间管治政策规划为核心的可实施技术框架，建立适应市场经济变化和调控的规划管理技术体制，本质是政府通过规划调控手段维护城市整体公共利益，而不是通过规划调控手段仅仅为开发商等城市建设行为服务。因此，在市场经济

---

❶ 实际上，当前国家审批的城市总体规划中都是战略性的内容，譬如功能定位、城市规模、布局、基础设施协调等。但是，城市总体规划中的专项专业规划的工程性内容、项目性内容也随之上报，一同进入若干部委或省直部门的审查程序，进而影响了规划审批周期。

❷ 第十七条 城市总体规划的文件及主要图纸

（一）总体规划文件包括规划文本和附件，规划说明及基础资料收入附件。规划文本是对规划的各项目标和内容提出规定性要求的文件，规划说明是对规划文本的具体解释（以下有关条款同）；

（二）总体规划图纸包括：市（县）域城镇布局现状图、城市现状图、用地评定图、市（县）域城镇体系规划图、城市总体规划图、道路交通规划图、各项专业规划图及近期建设规划图。图纸比例：大、中城市为 1/10000～1/25000，小城市为 1/5000～1/10000，其中建制镇为 1/5000；市（县）域城镇体系规划图的比例由编制部门根据实际需要确定。

❸ 第三十三条 总体规划纲要成果包括纲要文本、说明、相应的图纸和研究报告。

城市总体规划的成果应当包括规划文本、图纸及附件（说明、研究报告和基础资料等）。在规划文本中应当明确表述规划的强制性内容。

社会中，政府通过规划能够调控什么就显得非常重要，即规划应该建立空间管治政策规划编制技术体系，通过科学合理的规划目标，更多的是激励政府关注市场经济不能够调控的领域，譬如重大基础设施、区域绿地、公共基础设施、防灾体系等，并通过空间管治政策予以规定，以便于下一层次建设开发规划予以落实，进而增强城市总体规划实施的有效性。

另外，在空间管治政策规划基础上，城市总体规划编制应该积极深化当前住建部倡导实施的强制性内容的法规规定，建立以强制性与指导性内容相结合的规划对接控制框架，把影响城市空间发展的、市场手段不能解决的、政府应实施公共服务职责的重大规划调控政策，以强制性内容的方式予以规定，准确和弹性对接下一层次的建设开发规划，改变传统城市总体规划直接针对城市土地开发建设行为，进而提高城市总体规划的可操作性。

3. 新的城市总体规划编制的基本内容分析

从上述分析可知，在新的城市规划编制技术结构体系中，新的城市总体规划编制与传统城市总体规划中的纲要编制有些异同。相同点是都属于宏观战略研究内容，不同点是纲要编制依附于城市总体规划之内的前期环节，而新的城市总体规划是单独的一个编制类型，并赋予相应的法律地位，最后成果达到当前城市总体规划的纲要深度和纲要性法律文件要求。新的城市总体规划编制主要两个方面的内容：空间战略与政策调控。

空间战略是对某个城市的空间发展进行深入研究，研究对象是某个城市，而不是市域，即目前城市空间发展战略规划研究的深入，重点解决城市的区域定位、竞争力优势、产业发展策略、空间结构形态、空间功能关系、城市空间发展方向、土地利用空间协调、历史文化保护、基础设施空间建设协调、生态环境空间建设协调等重大城市空间发展问题。

政策调控是根据政府宏观调控的需要而制定的空间资源政策，然后通过政府规划行为付诸于实施。因此，政策调控内容是传统城市总体规划所欠缺的内容，也是增加新的城市总体规划可操作性的重要渐变改革内容，一是强调新的城市总体规划的可操作性，推进我国城市总体规划从物质性建设规划编制转向政策性空间规划编制；二是在市场经济体制下强化新的城市总体规划与政府管理的对接。因此，政策调控内容是研究空间战略与政府管理之间的对接关系，并转化为政府可实施的政策性措施与策略。具体来说，政策调控包括目标性的空间政策与实施性的空间政策。目标性的空间政策是引导性的，实施性的空间政策既包括引导性的，又有强制性的。目标性的空间政策是城市发展的空间结构形态、产业发展方向、空间发展方向等；实施性的空间政策是城市可建设用地的鼓励与限制政策、不可建设用地的空间管制政策、重大道路、基础设施、交通等空间协调的具体要求、历史文化保护的空间管制政策等。政策调控内容的表达形式主要是建立"空间管制政策与强制性内容"，并通过报批成为法律性文件。

三、城市总体规划编制组织机制

总的来说，城市总体规划编制应该由原来的单一部门封闭式走向多部门开放式编制组织体制。❶

对于演变后的城镇体系规划，应该视城镇化发展阶段来确定。若城市处于发达的城市群、城市密集区等，那么就应该进行跨区域合作，统筹发展，打造区域整体竞争力。所以，区域规划中的区域城镇规划编制，应该与国家发展规划编制同步进行，是由上级政府部门组织跨区域的多个城市政府合作共同编制的区域城镇规划，而不是原来封闭的一个政府组织编制。若城市处于欠发达地区，那么，在统筹跨区域发展、可持续发展的高度上，继续由地方政府负责组织编制。

对于演变后的新城市总体规划、城市近期建设规划，继续采用地方人民政府负责组织编制、规划行政主管部门具体负责的编制组织体制，但是，应该与地方政府中长期、十年、五年社会经济、土地、环保规划等重大规划编制保持同步编制、同步审批、同步实施、同步监控。

在编制组织过程中，我国已经出现了开放式合作的编制组织体制，譬如海口、玉溪、长春、西安、天津等；同时，也加大了公共参与编制的力度，加大了媒体宣传的参与力度。

四、城市总体规划编制审批机制

根据 1989 年《城市规划法》第二十一条❷、2008 年《城乡规划法》第十四条、十五条❸规定，城市总体规划实行分级审批体制。实质上，这是一

---

❶ 1997 年云南玉溪市以城市总体规划纲要招标的形式确定城市总体规划编制单位，这是我国首次城市总体规划纲要走向开放式编制。后来，海南海口市城市总体规划纲要实行国内招标，这对于城市总体规划开放式组织编制体制改革进行有益的探索。

❷ 第二十一条　城市规划实行分级审批。

直辖市的城市总体规划，由直辖市人民政府报国务院审批。省和自治区人民政府所在地城市、城市人口在一百万以上的城市及国务院指定的其他城市的总体规划，由省、自治区人民政府审查同意后，报国务院审批。

本条第二款和第三款规定以外的设市城市和县级人民政府所在地镇的总体规划，报省、自治区、直辖市人民政府审批，其中市管辖的县级人民政府所在地镇的总体规划，报市人民政府审批。前款规定以外的其他建制镇的总体规划，报县级人民政府审批。

❸ 第十四条　城市人民政府组织编制城市总体规划。

直辖市的城市总体规划由直辖市人民政府报国务院审批。省、自治区人民政府所在地的城市以及国务院确定的城市的总体规划，由省、自治区人民政府审查同意后，报国务院审批。其他城市的总体规划，由城市人民政府报省、自治区人民政府审批。

第十五条　县人民政府组织编制县人民政府所在地镇的总体规划，报上一级人民政府审批。其他镇的总体规划由镇人民政府组织编制，报上一级人民政府审批。

种根据规划编制地位层次、人口规模、城市行政地位等因素实行的分级审批体制，带有浓厚的计划行政权力审批痕迹。演变后的城市总体规划分解为三个不同层次部分，适宜采用根据中央、地方、部门的宏观调控事权而实行分级审批体制（见表10-3）。

渐变后我国城市总体规划审批体制分析表　　　　　表 10-3

规划编制	规划类型	审批机制构建
区域城镇规划	省域或跨省域的区域城镇规划	上报国务院审批
	跨地级市行政区的区域城镇规划	上报省人民政府审批，上报国务院备案
城市总体规划		上报上一级人民政府审批，但最高审批机关为省级人民政府
城市近期建设规划		地方人大审查同意、地方政府审批

对于区域城镇规划，应该与所在地区的区域规划同时上报上一级人民政府审批；其中，对于省域或跨省域的区域城镇规划，应上报国务院审批，譬如珠三角、长三角、京津冀地区，目前国务院倡导的审议城市总体规划的14部委联席会议应转变职能，审议包括区域城镇规划在内的所有区域规划，进而解决需要由国家法律政策层面解决的区域问题；对于跨地级行政区的区域城镇规划，应上报省人民政府审批，上报国务院备案，譬如苏锡常、长株潭地区。

对于新城市总体规划，可以在《城乡规划法》规定的分级审批框架内，根据中央、地方之间的调控事权关系，进行必要的分解。那么，演变后以城市宏观规划和政策措施规划为主体内容的城市总体规划，继续上报上一级人民政府审批（最高审批机关为省级人民政府），审批依据是区域城镇规划，实质上是规划建设发展要求的政策性审查或核查。

对于以工程规划和项目规划为内容的城市近期建设规划，应该由地方人大审查同意、地方人民政府审批，成为地方性规划建设的法规文件。

五、城市总体规划成果的考评机制

笔者认为，城市总体规划实施效果较差的另一主要原因是，对城市总体规划编制的成果没有一个综合的考评机制。正如前述所说，城市总体规划应该看成规划师为社会提供的一个"公共产品"，而这个公共产品应该是"绿色技术产品"，而不应该是一个非"绿色技术产品"。也就是说，城市总体规划实施之后不应该带来环境上的破坏，文脉的消失，生活的不健康等。否则，规划师会成为城市发展过程中的历史罪人！城市总体规划编制有顺向推理，但没有逆向考核。规划师提供的城市总体规划是"绿色技术产品"，那么，实施的也是"绿色技术产品"，带来的效益也是绿色效益。所以，笔者认为，对城市总体规划"技术产品"应该建立规划行业的服务产品质量认证体系。这是分析城市总体规划编制和实施科学考核机制所在。

目前，环保部出台的《环境质量评价法》就有这方面的战略意义。但是，此法仍然处于摸索阶段。《环境质量评价法》核心包括两个部分：一是规划项目的环境质量评价，二是建设项目的环境质量评价。规划项目的环境质量评价就给规划师提出了一个挑战，那就是规划师的城市总体规划方案必须是环保的，绿色的。这就逼迫规划师的城市总体规划"技术服务产品"必须是"绿色技术产品"。因此，目前城市总体规划急需建立现代的规划服务"技术产品"的质量认证体系，其中也包括环境质量评价内容。另一方面，科学考评机制的建立也有利于城市总体规划编制、实施，尤其是监督机制的建立，同时也非常有利于制度化。完善的考评机制使城市总体规划能够有一个制度化的清晰轮廓。

根据城市规划法律法规，我国城市总体规划编制成果的考核机制仍然没有相应的法律条文规定。以政府主审模式为主导的考核机制是建立在政府行政管理系统内的，只具有行政效应，不具有法律效应。因此，随着市场经济制度的完善，政府法治化进程的加快，城市总体规划编制成果作为政府宏观调控城市空间资源的重要法律文件，应该把编制成果的考核机制纳入法律管理轨道，通过法律杠杆保障城市总体规划编制成果的可操作性和科学性。具体来说，考核机制包括以下几个方面：

一是建立以法律授权为途径的程序化考核机制，强调公众参与机制的合法化。当前，城市总体规划的公众参与机制不具有代表性和合法性。因此，在城镇化快速发展时期，有必要通过法律授权，以合法的法律程序机制，保障公众参与对城市总体规划考核的合法性。从前述的国外借鉴分析中可知，国外城市规划编制都有公众参与的过程，且有相应的法律授权。譬如，国外公众的规划听证制度，就是具有法律效应的。

二是建立以科学发展观为导向的考评机制。当前，城市总体规划主要是以专家主审、政府审核为主，对论证审核标准和要求尚未建立，并且专家、政府之间的目标价值导向还存在较大差距，很难评估城市总体规划编制成果的科学性和可操作性。因此，在城镇化快速发展时期，急需建立一个评估城市总体规划编制成果的考评机制体系，核心是要体现城市总体规划的功能效用，价值取向是科学发展观。

三是建立以规划事权层级为导向的考核机制。当前，城市总体规划编制成果的考核不是以政府规划事权层级考核的，而是以政府规划审批内容考核的，由此导致上级政府还需要考核城市微观建设层面的审批内容，但上级政府又很难把握。因此，在城镇化快速发展时期，急需建立适应不同级别政府规划事权的考核机制体系。前述的城市总体规划编制技术内容的分解是适应规划事权改革的发展趋势要求的，那么，相应的考核机制体系也需要及时建立。

笔者认为，城市总体规划成果的考评机制包括以下三个方面：一是国家和区域政策落实情况的上级政府审查审核制度，若没给予落实，就予以批复；二是地方发展建议的专家论证研讨制度，可采取专家投票决议形式达到考评目标；三是公众社会参与规划的制度，可从规划一开始就以法律授权的形式进行全过程参与，对城市总体规划编制方案的建议要以法律路径进行研究处理，合理的予以采纳，不合理的给予公众答复。

第三节　城市总体规划实施制度

一、城市总体规划实施事权结构

从前述分析判断，我国城市总体规划实施事权存在诸多矛盾和问题，这也是我国特定的历史背景和特定的城镇化阶段的产物。因此，在城镇化快速发展时期，根据前述新的城市规划编制体系，我国城市总体规划实施体制改革任务非常艰巨而长远。总体来说，建立基于"三级层次"的实施责任事权体系架构。

1. 上下级之间建立基于区域调控公共政策的实施责任事权体系

从以审批为线索转向以调控为线索的上下级实施事权体系是当前城市总体规划实施体制改革的重点和难点。

对于上级政府来说，主要是对本行政管辖区域内的资源、生态环境、区域基础设施、历史文化古迹等重大空间进行调控，行使行政管理权；对于下级城市政府来说，主要是在不影响上述重大空间的前提下，推动城市社会经济、生态协调发展。上级政府对城市总体规划的实施事权，主要是上述区域空间资源的调控，以审查审核方式，通过纲要性的法律文件形式，批复给下级政府，并负有相应的实施责任事权、跟踪监督事权。

2. 部门之间建立基于协调合作的公共行政的实施责任事权体系

传统城市总体规划实施是政府规划主管部门的事权，其他各个部门规划与城市总体规划实施衔接不够。在城镇化快速发展时期，城市各个部门之间的空间资源矛盾将会越来越多，而通过城市总体规划的实施，可以解决城市空间资源矛盾。所以，当前城市政府各个部门之间急需建立协调合作机制，明晰实施责任事权，通过规划部门行使规划实施事权，通过其他部门行使规划监督事权，以保障城市空间的有序发展。

根据前述的城市规划编制体系及城市总体规划编制技术框架，城市总体规划实施事权主要集中在两个方面：一是下一层次规划编制的事权体系，二是与相关规划编制协调的事权体系。城市总体规划实施事权不是对城市建设具体行为的事权体系，而是对城市建设规划编制行为的事权体系，即重点把已审核或审批的城市总体规划继续深化到下一层次的建设规划编制过程中，进而转变为对城市建设行为的具体规划法律依据。由于城市政府是各种建设规划编制的组织单位，因此，城市总体规划实施事权的核心集中在政府。

3. 政府与社会之间建立基于法律程序化公共管理的实施责任事权体系

在政府内部实施事权责任体系建立以后，需要通过法律程序化的机制，构筑各种社会力量在城市总体规划实施中的事权体系，譬如公众参与权、监督权、建议权等，充分体现公共民主机制的实施责任事权体系，进而保障城市总体规划实施的公平、公开、公正。

二、城市总体规划实施程序机制

根据新的城市规划编制体系的构想，未来城市规划实施程序体系可分为三个部分：第一部分是法律法规实施系统，实施机制主要为制定不同层次的法律法规文件服务；第二部分是行政管理实施系统，实施机制主要为地方政府的规划行政管理服务；第三部分是市场行业自律实施系统，实施机制主要为修建性详细规划、城市设计等社会管理服务。总体上构建"政策＋法律"、"一书＋两证"、"设计＋建设"的城市规划实施程序机制，进而形成前后规划编制类型相互衔接、相互法律制约的、完整的城市规划实施系统，改变传统"一书两证"互为混淆阶段的实施程序机制（见图10-1）。另外，对于跨行政区的重大能源、交通、水利、市政、公共服务、生态环境等空间资源调

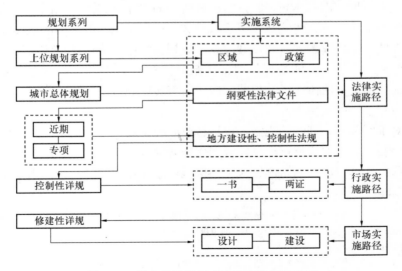

图 10-1　城市总体规划实施程序机制示意图

控以及相应的规划选址审批，应由省级人民政府规划行政主管部门核发选址意见书。

其中，城市总体规划实施程序机制主要通过城市近期建设规划加各个专项规划实现，即建立"近期＋专项"的城市总体规划编制过程实施机制，通过政府审批之后形成地方建设性法规文件。以此为基础，地方政府进行控制性详细规划编制，并通过"一书两证"的开发建设机制实现。因此，城市总体规划实施层次、接口机制和模式显得尤为重要。城市总体规划与近期建设规划、专项规划的接口机制和模式主要是政策条文，以强制性和指导性政策为主。

城市总体规划批复之后，进入实施程序的第一步骤是及时编制城市近期建设规划、城市各专项规划，这是城市总体规划实施的关键程序；第二步骤是城市政府及时审批城市近期建设规划、城市各个专项规划，转变为地方建设性法规文件；第三步骤是根据政府审批的城市近期建设规划、各个专项规划，及时编制控制性详细规划，进入到"一书两证"的开发建设实施系统。因此，城市总体规划实施程序仍然是政府法律行为，是制定政府城市建设法律法规的过程行为，整个实施程序必须建立清晰、公正、透明的公众参与机制。当进入到"一书两证"实施系统之后，才由法律实施路径转变为行政管理实施路径。

三、城市总体规划实施的处理与制裁机制

在传统城市总体规划技术型法律文本中，没有相应的实施处理和制裁机制的条文。除了《城乡规划法》第五十八条、第五十九条❶规定的法律责任外，对于违反城市总体规划的行为没有明确的法律条文规定。因此，按照法律"三要素"理论，传统技术型法律条文不是真正涵义的法律法规文件。

在城镇化快速发展时期，城市总体规划实施应适应市场经济法治社会发展需要，急需建立实施处理与制裁机制，把技术型法律文本转化为可操作的、纲要性指导法律文件，把技术法律语言转变为行政执法法律语言，远期转变为管理型的法律文件。

对于实施的处理制裁机制，包括行政处理制裁机制、刑事处理制裁机制等，核心是要根据违反城市总体规划所带来的危害性，确定处理与制裁的程度，确定处理与制裁的主体，这是确保城市总体规划顺利实施的重要保障。

---

❶　第五十八条　对依法应当编制城乡规划而未组织编制，或者未按法定程序编制、审批、修改城乡规划的，由上级人民政府责令改正，通报批评；对有关人民政府负责人和其他直接责任人员依法给予处分。

第五十九条　城乡规划组织编制机关委托不具有相应资质等级的单位编制城乡规划的，由上级人民政府责令改正，通报批评；对有关人民政府负责人和其他直接责任人员依法给予处分。

四、城市总体规划实施的监督机制

监督是保障城市总体规划实施的重要环节。由于城市总体规划实施主要还是政府法律行为，核心是"近期＋专项"规划编制。因此，城市总体规划应该建立"目标监控、滚动监控、行动监控"的实施监督机制，主要以立法监督为主，社会监督、公众监督、行政监督、媒体监督等为辅。其中，公众主要通过参与机制进入城市总体规划实施过程的"近期＋专项"规划的编制，进而达到监督城市总体规划实施的目标。

目标监控是指对城市总体规划纲要性文件实施的监控，主要地方人大对"近期＋专项"规划编制的全程跟踪审查和审议的立法监督，最后形成地方建设性法律法规。

滚动监控是指根据目标监控计划以及市场变化的实际情况，对城市近期建设规划编制进行滚动跟踪监督，主要通过立法、行政、社会、公众、媒体等监督形式。

行动监控是指根据滚动编制的城市近期建设规划，结合城市发展实际，编制年度城市建设行动计划，通过年度行动建设计划促进城市总体规划的实施，主要通过规划编制的公示程序制度、听证程序机制等实施监督职能。

另外，行政处罚监督属于事后监督机制，根据违反规划建设行为，进行事故的责任调查，有可能引发城市总体规划实施过程中的重大问题。

五、城市总体规划实施保障机制

城市总体规划实施保障机制包括法律保障机制构建、公共财政投资、实施考评机制、协调合作机制等各个方面。

（1）法律保障机制

建立法律保障机制是城市总体规划实施保障机制的核心。虽然我国城市规划法律法规已经确立了城市总体规划的法律地位，有较高的立法授权保障。但是，城市总体规划法律权威性仍然不够，需要继续强化法律功能效应。城市总体规划法律保障机制是一项系统工程，单纯提升城市总体规划自身法律地位是远远不够的，必须建立一套完善的法律保障实施机制，才能树立城市总体规划的权威性。具体来说，城市总体规划法律地位还需继续强化，并根据实施事权结构关系，对城市总体规划编制与实施事权进行相应的法律授权，提供实体性、程序性依据，使之纳入法治管理轨道。

（2）公共财政投资机制

西方国家的宏观层次规划的实施，都采用了"CIP"模式，即公共投资计划。然而，我国城市总体规划实施与国家公共投资计划是分离的。

通过公共财政投资建设的城市公共建筑设施、市政道路基础设施、生态环境基础设施、公园绿地等公共产品，将直接影响到城市空间布局和形态结构。城市公共产品的聚集区位和规模，将会极大改善城市空间环境，提升城市土地价值，促进邻近土地的开发等。因此，城市总体规划实施急需建立与公共财政投资计划相协调的机制，保障城市总体规划所确定的各项目标的实现。

（3）实施考评机制

城市总体规划应该建立具有法律保障的实施考评机制，对政府贯彻城市总体规划情况进行评估考核，核心是建立政府责任机制。由于城市总体规划实施是制定地方建设性法律法规，仍然属于政府法律编制行为。因此，城市总体规划实施应该建立市长负责制的权利明晰的法律机制。在"近期＋专项"规划编制中，对于擅自修改城市总体规划的城市政府，应该及时追究市长的相关责任。

（4）协调合作机制

城市总体规划实施主要通过"近期＋专项"规划编制，形成地方建设性法规文件。在"近期＋专项"规划编制过程中，需要与土地、环保、发改委等部门规划进行协调，需要与上级政府相关政策、法律法规协调。因此，建立高效便捷的政府部门之间的协调合作机制是保障城市总体规划顺利实施的重要步骤。

第四节　远期城市总体规划制度构想

根据我国社会主义初级阶段发展理论判断，我国将在21世纪中叶达到中等发达国家水平，相应的城镇化进程也步入成熟稳定发展时期，政治文明建设也进入高度发达民主阶段，大规模的城市建设不再继续，物质基础已经相当雄厚，国民衣食住行等都基本解决。因此，我国将会更加关注社会、环境空间体系的建设，社会公平将会优先于经济效率，进而我国政府偏重经济服务的职能将转入为公众利益服务的职能。由于城市总体规划是政府立法行为，所以，根据前述判断，规划决策事权体系将会体现科学民主化机制。

一、功能定位

1. 城市总体规划功能趋势

（1）宏观规划、物质建设规划弱化，环境、社区规划成为主旋律

根据前述分析判断，在城镇化稳定时期，宏观层次规划、物质建设规划将不断弱化，环境资源、社区规划将成为主旋律。城市总体规划的功能作用是对城市空间系统实施综合调控，调控对象不仅仅是城市规划区内的建设空间系统，而是整个城市空间系统。譬如，原来的物质建设系统，未来将更加关注的环境生态系统、社区人文系统等，进而将会更加体现城市总体规划的

综合性法律地位。

（2）城市规划建设的政策性法律文件

根据前述分析判断，在城镇化稳定时期，经过政府管理体制改革，城市总体规划功能作用将从纲要性的法律文件转变为政策性的法律文件，以适应将来的上级与下级之间的规划事权体系。

（3）优化空间资源配置，构建和谐空间体系

只有城市总体规划调控对象扩大到整个城市空间系统，同时，规划体制建设提升到综合性法律地位，才能真正实现城市总体规划的优化空间资源配置、构建和谐空间体系的功能效应。因为在城镇化成熟稳定时期，我国经济发展水平相对较高，政府有充足的转移支付能力保障优化空间资源、构建和谐空间。因此，经济发展导向的功能效应将会退居到次要地位，社会、生态、人文、设施与经济发展之间的和谐空间构造是城市总体规划的核心功能任务。

2. 城市总体规划编制与实施行为功能作用

随着我国政府管理体制的逐步深入和完善，城市总体规划编制和实施行为功能作用也日益显著。根据前述分析判断，在城镇化稳定时期，我国城市总体规划行为主要发挥公共政策调控的功能作用，包括经济发展、社会公共空间保障、区域基础设施建设等各个方面。

二、编制与实施体系构想

根据前述分析判断，在城镇化成熟稳定时期，我国城市总体规划编制与实施体系有两种趋向可能：一是继续强化政府主导，二是重新构造立法主导。

1. 编制技术体系构想

对于城市规划编制技术体系的判断，基本还是战略阶段、建设阶段、设计阶段的"三阶段"模式。但是，根据政府管理体制的变革，城市规划的层次类型将会有较大的变化，且可能性方案也很难判断。作为中央与地方区域空间资源调控的衔接性规划类型（宏观层次规划），城市总体规划将不会有变化，但不排除宏观层次规划对接内容体系的变革。

基于上述综合判断，未来城市规划编制技术体系有可能为国家或地区空间规划、城市总体规划、城市建设开发行动规划、城市修建性规划（设计）四个层次。

2. 政府主导的制度一体化构想

政府主导的城市总体规划制度一体化主要基于政府规划事权机构进行了重新组合，规划编制权、执法权、监督权分离，在政府内部存在法规编制部门、行政执法部门、行政监督部门三个主要系列，且都是在国家立法机构授

权下进行重组的。

政府法规编制部门包括经济、产业、建设、环保、国土等各种法规类型编制部门，其中，城市总体规划属于城市建设法规类型编制。

政府执法部门主要是以各个已经批准的法规、上级各种相关法律法规为核心进行执法，行使城市公共行政管理权力，实施行政许可权力，保障城市有序发展。其中，城市总体规划属于城市建设法规的行政执法系列，主要保障城市建设的健康发展。

行政监督部门主要是以上述法规、上级各种相关法律法规为基础进行行政执法监察，包括对行政执法部门的监察。其中，城市总体规划属于城市建设的行政执法监察系列，对违规建设行为实施处罚、制裁以及相关的行政诉讼、复议等。

在上述政府横向框架内，城市总体规划由政府组织编制。但是，根据国家法律法规，城市总体规划属于有审批权限的上级政府审批或审核，是城市政府建设法规与上级政府空间调控的衔接性规划类型。因此，在成果表征形式上，城市总体规划主要以政策性法律文件为主。

3. 立法主导的制度一体化构想

立法主导的城市总体规划制度一体化主要基于政府与立法机构之间规划事权的重新组合，规划编制事权体系、执法事权体系、监督事权体系通过法定程序分化到政府、立法、政协、公众、专家等各个主体，通过市场法治的约束机制推进城市总体规划编制、实施和监督一体化。由于立法主导的编制、实施和监督事权体系构建相对比较灵活，因此，对于未来规划事权体系的重组很难做出准确判断。本研究仅仅谈谈个人一点想法和建议。

在规划编制方面，一是立法机构、政府、公众等都具有规划编制建议权，但立法机构必须对城市总体规划实施情况及修编理由进行严格考评，应建立公众参与考评机制，然后由立法机构行使规划编制行为决策权。二是规划编制起草权，按照立法机构的授权规定，可以采取市场机制，但规划编制起草全过程必须建立立法授权的公众、专家、社会等参与编制程序机制。三是进入到审批程序之后，整个城市总体规划审批核心是对立法机构负责，其次是对政府负责。城市总体规划由具有审批权限的上级立法机构审批，以政策法律文件形式批复。

在规划实施方面，经过立法机构审批之后，城市总体规划成为了地方性建设法规文件。根据已批复的城市总体规划，地方立法机构开始进入城市建设开发行动规划的编制，为地方政府行使规划行政事权提供具体的法律依据。

第十一章 结 论 与 讨 论

第一节 基本结论及改革建议

一、现状问题结论

1990 年代以后城市总体规划制度机制建设的经验教训总结如下：（1）理性综合规划主导，但是城市问题研究不够；（2）"全能"行政政府管理模式，公共政府管理理念不足；（3）功能定位不清楚，功能作用较为模糊；（4）编制审批时间较长，严重影响实施；（5）公众参与意识不够，规划可操作性较差；（6）目标导向与现实发展差距较大；（7）中央与地方博弈主要集中在城市建设用地规模。

目前我国城市总体规划制度机制建设主要存在以下问题：（1）规划地位提升、内容扩张与规划事权的构建不协调；（2）政府主导机制与现代政府公共行政建设不协调；（3）城市总体规划编制机制规定较详细，实施机制规定较弱；（4）规划编制和实施缺乏连续机制的法律保障和动态机制的信息保障；（5）过于重视经济发展价值导向，对公共政策导向关注不够；（6）公众参与制度机制严重不足，规划监察机制较弱；（7）整个机制系统尚未形成自组织能力。

二、现行体制特征结论

目前，我国正在实施的城市总体规划制度机制是建立在理性综合规划理论基础上的，同时带有部分计划经济色彩。

我国城市总体规划编制可以归纳为："性质——规模——空间布局——基础设施——近期建设"的编制内容体系；分级审批模式的编制审批体制；政府主审模式的编制成果考核机制；"图纸＋文本"的编制成果表达形式等。

我国城市总体规划实施可以归纳为：建设项目审批为载体的实施路径；有法律保障但没有事权保障的实施保障机制；对实施程序、实施监督、实施处罚等仍然没有较为明确的法律规定。

我国城市总体规划制度机制的核心要素是政府和规划师，且政府主导作用较强。目前的政府管理体制决定了公众、专家、开发商以及各个社会团体、组织等都不是城市总体规划制度机制的核心要素，仅仅通过政府公示制度、专家评审制度等在规划局部环节的非法律程序的参与实现。

我国城市总体规划编制功能作用主要表征为：（1）具有一定的行政功能作用，但位居行政管理末梢；（2）具有较高的法律地位，但法律权威性不够；（3）位于空间建设规划体系的核心，但处于被动地位；（4）社会经济功能作用较低。我国城市总体规划实施功能作用主要表征为：（1）经济发展目标导向的功能作用较强；（2）作为扩大城市用地规模的功能作用较明显；（3）作为审批建设项目的功能作用较强。

我国城市总体规划编制内容是覆盖城市建设各领域的全能规划；技术时间维度是僵化的刚性静态规划；技术空间维度是唯中心城市的总体规划而非城乡互动空间规划。

我国城市总体规划实施事权结构表现为：（1）上级与下级：政府审批型而非调控型垂直事权结构；（2）部门与部门：各自为政审批而非协调合作的水平事权结构；（3）政府与社会：规划行政高度集权而非公共民主的横向事权结构。

我国现行城市总体规划制度机制可以继续采用的部分有：（1）规划法律地位仍要延续，但需要继续巩固提升；（2）规划编制体系仍要延续，但需要依事权进行内容分解；（3）规划编制分级审批制度仍要延续，但需要明晰事权；（4）规划行政事权仍要延续，但需要扩大公共监督事权。

三、发展趋势结论

城市总体规划功能定位应由建设项目布局转向空间资源调控；功能作用应由技术型转向管理型的法律文件；功能效应应集中体现优化空间资源配置，构筑和谐社会空间；功能时效应通过体制理顺提高功能效率。

城市总体规划行为功能作用应该积极发挥公共政策调控、保障公共利益、促进城市经济快速发展的功能作用。

我国城市总体规划制度机制建设宜采取先渐变后裂变的逐步完善过程的改革路径，具体体现在以下四个方面：一是促进决策机制的改进，从内部决策渐变为公共决策；二是促进技术体系的转型，从理性综合规划渐变为倡导性公共规划；三是促进目标导向的升级，从技术行政行为渐变为公共法律行为；四是促进事权明晰的重构，从全能行政事权渐变为责任行政事权。

城市总体规划制度机制互动模式主要有两种：一是纳入行政行为体系，二是纳入立法行为体系。当前，我国城市总体规划制度机制是纳入行政行为体系的发展模式，但互动一体化的法律机制不健全。纳入立法行为体系的发展模式是我国城市总体规划制度机制互动模式的发展方向。就目前来看，我国宜选择纳入行政行为体系的互动模式，核心任务是建立和营造良好的、公平的规划行为的法律环境。因此，这种模式比较适合我国国情，属于渐变改革模式。纳入立法行为体系的互动模式，近期不符合中国国情，涉及我国政府管理政治体制的改革，属于突变改革模式。

四、近期机制改革建议

建议一：近期城市总体规划功能定位为城市规划区建设空间资源的综合调控，发挥城市规划建设的纲要性法律文件的功能作用，在经济功能效应基础上，协调强化社会生态功能效应，发挥保障公共利益空间、促进城市经济发展的双重功能作用。

建议二：建立以规划师为核心的"全社会"公众合作参与的编制过程机制，建立以政府为主导的"全社会"共同参与的实施过程机制。

建议三：整个城市规划体系建立"战略阶段、建设阶段、设计阶段"三阶段的规划技术类型体系，改变传统的"总规阶段、详细阶段"二阶段的规划技术类型体系。其中，城市总体规划建立"空间战略＋政策调控"的编制技术内容框架、以"空间管制政策＋强制性内容"为核心的可实施技术框架，逐步转变传统的"性质——规模——布局——基础设施——近期"的规划技术内容框架和"图纸＋文本"的实施技术框架。

建议四：按照演变后的城市总体规划的三个不同层次部分，适宜采用根据中央、地方、部门的宏观调控事权而实行分级审批体制，改变传统的根据规划编制地位、人口规模、城市行政地位等因素而实行的分级审批制度。

建议五：应该逐步建立以法律授权为途径的程序化考核机制，强调公众参与机制的合法化；建立以科学发展观为导向的考评机制；建立以规划事权层级为导向的考核机制；进而改变传统以政府主审模式为主导、仅具有行政效应而不具有法律效应的考核机制。

建议六：应积极建立"三级层次"的实施责任事权体系架构：（1）上下级之间建立基于区域调控公共政策的实施责任事权体系；（2）部门之间建立基于协调合作的公共行政的实施责任事权体系；（3）政府与社会之间建立基于法律程序化公共管理的实施责任事权体系。

建议七：根据新的城市规划编制体系的构想，整个城市规划实施程序体系将包括法律法规实施系统、行政管理实施系统、市场行业自律实施系统三个层次，总体上构建"政策＋法律"、"一书＋两证"、"设计＋建设"的城市规划实施程序机制，进而形成前后规划编制类型相互衔接、相互法律制约的、完整的城市规划实施系统，改变传统"一书两证"互为混淆阶段的实施程序机制。其中，城市总体规划实施程序机制主要通过城市近期建设规划加各个专项规划来实现，即建立"近期＋专项"的城市总体规划编制过程实施机制，通过政府审批之后形成地方建设性法规文件。以此为基础，地方政府进行控制性详细规划编制，并通过"一书两证"的开发建设机制实现。

建议八：城市总体规划应建立"目标监控、滚动监控、行动监控"的实施监督机制，主要以立法监督为主、行政监督、社会监督、公众监督、媒体监督等为辅。

建议九：城市总体规划实施保障机制包括法律保障机制构建、公共财政投资、实施考评机制、协调合作机制等各个方面。

第二节　延续的问题讨论及进一步研究设想

一、延续的问题讨论

城市总体规划制度机制研究是一个传统型的研究命题，又是一个非常关键的、富有新内涵的研究难题。虽然上述已经做了大量的研究工作，但是，关于城市总体规划制度机制命题仍然还有许多关键性问题需要进一步深入研究讨论，现集中归纳以下几个问题供下一步讨论：

（1）城市总体规划本体论问题

城市总体规划是我国城市规划法律规定的核心规划类型，是在我国特定的历史背景下占据了规划体系的主导地位。但是，随着我国市场经济体制的日益完善和成熟，在特定历史条件下成长的城市总体规划已经凸现诸多问题，由此导致了学术界对城市总体规划的调控对象、功能定位、法律地位、综合性等本质性问题的争论，甚至出现"取消城市总体规划"的学术观点。

虽然本项研究对城市总体规划本体论问题的某些方面进行粗浅阐述，但是，毕竟学科的本体论问题一直是学科研究的重点和核心，也是推进学科发展的基础。因此，有关城市总体规划的调控对象、功能定位、综合性判断、法律地位、方法论辨识等都将存在认识缺陷和价值趋向的偏差，这些问题将会在今后工作中进一步关注和深入思考。

（2）国家空间规划体系改革的方向问题

目前，我国国家空间规划体系一直没有建立，但国家发改委于"十一五"规划期间进行深入探讨，并发表了一些学术观点，国家空间规划体系改革已提到中央政府的关注视野。然而，国家空间规划体系改革方向以及相应的城市体系改革方向仍然处于学术争论状态，因此，本项研究是在维系目前的规划管理体制下的改良，对国家空间规划体系改革的趋势判断尚需进一步的探索。

（3）市场经济体制对城市总体规划的影响问题

市场经济体制是引发现行城市总体规划凸现诸多矛盾问题的根本性因素。虽然本项研究重点探索了市场经济制度对当前城市规划制度机制的影响，但是，市场经济制度对城市总体规划制度机制的影响深度、程度、广度等问题是我国城市规划学术界、实践界长期关注的重点问题。特别是我国社会主义市场经济体制不同于西方市场经济体制的特点，需要结合我国国情进行不断的探索和完善。本研究主要是基于目前市场经济制度对城市规划影响来分析的，并作了简单的趋势判断。因此，市场经济体制的演变与发展对城市规划的影响将是长期的，包括规划功能定位、规划行为定位、规划体制构建等都需要进一步关注和研究。

（4）规划公共政策的价值取向问题

城市规划是政府行为和公共政策，这一观点已经取得了规划界的广泛认同。但是，对于城市规划公共政策的价值内涵、功能取向等都尚未深入研究，公共政策的内涵更多仍然停留在传统城市规划的技术框架内，从而使得规划的公共政策性仍然是理性的技术政策。因此，本项研究对规划公共政策的价值取向的观点仅仅是初步的，需要进一步深入探索。

（5）城市总体规划的规划事权分化与重组方向问题

从上轮城市总体规划编制、实施和监督来看，造成诸多问题的焦点主要表现在中央与地方事权的博弈关系上，其中城市建设用地规模是核心。由于中央与地方在规划事权方面的博弈关系涉及我国政府管理体制的深层次问题，再加上没有充足的实践工作经验，以及我国政治体制改革的诸多不确定性和未知性，因此，本研究对中央与地方的博弈关系认识仅仅停留在较为肤浅的层面，需要等待国家政治体制改革的进一步深入以后，重新调整本研究对中央与地方在规划事权方面的博弈关系判断。

另外，部门之间、区域之间的规划事权分化与重组也是城市总体规划制度机制构建的关键性影响因素。虽然本项研究有较粗浅认识，但是，我国规划事权分化与重组方向仍然处于趋势判断层面，事权趋势的价值取向可能存在较多观点，所以，需要进一步讨论和研究。

（6）城市总体规划制度机制一体化关系问题

从本项研究认识判断，城市总体规划制度一体化是解决我国城市规划体制问题的有效途径。虽然本项研究提出了政府主导和立法主导两种模式的一体化路径，但是，对城市总体规划编制、实施和监督一体化关系的探索需要建立在政府管理体制改革的基础上。本项研究观点倾向于在法律授权体制完善的假设前提下进一步强化政府主导的一体化路径，以适应国家政治体制渐变式改革的发展进程。因此，城市总体规划制度机制一体化关系问题研究存在较大的不确定性因素，且受各方面的影响因素也相对复杂，本项研究三者一体化关系仍然停留在推测层面，需要以后进一步关注和研究修正。

二、进一步研究设想

针对本研究所遗留的上述问题，将提出以下四点进一步研究设想：

首先，出书之后，将继续关注我国城市总体规划制度机制的研究动态，通过实践科研项目继续深化对城市总体规划的认识和判断，以完善上述研究成果。

其次，出书之后，将以上述六大问题为基础，积极参与申报国家各种科研基金的资助，通过项目科研资金资助，继续完成上述问题的深入探索和得出科学合理的认知判断。

第三，出书之后，将针对上述问题进行广泛的深入调研，尤其是加强与具有编制、实施、监督管理经验的规划专家、学者、规划师、官员、规划建设管理者等的沟通与交流，进一步加强规划编制与实施实践的体验，深刻领悟市场经济制度对传统城市规划体制的冲击和挑战，进而继续完善本项研究成果。

第四，出书之后，将继续加强自身规划知识的积累和提升，继续完善自身的规划知识结构体系，深入学习国外的先进规划理念，为本项研究的成果继续深化做好知识准备。

参　考　文　献

[1]　董杰，贺显. 西方现代城市规划理论简述[J]. 建筑设计管理，2006，5：43-48.

[2]　余礼信，谢鹏. 反思早期近代乌托邦思想——基于《乌托邦》《太阳城》《新大西岛》《大洋国》的浅析[J]. 哈尔滨学院学报理，2013，3：37-40.

[3]　程里尧. 现代城市规划思想的发展[J]. 世界建筑，1981，6：49-52.

[4]　G. 阿尔伯斯，吴唯佳译. 城市规划的历史发展[J]. 城市与区域规划研究，2013，3：196-210.

[5]　林墨飞，唐建. 对中国"城市美化运动"的再反思[J]. 城市规划，2012，10：86-92.

[6]　吴强. 现代城市规划方法论的演变与发展[J]. 安徽建筑工业学院学报（自然科学版），2002，1：33-37.

[7]　沈体雁，张丽敏，劳昕. 系统规划：区域发展导向下的规划理论创新框架[J]. 规划师，2011，3：6-11.

[8]　张庭伟. 梳理城市规划理论——城市规划作为一级学科的理论问题[J]. 城市规划，2012，4：9-17.

[9]　周国艳，于立. 西方现代城市规划理论概论[M]. 南京：东南大学出版社，2010：76.

[10]　陈占祥. 雅典宪章与马丘比丘宪章述评[J]. 城市规划研究，1979，1：15-17.

[11]　何明俊. 西方城市规划理论范式的转换及对中国的启示[J]. 城市规划，2008，2：72-78.

[12]　RichardLeGates，张庭伟. 为中国规划师的西方城市规划文献导读[J]. 城市规划学刊，2007，4：17-32.

[13]　唐子来. 西方城市空间结构研究的理论和方法[J]. 城市规划汇刊，1997，6：1-11，63.

[14]　吴之凌，吕维娟. 解读 1909 年《芝加哥规划》[J]. 国际城市规划，2008，5：107-114.

[15]　童明. 现代城市规划中的理性主义[J]. 城市规划汇刊，1998，1：3-7，65.

[16]　于立. 英国发展规划体系及其特点[J]. 国际城市规划，1995，1：27-33.

[17]　朱自煊，朱纯华. 巴黎城市规划今昔谈[J]. 世界建筑，1981，3：6-11.

[18]　高中岗，卢青华. 霍华德田园城市理论的思想价值及其现实启示——重读《明日的田园城市》有感[J]. 规划师，2013，11：105-108.

[19]　陈秉钊. 城市规划科学性的再认识[J]. 城市规划，2003，2：81.

[20]　陈军，仇肇悦，孙玉国. 基于遥感与 GIS 的城市总体规划信息工程[J]. 测绘学

刊，1991，2：47-52.

[21] 杨保军，闵希莹. 新版《城市规划编制办法》解析[J]. 城市规划学刊，2006，4：7-13.

[22] 孙安军. 新版《城市规划编制办法》解读——建设部城乡规划司孙安军副司长专访[J]. 城市规划，2006，5：9-12.

[23] 曹康，赵淑玲. 城市规划编制办法的演进与拓新[J]. 规划师，2007，1：9-11.

[24] 朱志军. 新版《城市规划编制办法》总体规划阶段的现代技术应对与方法[J]. 上海城市规划，2007，4：15-18.

[25] 宣群. 关于编制城市近期建设规划的思考[J]. 江南论坛，1999，3：38.

[26] 周建军. 加强和改进近期建设规划——快速变化与冲突下城市规划的应变[J]. 城市规划，2003，3：9-11.

[27] 杨保军. 直面现实的变革之途——探讨近期建设规划的理论与实践意义[J]. 城市规划，2003，3：4-8.

[28] 唐春媛，刘明. 对近期建设规划的反思[J]. 福建工程学院学报，2003，2：27-30.

[29] 陈谦，李彦林，赵玲军. 城市详细规划编制方法的探讨——强制性内容图则＋控制性详细规划＋详细城市设计[J]. 城市规划，2005，5：59-60.

[30] 骆小兵. 确立法律地位调整城市发展方针[J]. 城市规划汇刊，1998，4：11.

[31] 梁江，孙晖. 规划管理体制改革的关键：审批程序的法制化[J]. 城市规划，2000，7：13-16.

[32] 王磊. 规划审批数字化技术探讨——三维建模与可视化研究[J]. 工程设计CAD与智能建筑，2000，6：25-28.

[33] 任致远. 城市规划师的历史与社会责任[J]. 城市规划，2003，1：83-85.

[34] 陈秉钊. 城市规划科学性的再认识[J]. 城市规划，2003，2：81.

[35] 何丹. 市民社会思潮复苏下中国城市规划师的角色定位[J]. 城市规划汇刊，2003，1：26-29，33.

[36] 陈有川. 规划师角色分化及其影响[J]. 城市规划，2001，8：76-79.

[37] 周岚，何流. 今日中国规划师的缺憾和误区[J]. 规划师，2001，3：16-18.

[38] 陈易. 公众参与中的若干问题[J]. 城市问题，2002，1：63-66.

[39] 赵映慧，齐艳红. 公众参与与城市规划方式构想[J]. 北京规划建设，2005，6：20-22.

[40] 王江. 城市建设和管理的公众参与与问题探讨[J]. 城市，2003，3：10-13.

[41] 周建军. 公众参与——民主化进程中实施城市规划的重要策略[J]. 规划师，2004，4：4-7.

[42] 罗小龙，张京祥. 管治理念与中国城市规划的公众参与[J]. 城市规划汇刊，2001，2：60-63，81.

[43] 徐明尧，陶德凯. 新时期公众参与城市规划编制的探索与思考——以南京市城市总体规划修编为例[J]. 城市规划，2012，2：73-81.

[44] 尤志斌. 城市总体规划编制方法的改进策略初探[J]. 现代城市研究，2007，6：6-12.

[45] 唐晓阳. 公共行政学[M]. 广州：华南理工大学出版社，2004.

[46] 栾峰. 关于我国《城市规划法》修改的几点建议——《城市规划法》的法律地位、内容组成和体例[J]. 城市规划，1999，9：24-28，63.

[47] 张萍. 社会学法学与城市规划法法律价值的研究——关于方法论的思考[J]. 城市规划汇刊，2002，6：65-68，81.

[48] 陈锦富，刘佳宁. 城市规划行政救济制度探讨[J]. 城市规划，2005，10：20-24，65.

[49] 毛佳樑. 上海市中近期城市规划实施策略[J]. 城市规划汇刊，2003，6：2-6，96.

[50] 邹兵. 探索城市总体规划的实施机制——深圳市城市总体规划检讨与对策[J]. 城市规划汇刊，2003，2：25-31，99.

[51] 孙施文，周宇. 城市规划实施评价的理论与方法[J]. 城市规划汇刊，2003，2：19-24，31，99.

[52] 尹强. 冲突与协调——基于政府事权的城市总体规划体制改革思路[J]. 城市规划，2004，10：59-62.

[53] 马伟胜. 关于健全与完善城乡规划实施监督机制的思考[J]. 规划纵横，2004，2：11-15.

[54] 杨戌标. 论城市规划管理体制创新[J]. 浙江大学学报（人文社会科学版），2003，11：50-57.

[55] 李夙. 试论城市规划行政自由裁量权[J]. 规划师，2004，12：77-79.

[56] 李德华. 城市规划原理(第三版)[M]. 北京：中国建筑工业出版社，2001.

[57] 托马斯·亚当斯. 城镇规划纲要[M]. 纽约，1935.

[58] G·阿尔伯特. 城市规划理论与实践概论[M]. 北京：科学出版社，2000.

[59] 全国城市规划执业制度管理委员会. 城市规划原理[M]. 北京：中国建筑工业出版社，2000.

[60] 全国城市规划执业制度管理委员会. 城市规划原理[M]. 北京：中国建筑工业出版社，2000.

[61] 郝守义. 中国城镇化快速发展时期——城市规划体系建设[M]. 武汉：华中科技大学出版社，2005：295.

[62] 苏则民. 城市规划编制体系新框架研究[J]. 城市规划，2001，5：29-34.

[63] 赵民，郝晋伟. 城市总体规划实践中的悖论及对策探讨[J]. 城市规划学刊，2012，3：7-15.

[64] 张兵. 城市规划编制的技术理性之评析[J]. 城市规划汇刊，1998，1：13-19，2，65.

[65] 关保英. 现代行政法的终结与后现代行政法的来临——后现代行政法精神之论析[J]. 河南省政法管理干部学院学报，2006，4：7-26.

[66] 邢钢. 国际私法的秩序、正义及其衡平[J]. 政法论坛，2008，6：100-113.

[67] 胡锦光，刘飞宇. 法治与和谐社会论纲[J]. 法学家，2006，6：5-21.

[68] 刘杨. 法律规范的逻辑结构新论[J]. 法制与社会发展，2007，1：154-162.

[69] 杜飞进. 论法治政府的标准[J]. 学习与探索，2013，1：7-19.

[70] 高志宏. 论公共利益的立法表达及立法模式[J]. 东方法学，2012，5：37-46.

[71] 姜明安. 外国行政法教程[M]. 北京：法律出版社，1993：106.

[72] 章志远. 行政行为概念之科学界定[J]. 浙江社会科学，2003，1：92-97.

[73] 张春荣. 行政行为概念的反思与重构[J]. 西南政法大学学报，2004，2：47-49.

[74] 杨茜，刘颖. 论公共政策制定中的利益冲突与协调[J]. 新西部，2011，3：18-20.

[75] 建设部. 城乡规划法（草案），2005.

[76] 仇保兴. 复杂科学与城市规划变革[J]. 城市规划，2009，4，12-26.

[77] 王向东，刘卫东. 中国空间规划体系：现状、问题与重构[J]. 经济地理，2012，5：7-15.

[78] 朱才斌，冀光恒. 从规划体系看城市总体规划与土地利用总体规划[J]. 规划师，2000，3，10-13.

[79] 曾维华. 城市环境总体规划实践中的难题及建议分析[J]. 环境保护，2013，19：35-37.

[80] 傅博. 城市生态规划的研究范围探讨[J]. 城市规划汇刊，2002，1：49-52.

[81] 宋梦洁，黄明华. 中西方文化差异对城镇体系的影响研究[J]. 小城镇建设，2012，7：74-77.

[82] 刘健. 20 世纪法国城市规划立法及其启发[J]. 国外城市规划，2004，5：20-25.

[83] 陈晓芳. 土地征收中的"公共利益"界定[J]. 北京大学学报（哲学社会科学版），2013，6：117-126.

[84] 唐子来. 英国城市规划核心法的历史演进过程[J]. 国外城市规划，2000，1：10-12.

[85] 刘健. 法国城市规划管理体制概况[J]. 国外城市规划，2004，5：5-9.

[86] 谢敏. 德国空间规划体系概述及其对我国国土规划的借鉴[J]. 国土资源情报，2009，11：24-28.

[87] 詹敏，邵波，蒋立忠. 当前城市总体规划趋势与探索[J]. 城市规划汇刊，2004，1：16-19.

[88] 李强，张鲸，杨开忠. 理性的综合城市规划模式在西方的百年历程[J]. 城市规划汇刊，2003，6：77-81.

[89] 龙兆云. 论西方现代理性规划的演变[J]. 中外建筑，2005，2：40-41.

[90] 卓健. 城市规划的同一性和社会认同危机——法国当前对城市规划职业与教育的争论[J]. 城市规划学刊，2005，2：29-34.

[91] 钱慧，罗震东. 欧盟"空间规划"的兴起、理念及启示[J]. 国际城市规划，2011，3：70-75.

[92] 信丽平，姚亦锋. 西方人本主义规划思想发展简述[J]. 城市问题，2006，7：87-90.

[93] 张旺锋，赵威. 现代城市规划理论实践失效分析[J]. 哈尔滨工业大学学报（社会科学版），2007，4：33-38.

[94] 刘红岩. 国内外社会参与程度与参与形式研究述评[J]. 中国行政管理，2012，7：123-127.

[95] 吴超，魏清泉. "新区域主义"与我国的区域协调发展[J]. 经济地理，2004，1：3-8.

[96] Dave Shaw，王红扬. 战略规划：大都市地区有效治理的方向盘——大伦敦战略规划的演变与最新发展[J]. 国外城市规划，2001，5：13-16.

[97] 刘昌寿，沈清基. "新城市主义"的思想内涵及其启示[J]. 现代城市研究，2002，1：57-60.

[98] 蔡辉，贺旭丹. 新城市主义产生的背景与借鉴[J]. 城市问题，2010，2：10-14.

[99] 杨保军，陈鹏. 制度情境下的总体规划演变[J]. 城市规划学刊，2012，1：58-66.

[100] 欧阳鹏. 公共政策视角下城市规划评估模式与方法初探[J]. 城市规划，2008，12：22-28.

[101] 刘大鹏. 城市战略规划体系研究[D]. 内蒙古师范大学硕士论文，2007.

[102] 孙施文. 现代城市规划理论[M]. 北京：中国建筑工业出版社，2007：459.

[103] 李惠彬，张可. 区域经济社会发展规划的模式研究[J]. 中国城市经济，2007，11：64-68.

[104] 郭巍青. 政策制定的方法论：理性主义与反理性主义[J]. 中山大学学报（社会科学版），2003，2：44-50.

[105] 张兵. 城市规划实效论[M]. 中国人民大学出版社，1998：5.

[106] 柳意云，冯满，闫小培. 转型时期我国城市规划运作过程中的规划理性问题[J]. 城市规划学刊，2008，5：97-101.

[107] 全国城市规划执业制度管理委员会. 全国注册城市规划师考试教材：城市规划原理(第四版)[M]. 北京，中国计划出版社，2011.

[108] 杨帆. 让更多的人参与城市规划——倡导规划的启示[J]. 规划师，2005，5：62-65

[109] Hall，P. Urban and Regional Planning(3rd ed.). London and New York：Routledge，1992.

[110] 孙希磊. 民国时期北京城市管理制度与市政建设[J]. 北京建筑工程学院学报，2009，3：54-57，66.

[111] 中国城市规划设计研究院.《城市规划编制办法》修编调研报告，2002.

[112] 全国城市规划执业制度管理委员会. 城市规划法规文件汇编[M]. 北京：中国建筑工业出版社，2000：3-6.

[113] 张同海，徐迪，吴澄燕. 关于我国城市总体规划编制的一些问题[J]. 经济地理，

1987，2：122-126.

[114] 詹敏，绍波，蒋立忠. 当前城市总体规划趋势与探索[J]. 城市规划汇刊，2004，1：16-19，97.

[115] 何忠杰. 市场经济条件下，城市规划"蓝图"模式向"控制"模式转变初探[J]. 规划师，1997，2：65-66.

[116] 詹敏，邵波，蒋立忠. 当前城市总体规划趋势与探索[J]. 城市规划汇刊，2004，1：16-19。

[117] 彭海东，尹稚. 政府的价值取向与行为动机分析——我国地方政府与城市规划制定[J]. 城市规划，2008，4：41-48.

[118] 高中岗. 论我国城市规划行政管理制度的创新[J]. 城市规划，2007，8：46-52.

[119] 姚凯. 对上海市规划管理制度的思考——兼对当前城市规划法律制度的反思[J]. 城市规划汇刊，2000，3：56-60.

[120] 裴新生. 基于多元利益主体诉求的情景规划——以酒(泉)-嘉(峪关)区域一体化空间布局为例[J]. 城市规划学刊，2013，5：88-94.

[121] 罗罡辉，李贵才，徐雅莉. 面向实施的权益协商式规划初探——以深圳市城市发展单元规划为例[J]. 城市规划，2013，2：81-86.

[122] 冯兴元. 我国各级政府公共服务事权划分的研究[J]. 经济研究参考，2005，26：4-20.

[123] 皋华萍. 规划申诉：完善规划救济的可行路径[J]. 前沿，2011，14：16-20.

[124] 高中岗，张兵. 论我国城市规划编制技术制度的创新[J]. 城市规划，2009，7：27-33.

[125] 王江. 公众参与城市管理的制度障碍和创新[J]. 现代城市研究，2003，2：20-25.

[126] 陈锦富. 论公众参与的城市规划制度[J]. 城市规划，2000，7：51-54.

[127] 仇保兴. 紧凑度和多样性——我国城市可持续发展的核心理念[J]. 城市规划，2006，11：19-25.

[128] 洪铁城. 我读吴良镛[J]. 华中建筑，2008，5：37-41.

[129] 吴良镛. 人居环境科学导论[M]. 北京：中国建筑工业出版社，2001：1-100.

[130] 吴良镛. 21世纪建筑学的展望——"北京宪章"基础材料[J]. 建筑学报，1998，12：7-15.

[131] 杨宇振. 人居环境科学中的"区域综合研究"[J]. 重庆建筑大学学报，2005，3：7-10.

[132] 本刊编辑部. 着力构建"城乡规划学"学科体系——城乡规划一级学科建设学术研讨会发言摘登[J]. 城市规划，2011，6：10-21.

[133] 吴超，魏清泉. 新区域主义的发展观、方法论及其启示[J]. 城市规划汇刊，2003，2：93-94.

[134] 叶林. 新区域主义的兴起与发展：一个综述[J]. 公共行政评论，2010，3：181-195.

[135] 吴超，魏清泉. 新区域主义的发展观、方法论及其启示[J]. 城市规划汇刊，2003，2：94-97.

[136] 吴超，魏清泉. "新区域主义"与我国的区域协调发展[J]. 经济地理，2004，1：3-8.

[137] 盛科荣，王海. 城市规划的弹性工作方法研究[J]. 重庆建筑大学学报，2006，1：7-10.

[138] 赫磊，宋彦，戴慎志. 城市规划应对不确定性问题的范式研究[J]. 城市规划，2012，7：16-23.

[139] 李晓江. 关于"城市空间发展战略研究"的思考[J]. 城市规划，2003，2：26-32.

[140] 邹兵. 由"战略规划"到"近期建设规划"——对总体规划变革趋势的判断[J]. 城市规划，2003，5：5-11.

[141] 汪昭兵，杨永春. 新中国成立以来我国宏观空间规划的演变——以城市总体规划为出发点[J]. 现代城市研究，2012，5：47-56.

[142] 赵民，栾峰. 城市总体发展概念规划研究刍论[J]. 城市规划汇刊，2003，1：2-7.

[143] 张兵. 敢问路在何方——战略规划的产生、发展与未来[J]. 城市规划，2002，6：60-65.

[144] 柳意云，闫小培. 转型时期城市总体规划的思考[J]. 城市规划，2004，11：35-41.

[145] 罗震东. 1980年代以来我国战略规划研究的总体进展[J]. 城市规划汇刊，2002，3：49-55.

[146] 姚凯. 试论城市总体规划的战略适应性[J]. 城市规划汇刊，1999，2：31-35.

[147] 李晓江，杨保军. 战略规划[J]. 城市规划，2007，1：45-57.

[148] 仇保兴. 我国的城镇化与规划调控[J]. 城市规划，2002，9：10-20.

[149] 刘奇志. 对近期建设规划的再认识[J]. 城市规划，2003，3：12-13.

[150] 邹兵. 由"战略规划"到"近期建设规划"——对城市总体规划变革趋势的判断[J]. 城市规划，2003，5：6-13。

[151] 赵燕菁. 制度经济学视角下的城市规划[J]. 城市规划，2005，6：41-48.

[152] 王凯，张京祥. 城镇密集地区规划[J]. 城市规划，2005，11：37-46.

[153] 王晓川. 走向公共管理的城市规划管理模式探寻—兼论城市规划、公共政策与政府干预[J]. 规划师，2004，1：62-65.

[154] 休·史卓顿，莱昂内尔? 奥查德. 公共物品、公共企业和公共选择[M]. 北京：经济科学出版社，2000.

[155] 全国城市规划执业制度管理委员会. 城市规划原理[M]. 北京：中国建筑工业出版社，2000：71.

[156] 赵连章. 中国特色社会主义概论[M]. 长春：东北师范大学出版社，1994：119.

[157] 孙施文. 城市规划不能承受之重——城市规划的价值观之辨[J]. 城市规划学刊，2006，1：15-21.

[158]　邱悦. 北京中心城控规动态维护的实践与探索[J]. 城市规划，2009，5：23-30.

[159]　刘梅. 思想政治教育过程的模式化思考[J]. 沈阳师范学院学报（社会科学版），
2000，4：77-81.

[160]　曹传新，董黎明，官大雨. 当前我国城市总体规划编制体制改革探索—由渐变
到裂变的构思[J]. 城市规划，2005，10：15-19.

[161]　邹兵. 探索城市总体规划的实施机制—深圳市城市总体规划检讨与对策[J]. 城
市规划汇刊，2003，2：25-31，99.

[162]　李晓江. 总体规划向何处去[J]. 城市规划，2011，12：29-35.

[163]　孙施文，王富海. 城市公共政策与城市规划政策概论—城市总体规划实施政策
研究[J]. 城市规划汇刊，2000，6：1-6，79.

[164]　吴传庭，吴超，严明昆. 探索以实施为导向、以公共政策为引导手段的战略规
划——以《广州2020：城市总体发展战略规划》为例[J]. 城市规划学刊，2010，
4：9-18.

[165]　孙施文. 城市规划实施的途径—《建设美国城市》一书评介[J]. 城市规划汇刊，
2001，1：77-78。

[166]　黄明华，王阳，步菌. 由控规全覆盖引起的思考[J]. 城市规划学刊，2009，6：
36-42.

[167]　吴忠民. 中国社会主要群体弱势化趋向问题研究[J]. 东岳论坛，2006，2：
7-33.

[168]　本刊编辑部. 认真贯彻执行《城市规划法》[J]. 城市规划，1990，2：3.

[169]　李东泉，李慧. 基于公共政策理念的城市规划制度建设[J]. 城市发展研究，
2008，4：74-78.

[170]　许重光. 转型规划推动城市转型——深圳新一轮城市总体规划的探索与实践
[J]. 城市规划学刊，2011，1：22-28.

后　记

本书是在中国城市规划设计研究院曹传新博士后《城市总体规划编制实施机制研究》❶ 课题基础上，结合张忠国老师多年城市规划理论和实践经验总结进行梳理和归纳的。城市总体规划是我国城市规划制度体系的核心，也是中央和地方政府对城市空间资源进行优化调控的核心抓手。我们在城市规划院一线从事总体规划工作十多年，深感我国城市总体规划目前面临的许多困境，实践工作者的难处。正如书中所述，我们对我国的城市总体规划制度机制问题产生了浓厚的兴趣，这也是我们作为一个中国城市规划师应该肩负的责任和应该履行的义务。我国学术、实践界更多的是关注城市总体规划的编制内容、类型、体系、审批管理、公众参与监督等，对于城市总体规划运行机制的研究，还很少有人关注。从这一点来说，我们认为有一定的研究价值。

我们选择这个研究题目的另一个原因是，我们深深知道这是一个传统的很难深入研究的老课题。但是，老课题有它的重要性。我国城市总体规划制度机制急需理顺，这是本研究课题的核心内容。我们认为，在城市总体规划要回答的内容上，已经没有多大的问题，只是往哪个系列、层次、阶段放的问题。其实，最为重要的是体制机制创新是当务之急。

我们选择这个研究题目还有一个原因是，我们都有规划实践、规划教育、规划管理的工作经历，对城市总体规划的编制、实施、监督、教育等都多少有点经验积累和心得体会。所以，我们也试图将一些对城市总体规划粗浅的理论认识和实践得失、把多年城市规划的工作经验和心得著书写出来，与规划界、学术界的同仁共同探讨，同时也为我国城市规划体制机制改革提供一点薄浅的建议。

当然，我们也深知城市总体规划改革的艰难，也深知城市总体规划改革的紧迫；同时，我们也深知城市总体规划还有许多问题需要进一步探索和实践。此书仅仅从法理性角度对城市总体规划制度机制研究命题进行了探讨。为此，我们会继续关注城市总体规划制度建设和改革，继续关注城市总体规划未来的发展趋势，继续关注城市总体规划与其他部门规划的关系的变化，以更加完善城市总体规划法理性的研究成果。

---

❶　此课题是中国城市规划设计研究院企业博士后站 2004 年研究项目，并获得第三十七批中国博士后科学基金资助金（2005037010）。

致　谢

　　本书是我们在曹传新博士后《城市总体规划编制实施机制研究》课题和张忠国多年相关研究成果的基础上整理撰写而成的。在本书出版之际，我们首先要感谢中国城市规划设计研究院和中国博士后科学基金会对博士后课题研究经费的支持！感谢此课题研究合作导师董黎明教授、官大雨教授级高级规划师的指导！感谢为此课题的研究、论证、评审提出宝贵意见的各位领导、专家和同仁们的帮助！

　　其次，感谢北京大学吕斌教授百忙中为本书作序；感谢北京建筑大学建筑与城市规划学院的各位领导和同仁，以及中国建筑工业出版社对本书的出版给予的支持！

　　第三，北京建筑大学荀春兵、廖凯、杨晶、方文雄四位硕士研究生，对本书出版付出了大量的辛勤劳动、给予了大力的支持和无私的奉献，在此我们一并表示感谢！

　　在本书出版之际，还要感谢社会各界所有曾经帮助过我们的领导、同事、同学、亲人、朋友等，因为本书的很多观点也凝聚着我们之间沟通交流的结晶！

曹传新　张忠国
2014 年 3 月